痛苦是因为不了解

心理咨询与治疗方法

陈天智 著

东方出版中心

图书在版编目（CIP）数据

痛苦是因为不了解：心理咨询与治疗方法 / 陈天智著. —上海：东方出版中心, 2022.2（2022.8重印）
ISBN 978-7-5473-1953-6

Ⅰ. ①痛… Ⅱ. ①陈… Ⅲ. ①心理咨询 Ⅳ. ①B849.1

中国版本图书馆CIP数据核字（2022）第015874号

痛苦是因为不了解——心理咨询与治疗方法

著　　者　陈天智
责任编辑　戴浴宇
装帧设计　陈绿竞

出版发行　东方出版中心
地　　址　上海市仙霞路345号
邮政编码　200336
电　　话　021-62417400
印 刷 者　上海盛通时代印刷有限公司

开　　本　890mm × 1240mm　1/32
印　　张　11.5
字　　数　282千字
版　　次　2022年3月第1版
印　　次　2022年8月第2次印刷
定　　价　68.00元

推荐序一

《痛苦是因为不了解》一书即将面世。这是一本写给心理咨询实践者和大众读者的书，是一把“打开心灵的同理心钥匙”。本书作者陈天智自2004年开始在美国马里兰洛约拉大学学习心理学，2007年获得理学硕士学位，同年，获得美国国家注册职业心理师资格。之后，他一边在马里兰州从事专业心理咨询工作，一边继续在马里兰洛约拉大学攻读心理学博士学位，2011年获得博士学位，并继续留美工作。2012年，陈天智回到中国上海，之后一直在心理咨询一线工作，积累了数万小时的面对面咨询经验，他在书中将这些临床经验加以总结，并列举了大量的咨询案例。陈天智尝试通过本书对人们的心理痛苦是怎么产生的，以及该如何去帮助来访者面对和疗愈自己等问题给出自己的回答。开卷有益，相信心理咨询实践者会在阅读本书的过程中，获得各种启发和助力。

同时，这本也是写给遭受各种心理问题困扰的人们，普通读者也会从中获益。诚如本书核心观点所表明的那样，心理痛苦多是源于你不了解痛苦本身，无知地拒绝痛苦本身，恰恰导致了各种无法摆脱的痛苦。本书作者根据自己十多年咨询经验，从心理学的各种视角，教你如何认识痛苦和自身。若你能因此而获得感悟，了解自己的痛苦，学会接受它们，那么，你的许多痛苦都会不治自愈。

张建新

中国科学院心理研究所研究员

中国科学院大学教授

中国社会心理学会现任会长

中国心理学会和中国心理卫生协会前任副理事长

亚洲社会心理学会前任会长

推荐序二

对于社会大众以及从事心理咨询和心理治疗的专业人员来说，这是一本值得拥有并细读的书。理由有四：

一是本书的专业性强。书中详细地介绍了认知心理学的完整理论体系，是一部高水平的心理学教科书。阐述风格由浅入深、由易到难，如涓涓溪流，沁人心田，丝毫不会让你产生枯燥无味的感觉。

二是本书的科普性强。书中的内容，不管是对理论的阐述，还是对案例的讲解，都通俗易懂，很少使用专业术语，读起来犹如在读一本散文集或一本小说，吸引力强，让我捧起来就不想放下。

二是本书具有鲜明的传统文化特色。书中引用了传统典籍中的大量名句名篇，很接地气。

四是本书的语言极具魅力。书中的故事，娓娓道来，有作者自己的，也有来访者的，在这些故事里渗透着人生的哲理和真善美的真谛，阅读本书的过程就是我们的心灵在不知不觉中得到净化，我们的境界在潜移默化中得到提升的过程。

可以说，这本书是作者数十年从事心理咨询和心理治疗经验的全面总结，是作者人生阅历的集中展现。

基于此，我极力推荐这本书。

姬天舒

《图画心理学》和《心理绘画疗法》的作者

前言

我从事心理健康服务超过 15 年，为上千位求助者做过咨询，帮助他们摆脱了心理困扰。很多来访者敦促我写一本有关心理健康方面的书。访客冯先生对我说："陈老师，你赶紧写书吧，把你的思想写出来，人们一定会很受益的；因为很多痛苦，其实就是因为没有看透，其实隔着一层纸而已。一旦看透了，什么事都没有了。出版后，我一定会买很多本，送给我的亲戚、朋友、同事、同学。"冯先生是本地一位稍有名气的企业家，45 岁，一年前公司倒闭，他抑郁了，两次自杀未遂。经过大约 8 个月的心理咨询，他的状态恢复了，开始规划新的创业，对未来充满信心。他很感恩，极力敦促我写一本书。

还有许多其他访客、学员和朋友都敦促我写书，我也很想把自己对人性的理解，对心理咨询的理解、感受、经验以及在咨询过程中所得到的灵感写下来和朋友分享。我确信，如果我能写出来，对那些被各种心理问题所困扰的人，一定很有帮助。

通过心理咨询，我发现人生中绝大部分的痛苦都是没有必要的。人的痛苦都是由于对自己、他人和所处境遇的消极解读造成的，而这些消极解读大都是误解。在咨询过程中，我会给他们解释导致他们痛苦的真正原因，不是别人有多坏，或环境有多恶劣，而是自己对外界的解读，然后引导他们换个角度思考并解决问题。大部分访客会有一种豁然开朗的感觉，心情也由此发生了很大的转变。这种经验让我想到那句古话——“一念天堂，一念地狱”。通过阅读本书，我希望读者也能认清自己的痛苦，并知道如何去化解它们。

还有，国内许多心理咨询师所接受的心理学教育很不完整，接受的心理咨询的训练也很匮乏，对人性有误解，因此不能真正了解访客。结果是这些心理咨询师不能有效帮助来访者消除痛苦，反而增加了访客的痛苦，他们自己也很有挫折感。所以，我也特别希望心理咨询师能读这本书。整本书就是我做咨询的思路，大致可分为三部分：第一部分探讨人的本质、人的需求、自我意识、情绪和思维；第二部分探讨人的心理问题，包括心理问题产生的原因、偏离的信念、认知偏差和无效的防御机制；第三部分探讨如何帮助求助者纠正困扰自己的认知偏差和信念偏离，重新认识自己、建设自己，提高自己的自信心和生活水平。阅读本书就如同接受心理督导，相信对提升咨询师的理论和实践水平也会有所裨益。

从业多年来，我用这套思路帮助众多来访者成功地摆脱了困扰自己多年的心理问题。因为这些成功的咨询经验，我相信，这套思路是有效的，因而愿所有读者都能通过本书，熟悉这套思路，或是使自己摆脱心理困扰，或是帮助他人克服心理障碍，或是更好地提升自我。

陈天智

2021 年 7 月

目录

第二章　人性的需求

第三章　生命成长的动力——情绪

第五章 人类思维

第十章 拥抱内在的小孩

第十三章 自我超越：去成就他人

第一章 常见现象——人生痛苦

生、老、病、死、怨憎会、爱别离、求不得等导致的痛苦都是每人必定要经历的。人生来就有避苦趋乐的倾向，都容易选择逃避痛苦，但痛苦却如影随形。古今中外，无数的哲学家、医生、科学家、政治家，都想帮助民众消除痛苦，但痛苦却依然存在。如今，虽然科技已高度发达，医疗水平、物质文明等也都比以往更进步，但人世间的痛苦并未因此而减少。想必很多人会问：我如何才能彻底摆脱痛苦？要摆脱痛苦，我们首先需要接纳、明白痛苦。

一、家家有本难念的经

1. 心理健康问题不容忽视

2018 年 4 月 29 日，国务院发布了《中国城镇居民心理健康白皮书》，通过分析全国约 112 万城镇人口的心理健康数据发现，目前，73.6%的人处于心理亚健康状态，存在不同程度心理问题的人有16.1%，心理健康的人仅为10.3%。同时，慢性病人群心理问题伴发率极高，心理健康的仅有5.1%。

《白皮书》指出，心理健康状态与躯体生理健康状态密切相关，躯体健康状况越差，心理问题发生率越高。慢病人群中有50.1%的人存在不同程度的心理问题，包括焦虑、抑郁或其他的心理问题。

另外，世界卫生组织的一份调查数据显示，中国约有2亿到3亿人存在心理健康问题，其中抑郁、焦虑和失眠位居前三位。这一特征在职业人群中尤为突出，一份针对全国500强企业的中青年员工的调查报告称，78.9%的员工时常感到“烦躁”，59.4%的人常常感到“焦虑”，38.6%的人觉得自己“抑郁”了。

心理上的痛苦程度是鉴别心理问题的一个重要标准。很多人以为，如果物质财富极大丰富了，痛苦也就会减少了，自己就会幸福了。这个信念促使很多人辛苦工作，拼命赚钱，累坏了身体，忽略了家人，成功了，赚到很多钱。而现实是，无论人的物质财富是多么富足，痛苦依然会存在。人类发展到今天，科技有了巨大的进步，物质也有了极大的丰富，抵抗天灾人祸的能力也有了极大的提高，但人类的痛苦却并没有因此而减少。世界卫生组织预测，将来在发达国家中患抑郁症的人要多于没有患抑郁症的人；预计到2030年，抑郁症将成为全球人类三大疾病之一。疾病与人的心理健康程度有关，也意味着与痛苦有关。

2. 痛苦来自不接纳现实

人的痛苦主要来自不接纳现实，而又无法改变现实。人越不接纳痛苦，痛苦就越强烈。很多来访者对我说：“如果我老公不酗酒(或孩子能去上学、身体能健康、当初不辞职……)，我就不会有这些痛苦了，我的生活就完美了。”这些抱怨说明她们不能接纳这个现实，而又无法改变这个现实，这让她们非常痛苦。我会这样回应她们：如果你没有这样的问题，也会有其他的问题，人活着一定会有问题的。这也是人的一个很普遍的经验。当我们被某个烦恼所困扰时，我们只关注这个烦恼。一旦这个烦恼得到解决或缓解，我们马上又会关注其他的烦恼。似乎，人生最不缺的就是烦恼。

来访者很痛苦，因为发生的事和他们期待的不一样，因此怨天尤人：为什么是我？这样的事不该发生在我身上！每次听到有人如此抱怨时，我会想：不幸的事有可能会发生在任何人身上。如果你排斥或拒绝这个事实，那么因此而产生的痛苦比那件不如意的事更痛苦。

> 我有个亲戚，是父亲的表妹，许多年前与大伯分家时，起了冲突。导致冲突的原因是一条凳子，表姑认为该属于他们家，而她的妯娌却认为该属于自己，两人各不相让，动手争夺。结果，妯娌力气更大，将凳子抢过去占为已有。俩人从此反目成仇。此后，表姑每次提前这事都会非常生气，不停地骂她妯娌。后来，表姑患了肝癌，很痛苦。村里有位老中医，前来劝导她说：“你得癌症就是因为你太容易生气，如果你不生气了，你的病就会好起来的。”想不到老中医的劝导让她更加怨恨她的妯娌：就是因为她，我才得了癌症！从此更恨她了，而那时，表姑的妯娌已经去世多年了。后来，父亲去安慰她说：“如果你不原谅你的妯娌，你死后就不能升天堂。”表姑回答：“我就是下了地狱也不会原谅她。”之后不到三个月，表姑就在医院去世了。

听到这个消息，我很难过，为了一条凳子，她吃尽了苦头。但仔细想来，她的这些痛苦其实不是别人加给她的，而是她自己给自己的。是她自己放不下当年的事，而让她痛苦了这么多年。其他人的痛苦，又何尝不是如此。人生本来就不完美，不能万事如意。如果不能接纳这些缺憾，就会感到痛苦。

3. 财富增加并不一定会让痛苦减少

很多人很羡慕那些有钱的人，觉得他们的生活没有烦恼。每次遇到困难时，很多人就会想：如果我有钱，我就能解决这些问题。随着岁月的流逝，物质财富越来越多，但烦恼也越来越多。起初那些年，以为自己有这些烦恼还是因为钱不够多，学历不够高。但钱是不能消除痛苦的。从业这些年，我接触过许多有钱人，他们的烦恼和痛苦却一点都不比穷人少。

曾经有一对母女前来咨询。女儿28岁，身高1.70米左右，穿着打扮都非常时髦，表情却显得悲伤。母亲是大学教授。女儿在一年前刚获得美国某所名牌大学的金融学硕士，目前在某金融机构工作，年薪百万。但三个月前，男友出轨使得她痛苦不堪，情绪中交织着愤怒、委屈、焦虑，失眠、精力衰退，导致她不能工作，只得请病假。因为痛苦实在无法解脱，只好在母亲的陪伴下前来求助。

常言道："知足常乐。"这话也可以反过来理解，让人不快乐的主要原因是不知足，同样，让人痛苦的真正原因是内在的不知足，而非外在的贫穷、恶劣的环境，或别人对自己的消极态度等。当然，这些外在因素会引起人的痛苦，但是这些因素只是"诱因"，而非主因。人产生痛苦的主因是内在的观念和情感体验。

二、痛苦是人生的一部分

自古以来，生老病死、离愁别恨，总难免给人带来痛苦，因而痛苦往往成为人们生活的一部分。佛教把人生的痛苦归纳为七类，即生、老、病、死、怨憎会、爱别离、求不得等七苦。

1. 生之苦

痛苦与生俱来。多年的咨询经验使我确信，母亲的情绪能影响胎儿。许多焦虑症患者，在与他们探讨导致他们缺乏安全感的原因时，追溯到源头，总会发现当母亲怀他们时，曾因为某种原因很焦虑，比如和丈夫争吵、躲避计划生育、被人恐吓等，他们出生后往往容易感到惶恐不安。即便后来家庭稳定了，父母对他们一直都很好，他们还总是会感觉恐慌不安。还有许多来访者告诉我，从小到大他们总是容易担心。小时候担心父母不要自己了，长大后担心朋友会孤立自己，工作后担心老板会开除自己，谈恋爱后担心对象会抛弃自己。这些担心也让他们自己很困扰。

给他们做咨询时，我一般会问他们有关他们出生时母亲的状况。我发现，他们的母亲在怀孕时，曾经历过焦虑和恐惧，或想过堕胎。胎儿是能够感受到母亲的情绪和意念的。加拿大医生塞利埃研究发现，当母亲处于极度紧张状态时，神经处于兴奋状态，会分泌大量的肾上腺素，肾上腺素通过脐带传到胎儿大脑中心，使胎儿的血管发生收缩，影响到胎儿的正常发育。这意味着母亲的情绪会影响胎儿。当母亲紧张害怕时，胎儿也会紧张害怕。

虽然人不会记得出生时的痛苦，但可以想象：很多婴儿出生之时，通过狭窄的“生门”，承受巨大的压力痛苦。自己在母亲子宫待了数月之久，早已习惯了子宫的环境，那是一个安全、温暖、富有营养的环境，现在进入一个完全陌生的环境，为外界热、冷、粗糙的物体，嘈杂的声音所刺激，那种不适、那种恐慌可想而知。虽然对这一切，人没有完整的记忆，但身体的每一个细胞却把这些外在环境感觉记住了。人的一生中，这种感觉会因为被抛弃、恐慌、不适等而时常冒上来，从而影响人的情绪和感受。

出生后，很多人更会感受到一些直接的心理方面的痛苦。许多人生在很不和谐的家庭，从一出生就开始体验到父母之间的冲突，他们因此会体验到许多的焦虑和不安；也有许多婴儿，生在重男轻女的家庭，因为她们的性别而受到家人嫌弃和排斥，她们从小就体验到自卑并因此不断地否定自己。“家家有本难念的经”，每个家庭都会有自己的问题，新出生的婴儿都能感应得到家庭的问题，这些都会成为他们的心理阴影，不断地困扰着他们。

2. 老之苦

人都会逐渐变老，这对许多人都是一种危机。因此，也就有了所谓的“中年危机”。看着自己逐渐老了，对许多人都是一种折磨。“零点调查”2013年的调查显示，能够保持积极乐观情绪的中年人仅有10.5%，其余都说自己不能保持良好心态，常有危机感。40.8%的中年人则长期处在负面情绪之中，如烦躁、愤怒、焦虑等，同时他们的身体、事业和家庭都处在危机当中。

“老”为什么会使人感到痛苦？“老”，对大多数人来说，意味着失去青春、失去活力、失去容颜、失去健康、失去劳动能力、失去权力、失去地位、失去他人对自己的尊敬。很多人以为这些东西是自己生命的意义和价值基础。如果失去这些东西，那么自己生命的意义和价值也就失去了。如此一来，自己也就失去了继续活下去的希望和动力。所以，面对这些

"失去"，人会很焦虑、害怕、恐惧，但又无能为力，其痛苦可想而知。而他们的这些痛苦，又会让他们对别人，尤其是对自己最亲最近的人，产生不满和怨恨，因而不断地"折腾"他们，抱怨、指责甚至是辱骂他们。

我有个朋友，她母亲年轻时非常优秀，多才多艺，在某省政府一部门工作至退休。退休以后，脾气性格突然变了。总是抱怨老公和女儿对自己不好，不关心自己，而且常常又哭又闹。如果他们不能满足她的要求，她就不吃、不喝、不起床。有时候，朋友和她爸爸被"折腾"到没办法，索性不管她了，她能连续三天三夜躺在床上，不吃、不喝。无奈，他们只能满足她的要求。朋友本来工作就很辛苦，也需要经常出差，妈妈这么折腾，她实在有心无力，滋生了强烈的绝望感。和我倾诉时，朋友非常痛苦，忍不住哭了。认识她很久了，第一次见她哭泣。面对妈妈，她真的很无奈，也很无助。

朋友的母亲为何会这样？其实是因为她妈妈的心理落差太大，无法接受退休以及身体越来越差的现实。朋友说，她妈妈还在工作时，享有各种荣誉，受人赞美、奉承、羡慕。退休后，这些都没有了。另外，身体还越来越差，而且前来探望的人不多。她妈妈经常抱怨人走茶凉。所有这些，她妈妈都很难接受，内心很痛苦，渐渐地也就这么"作"了。

3. 病之苦

1994 年我去美国读书，学校要求做体检。当时我 25 岁，对自己的身体健康信心满满。但结果出来后，医生告诉我，我有高血压，心脏还有些问题，血脂和血糖都有些偏高。另外，他还说了许多其他潜在的疾病。医生的这些话让我很沮丧。可能是看到我难过的表情了，医生笑着说："不要担心，每个人的身体都会有些问题。我告诉你这些，只是提醒你生活要注意什么。”

这个经验对我的冲击很大，没有哪个人的身体是完全健康的，每个人都有病，区别只是多和少以及严重程度如何。的确，自出生之日起，人就与疾病就结下了不解之缘。无论是少年、青年、中年还是老年，每个阶段都有疾病，最后大多数人都会死于疾病。也许有人说，随着科学的进步、新药的研发，疾病会越来越少。但事实上，现在医学越来越发达，医院越来越多、越来越大、设备越来越先进、医护人员也越来越多，同样的，来看病的人、住院的人、需要开刀做手术的人也是越来越多。医学在发展，疾病似乎也在发展。2012 年《中国肿瘤登记年报》对外发布：“全国每 6 分钟就有 1 人被确诊为癌症，每天有 8 550 人成为癌症患者，其中每 7 到 8 人中就有 1 人死于癌症。”疾病，给患病者及其家人所造成的痛苦难以估计。在中国，一个非常现实的社会问题就是：一场大病，就能让一个小康家庭彻底返贫。除此之外，疾病还能给病人和他们的家人带来巨大的心理上和精神上的痛苦。

以上这些病苦只是身体上的疾病，人还会被各种心理上的、精神上的和道德上的疾病所困扰。《中国城镇居民心理健康白皮书》显示，中国城镇人口中，高达 73% 的人被各种不同程度的心理或精神疾病所困扰。这个调查结果与我们的日常经验是相吻合的。我们在日常生活中所接触的人中，很多人会时常被各种负面情绪所困扰。这些心理或精神问题给他们所造成的痛苦，给他们的生活所带来的负担，都导致他们接近崩溃的边缘。

身体上的疾病和心理上的疾病往往会相互影响、相互强化，形成恶性循环，使人痛苦不堪。一个事实就是，疾病也是人类生命中的一部分。所有人都会生病，要么是这个病，要么是其他病；要么现在得病，要么以后得病。面对疾病，人只能接受，要么主动接受，要么被动接受。如果人能主动接纳自己的疾病，能够心态平和地去面对，疾病给人带来的烦恼要小很多；反之，如果人不能接纳自己的疾病，人就会很痛苦，疾病也会因此而恶化。

4. 死之苦

死亡是自然规律。每个生命，不只是人类，植物的、动物的、其他生物的，都摆脱不了这个自然律。这意味着，死亡是每个生命的最终结局。虽然如此，但很少有人坦然接受死亡。面对死亡，人会本能地害怕，会逃避。弗洛伊德认为，人生中最大的恐惧就是死亡恐惧。这意味着，死亡是人最大的痛苦。

我的父亲在经历过两年多的痛苦折磨后，平静地离开了人世。这两年，是母亲在照顾父亲。每次回家，母亲都会抱怨父亲很黏人，要母亲时刻陪在他的身边。据母亲描述，她只要稍微离开一会儿，父亲就会大声地呼喊她。这让母亲也很烦很累。我和哥哥姐姐也不断劝说父亲，让他不要总是这么缠着母亲。父亲也答应了，但当他独自一人时，还是会害怕。有一次，我问父亲为什么总是会大叫。父亲说他感到害怕。我问他怕什么，他说怕死。我问："死亡有什么可怕的？"他说他担心，如果死了，就永远和我们分离，自己不知道在哪里？会经历什么样的折磨和痛苦？尤其想到就他一个人在那里孤单地受苦，就焦虑不安，因而痛苦地大叫。我安慰他说："不要怕，以后不管你在哪里，我们都会在一起的。"听了我的安慰，他会消停几天。但之后不久，又会大喊大叫，我们都很无奈。

其实，人不只是在面临死亡时才会感到痛苦，死亡的威胁一直在影响着人们，遇到危险了，害怕；发现自己得病了，害怕；怕黑、怕鬼、怕蛇、怕老鼠等等，都是因为对死亡的恐惧。那些神经症患者，如焦虑症、恐惧症、强迫症、疑病症患者以及精神分裂的人，都是因为对死亡的恐惧而导致了这些症状。

人害怕死亡，往往不是因为死亡本身，而是因为死亡的后果。对很多人而言，死亡意味着生命的结束，一切都归于虚无，自己一生所做的一切都将化为泡影，人很难接受这个现实。还有人因为要永远离开自己的亲人、爱人而伤心、难过、焦虑和恐惧。所以很多人是在痛苦、无助和绝望中咽气。如果一个人能够看破生死，能够坦然面对死亡，人生中的大多数痛苦都会自动化解。

5. 怨憎之苦

这些年来，我接触过许多面临离婚选择的人。对中国人来说，离婚是一个非常艰难的决定。他们都是在经历了几年、十几年，甚至是几十年的煎熬后，才下定决心离婚。很多人对我描述了他们的婚姻有多痛苦。听着他们的倾诉，我也感到心痛。

李女士，50岁左右，结婚20年左右，因为焦虑和抑郁来咨询。李女士倾诉道，在结婚前，她本是一个很乐观、积极向上的人。结婚后，老公对她不理不睬，从来不和她谈心，只是有事时才交流。如果能用一句话说完，老公决不用两句话。李女士和他说话一多，他就表现得很烦。如果不是为了孩子，李女士早就和老公离婚了。李女士的儿子在上高中，她计划等儿子考上大学后就离婚。

但她一想到离婚就紧张害怕，而如果想到就这样和老公过一辈子，她又感到很绝望。她拿不定主意，每天都活在纠结中。有一次在咨询中，李女士感叹道："虽说'家家有本难念的经'，但这'经'也太难念了。"

李女士所体验到的就是怨憎会苦。除了不幸的婚姻之外，还有很多其他的怨憎会苦。

张先生在某央企工作近30年了，再有5年就退休。张先生说，单位对他而言就像是"炼狱"。大约10年前，前领导被调走了，他和他的一个同事共同竞争这个领导岗位。当时他认为自己比同事更有资格、也更胜任这个领导职位，所以信心满满。但任命下来，他的同事升上去了，他只是平级调动，到另一部门工作。他的那个同事成了他的顶头上司，处处给他穿小鞋，难为他，本部门的工作人员又不配合。为了生存和养家糊口，张先生只能忍气吞声。几年来，心力交瘁，身体也病了，在单位度日如年，但为了能够顺利退休，不得不这么熬着。

怨憎会苦的现象在生活中普遍存在。不幸福的婚姻、充满矛盾的家庭、不顺心的工作、不如意的学校等，都意味着怨憎会苦。为了生存、学习或能有所发展，很多人每天都不得不和自己讨厌的人生活在一起。

6. 爱别离之苦

"人有悲欢离合，月有阴晴圆缺，此事古难全"，苏轼的这句词人尽皆知。我们都希望"有情人终成眷属"，希望自己能与爱人、亲人、喜欢的人长久地待在一起。然而，往往事与愿违。"十年生死两茫茫。不思量，自难忘。千里孤坟，无处话凄凉。"苏东坡的这句词更能反映出爱别离的痛苦。

爱别离是人生的一大痛苦。我这些年来帮助过许多的抑郁症患者，而诱发他们患病的原因是爱别离。与爱人分手、与配偶离异、失去亲人、失去朋友等，都给他们带来了极大的创伤，严重伤害了他们的身心健康。

除了不能和自己的爱人相聚之外，爱别离还包括许多其他的苦，如为了事业、工作或生计而不得不背井离乡，远离自己的父母儿女；还有很多留守儿童，一年难以与自己的父母见一面；老年人更渴望亲人的陪伴，而儿女却都因为各种原因不能陪在自己身边，老人忍受着孤独、寂寞和凄凉。我自己也被这爱别离苦所困扰。早年去美国读书求学，不得不和父母、家人、爱人、朋友等分别，而且往往是一别数年。我归国后先在上海工作，后来到河北工作，父老乡亲都在山东老家，长期两地分离，我也时常感到寂寞和孤独。

还有，很多人有分离焦虑。一旦要与人分别，比如朋友或亲人要离开了、大学要毕业了、工作重新分配了、必须离开家到外地去工作或上学等等，他们都会体验到莫名的恐慌和焦虑，并因此而导致一些躯体症状，如失眠、肠胃出现问题、头疼等等。

心理上的距离也是一种爱别离，而且更痛苦。

来访者小倩，因为抑郁而来咨询。她很漂亮，结婚3年，但感觉老公不爱自己了。小倩的老公经常找借口不回家，即使回家后，只是自己一个人在打游戏，对小倩如同对空气。小倩非常悲伤，感觉“以前那美好的爱情一去不复返了”。虽然他们夫妻俩还是在一起生活，但他们的心已经分开了。小倩所体验到的也是一种爱别离苦。

调查发现，导致人抑郁的一个重要因素是失去亲人，尤其是失去重要的人。

来访者王女士，55岁，有两个孩子，老大已经大学毕业参加工作了，老二正在读大学。按照王女士自己的描述，她曾经非常优秀，工作能力非常强，也取得过很多荣誉。但父亲在三年前患急病去世，她一下子被击垮了。每天以泪洗面，不能工作，就申请了提前退休。为了能摆脱丧父之痛，她到处学习，也接受心理治疗，但效果不佳。即使现在，每次想到父亲，就会难受至极，什么也做不了。即使在公众场合，她仍然控制不住自己，会痛哭流涕。医院诊断，王女士重度抑郁，而致病的原因主要是失去父亲。这是爱别离苦。

类似的来访者很多，导致他们心理患病的原因是失去亲人、朋友、同事、同学等。“人生自古谁无死”，在这一生中，我们每人都会经历多次这样的生离死别，离愁别恨是人生的一大痛苦。

7. 求不得之苦

中学期间，我因为家庭经济原因而不得不辍学，内心很痛苦。看着其他伙伴们每周五背着书包从学校回来，周日下午又背着书包、骑着自行车去学校，非常羡慕他们，内心也很失落：能上学该有多好啊！后来，喜欢上邻村的一个女孩，但自己一直没有勇气去表达，只能远远地、偷偷地看着她和别人聊天、说话。后来，听说她和同村另外一个男孩订婚了，我很伤心难过。而父母和兄弟姐妹也都没有注意到我的变化，更不在意我的痛苦。这些都是求不得苦！

王先生，50岁左右，在副处级的位置上干了8年，兢兢业业，委屈自己，努力讨好领导，很是辛苦。去年有个升迁的机会，这也是他退休前的最后一次升迁机会。如果这次不能转为正处，他就要在副处级别上退休了。他很自信自己在退休之前能升为正处，也给相关领导送了价值不菲的礼物，领导也给了他承诺。公布那天，获得提拔的人中，没有他。他的心感觉像跌入万丈深渊。王先生百思不得其解，这次升迁，他没有强有力的竞争者，该做的他也都做了，无论如何都该是他得到提拔。他找那位领导询问，而那位领导却矢口否认给他任何承诺。王先生非常委屈，内心充满怨恨，工作从此不如以前那么积极了，又被另外一个领导狠狠地批了一顿，领导甚至以免职来威胁他。

王先生不得不强迫自己努力工作，非常痛苦。失眠、头疼、疲劳、高血压、心绞痛等等，各种疾病也随之而来。有位医生告诉他，他的疾病与其心理有关，他便来我这里求助。显然，王先生的痛苦也是因为求不得！

人的欲望几乎是无穷的，无论人获得多少财富、取得多大成就、有多高的社会地位，人总会感到不满足，总渴望得到更多，得不到就会痛苦。几乎每个人都会被求不得所困扰： 羡慕别人住着豪宅、开着豪车、穿着名牌，而自己只能望洋兴叹；看到别人的妻子美貌又贤惠，或别人的老公有能力、又帅气、又体贴，而自己只能叹息自己的命运不好；看着别人家的孩子品学兼优，考入名牌大学，而自己的孩子只知道贪玩、叛逆、不学习，心里满是羡慕甚至嫉妒恨。人不可能万事如意、心想事成，因此，求不得也就必然是人们生命的一部分。对此，我们也只能接纳。

三、让人痛苦的原因

人类的种种苦难主要来源于人自身的贪、嗔、痴等“三毒”。贪，即对人生某些东西、某种状态或某些境遇的贪恋，如快乐、顺遂、权势、财富、平安、健康、长寿等，希望别人能喜欢自己、理解自己、接纳自己、赞美自己，幻想着自己能事业有成、一帆风顺、万事如意。遗憾的是人生本就不是完美的，每人都会有很多的缺憾和不如意，人不想接受这个现实而又不得不接受，因此产生了“嗔心”。所谓“嗔”，就是对自己不喜欢的人物、事物或境遇的怨恨和排斥。贪和嗔会联合起来使人“痴”，使人看不清自己或客观事实，只活在自己想象的痛苦世界里，忍受着煎熬。

马女士，40岁左右，曾在银行系统工作10多年。2年前，在银行的一次人事调动中，她感觉领导对自己不公（她认为自己应该是部门主管），因而和领导发生冲突，导致她情绪失控，大吵大闹，说了很多难听的话。结果她被强制无限期休假，接受心理治疗，否则将被开除。从此，她的脾气变得非常暴躁，感觉周围的人都在欺负她、想害她。她很痛苦，全家也都被她折磨得很苦。老公带她来咨询。整个咨询过程中，她几乎不给咨询师说话的机会，不断地抱怨同事、领导、丈夫、丈夫的家人、邻居、她的娘家人。在她看来，她周围没有一个好人。我尝试去纠正她的这些想法，但她根本听不进去，依然坚持自己的想法。这种状态，用“痴”来描述，一点也不为过。

让马女士痛苦的首先是她的“贪”。她期待自己能高升，能有更高的地位，挣更多的钱，能得到同事、家人和朋友们更多的赞美和肯定。但是，领导的任命把她的这个梦打破了。知道这个结果后，马女士非常痛苦。这个痛苦就是“求不得”。这苦使得她产生了“嗔心”，因而气急败坏、情绪失控、大喊大叫、怨恨领导、怨恨老公(因为老公没有听从她的指令到银行去闹)、怨恨大哥(她大哥也在银行系统工作)没有为她做主或为她出气，后来怨恨所有人，觉得没有好人了，所有人都会伤害到她，因而她每天都很焦虑不安。

我发现，几乎每个来访者都很“痴”，比如小明，因为严重的强迫症，父母带他前来寻求帮助。在整个咨询过程中，小明双手始终都是举着的。问其原因，小明告诉我，他担心自己的手会因为碰触到脏东西，如垃圾桶、自己的下体而被污染，那样自己就会生病，就会死亡。

小辛，被医院诊断为迫害妄想症。他每时每刻都感到很恐惧，他感觉所有人，除了妈妈之外，都要来伤害他，包括爸爸、爷爷、奶奶、叔叔和姑姑们。妈妈带他来咨询，我尝试用认知行为疗法帮助他去纠正这些认知偏差，但收效甚微。只是，他在我这里有安全感，所以他喜欢来咨询。

来访者小宇，因为患抑郁症来咨询，他韩国留学回来。因为失恋而陷入抑郁状态，有自杀行为，父母便带她来咨询。咨询中，小宇再三表达，他认为自己的一生没有任何意义，也没有什么希望，无论自己做什么，都没用，自己注定就是一个失败者。

还有，陈女士怀疑老公和他们店的一个员工有暧昧关系，但没有任何证据，只是凭感觉。她老公谈到陈女士对他的怀疑时，气得都流泪了。他爱他妻子，更不想失去这个家，他们有两个孩子。陈女士的无端揣测和指责使他很无奈、无助。这些来访者都被他们的负面情绪和认知偏差“囚禁”在他们所想象的恐怖世界里，那里充满危险，没有人真正关心他们，他们很无助，也很绝望。

不仅是来访者，我们“正常人”在日常生活中所经历到的苦也大都是因为我们的“痴”。经常有朋友、家人、同事或同学等向我倾诉他们的苦楚，或是抱怨什么人让他们很痛苦。究其原因，还是他们偏离的信念和认知偏差使得他们这么痛苦。

如何摆脱痛苦？放下“执念”是一个重要的方法，不去贪，自然也就不会有嗔心了，也就容易看清自己和他人，很多的烦恼自然也就会烟消云散了。如果一个人真的能够看清楚世上本就没有完美的事、没有完美的人、没有完美的人生，也就能怀着平常心去接纳生命中的一切，人生的痛苦也就会少了许多。

中国古代主流思想文化由儒家和道家组成。儒家的观点是，如果人人都能遵循礼数，以礼待人，遵守自己分内的职责和义务，那么整个社会就会是一个和谐社会，天下太平，百姓安居乐业，人人都会获得幸福，痛苦自然也就会消失。道家的思想和佛教有点相似，建议一切顺其自然，而不强求。若人真能做到这些，很多痛苦自然也就会缓解。以上这些方法都凝聚了人类的智慧，不管用什么方法，若能做到，都能消除痛苦。

第二章 人性的需求

一、生命的成长

1. 生本能和死本能

“生本能”这个概念是弗洛伊德提出的。他认为，人首先是一个生物体，对性快乐的追求驱使着人的行为，这些行为促成了人的生存和发展。但弗洛伊德的这个观点受到广泛的抵制，包括他的学生，像荣格、埃里克森等，晚年他修改了他的生本能理论，认为所有为寻求生存和发展的动力都是生本能。

弗洛伊德 58 岁左右时，第一次世界大战爆发，他目睹了战争的残酷，以及人在战争中的残酷行为。这些行为让他很困扰：为什么人会如此的残酷？为什么会自相残杀？为了解释这些现象，叔本华的哲学给了他启发。叔本华认为，“所有生命的目标都是死亡”。弗洛伊德认为，在每个生命内，除了生的本能外，还有一种死亡的本能，就是要攻击、破坏、毁灭，目的是要回到生命之前的无机状态。如果说生本能是为了能在时间和空间中获得存在感，而死本能正好相反，是为了在时间和空间中彻底消失。

弗洛伊德关于死本能的解释过于狭隘，其实死本能的目的不是为了生命的自我毁灭，再回到生命前的无机状态，而是为了保护自身的生命安全、发展机遇和自我存在价值。换句话说，死本能的目的不是为了毁灭，而是为了生存。我们的生存环境当然不是绝对安全的，生命随时都有可能被伤害，生命的需求随时有可能被剥夺，人类的存在价值随时可能受到贬低。为此，生命体发展出一种本能来保护自己的生存、发展和自我实现。为了达到这个目的，还会采取讨好、伪装、逃避或是攻击等策略。从这个意义上讲，死本能是为生本能服务的。

2. 生命的需求

生命需依赖需求的满足才能生存、成长、实现自我。不同层次的生命，其需求是不一样的。层次越高，需求越复杂。比如，植物需要土壤、水分、空气、阳光和适宜的温度等。这些需求中，缺少任何一个，植物都会枯萎至死。动物比植物的需求更多更复杂，还需要食物、营养，甚至有一些心理需求，像安全感和归属感等。人类的需求就更复杂了，除了生理的需求之外，还需要满足心理的需求和社会性的需求。

生存，主要是为满足生理方面的需求，包括空气、食物、水、温度、营养，以及确保自己的生命不会受到天敌的攻击或其他灾难的伤害。为了确保自己的生命安全，在漫长的进化过程中，生命体会发展出一些独特的防御方法和能力，比如隐藏自己、伪装自己、警觉能力、快速奔跑、敏锐的视觉、灵敏的听觉和强大的捕食能力。为了能确保这些能力能够得到更好的发挥，生物体也发展出一些特殊的情绪，包括焦虑、恐惧和愤怒等。

在自己的生命安全得到保证后，发展的需求则接踵而来。不仅要求吃饱，还要吃好；不仅要生育繁殖，还想成为“王”或“后”以统治整个族群。人类的发展需求则是想成家立业，荣华富贵。人类发展的需求与自我实现的需求是密不可分的。

二、人性的需求

1. 马克思主义关于人性需要的理论

马克思和恩格斯曾把人的需要划分为生存需要、享受需要和发展需要等三大层级，这三者密切联系在一起，构成了人性的实质内容。如果我们不理解人的需要，我们就无法理解人性，自然也就无法满足人的各种需要，就会出现各种问题。马克思认为，“人直接地是自然存在物”①。

（1）自然需要

人与大自然中其他生命体一样，为了生存，就必须满足生理需要。马克思认为：“我们首先应对确立一切人类生存的第一个前提，也就是历史的第一个前提，这个前提是：人民能够‘创造历史’，必须能够生活。但是，为了生活，首先就需要吃、喝、住、穿以及其他一切东西。因此，第一个历史活动就是生产满足这些需要的资料，即物质生活本身。”②借此，马克思指出了人的生存需要，我们首先得让我们的肉体活着，才有其他的可能。人的一切活动只有在肉体生存的基础上才能进行，否则，一切都不可能。

① 马克思：《1844年经济哲学手稿》，北京：人民出版社，1985年，第124页。
② 《马克思恩格斯选集（第一卷）》，北京：人民出版社，1995年，第79页。

（2）社会需求

在人们物质生活得到基本满足后，就会有更高的需要。借此，社会的政治、经济及文化等生活才有可能。就如马克思所说："物质生活的生存方式制约着整个社会生活、政治生活和精神生活的过程。"[①]据此，马克思认为，现实中的人是一切社会关系的总和。人的社会需求非常广泛，包括了所有的人际交往需要、劳动的需要以及金钱的需要等。

（3）精神文化需要

文化需要是随着社会经济的发展体现出来的。在衣食无忧之后，人就要开始寻求幸福快乐，此刻，人对精神文化的需要就体现出来了。人与动物的最大区别就在于人有精神追求而动物没有。人所从事的一切活动，不只是为了满足自己的生理需要、社会需要，更要满足自己更高级别的精神需要。如果人在满足前两者的需求之后，不去追求更高级的精神需要，就会堕落，变得庸俗、道德沦丧，人性非但不能得到更好地发展，反而会退化。

经过四十多年的改革开放，我国在经济社会发展方面取得了举世瞩目的成就，人民的生理需求和社会需求基本得到满足。接下来，就要进一步满足人民日益增长的精神需求。在继承中华传统优秀文化的同时，结合当前的社会主义核心价值观教育，提高国民思想道德素质，满足人民的精神需要。

2. 马斯洛需要层次理论

美国哲学家和心理学家马斯洛更详尽地研究了人的需求。他认为，作为一个有机整体，人有多种动机和需要，包括生理需要、安全需要、归属

① 《马克思恩格斯选集（第一卷）》，北京：人民出版社，1995 年，第 32 页。

与爱的需要、尊重需要和自我实现需要。马斯洛认为，当人的低层次需求被满足之后，会转而寻求实现更高层次的需要。其中自我实现的需要是超越性的，追求真、善、美，将最终导向完美人格的塑造，高峰体验代表了人的这种最佳状态。

（1）生理需求：身体是革命的本钱

在人的所有需求当中，生理的需求当然是最基本也是最强烈的。为了生存，人需要空气、食物、水、适宜的温度、睡眠、住所等等。缺失了任何一种需求，人都难以活下来。所以当这种需求缺失的时候，个体会集中身体所有精力来得到它们。

生理的需求虽然最强烈，却也最容易满足，这种满足而带来的快乐也最容易消失。一个饥饿的人在吃饱后，这个需求就立即满足了；这种满足所带来的快乐很快也会消失。随之，其他更高级的需求也就来了。

随着社会的发展，人们的物质水平越来越高，而人的心理压力却越来越大，心理问题越来越多。以前人们以为，随着物质生活水平的提高，人的问题就会越来越少，生活也会越来越幸福，而现实却不是这样。其实，若静下来想一想，也不难理解。过去人们普遍比较贫困，想的就是填饱肚子，所以对心理需求是否得到满足，不那么在意，因此心理问题也就不那么明显。而现在，物质生活发达了，人不再为填饱肚子而发愁了，心理需要也就提到人的精神层面了。

（2）安全需求：活着是最大的幸运

在人生理需求得到满足之后，随之而来的就是安全感的需求。所谓安全感，就是感觉自己的生命是否安全、身体是否健康、财产是否安全、事业是否顺利、声誉是否保全、梦想能否实现等。如果感觉到这些是安全的，人就会有安全感；否则，就会失去安全感。不安全感就会导致人产生焦虑、紧张、不安、担忧或害怕等负面情绪。

安全感的建立需要有一定的客观基础，如果客观环境不安全，人很难有安全感。然而，大多时候，人感到不安全，不是因为客观环境不安全，而只是感觉不安全。有些来访者，虽然他们每日都活在焦虑和恐惧之中，而实际上他们是安全的，无论是他们的身体、财产、社会地位或是亲人等都是安全的。他们的不安感只是来自他们的感觉，而非现实。

安全感是人身心健康的重要基础。如果一个人长期处在不安当中，他会发展出许多无效防御模式来应对生活中的各种挑战，比如过度敏感、脆弱、懦弱、退缩、逃避、攻击、指责、暴怒、躁狂等等。自然，这会影响他能力的发挥，长期焦虑不安还会严重影响他的身体健康，导致身体出现各种疾病，如心血管病、癌症等等。只有当人的安全感得到满足了，他才能相信自己、信任别人，他的潜能才能得到进一步的激发，才会带来人际、家庭关系的和谐，以及事业的发展和身体的健康。

（3）归属和爱需要：人需要被他人接纳

① 归属感是什么？

古人云："仓廪实而知礼节，衣食足而知荣辱。"这句话的意思是，当人有了足够的粮食储备，心理也就定了，那个时刻，人会意识到自己该如何待人；当人衣食无忧了，也就开始有荣辱观了。这表达了两种需求：安全感和归属感。"仓廪实"和"衣食足"表达的是安全感，而"知礼节"和"知荣辱"则表达的是归属感，也就是人的社会需求。

当人的生理需求和安全需求得到满足之后，社会需求就自然成为人们关注的焦点。古希腊哲学家亚里士多德说，人是"社会性动物"。在漫长的进化过程中，人之所以能够生存下来，群体生活方式功不可没，个体是无法独自生存的。所以，在确保自己安全之后，接下来人渴望的就是爱情、家庭、朋友和团体生活。

人都会很在意自己的声誉，很在意别人对自己好不好、是否喜欢自己；人也会刻意地打扮自己，留意自己的言谈举止，目的就是希望自己能被他人所喜欢、所接纳。当感觉到自己是被喜欢、被接纳的时候，人的归属感就得到了满足，就会体验到一种幸福感。反之，如果人意识到自己不被喜欢、不被接纳，那么这种归属感就得不到满足，人就会产生多种负面情绪，如焦虑、担忧、愤怒或怨恨。

② 归属感的本质

归属感也是一种主观需求。客观上别人是否真的接纳你不是最主要的。如果人能够接纳自己，那么即使别人不喜欢他，排斥他，他也不会在意。即使自己不属于任何群体，也能做到“四海为家”。相反，如果内心有自卑感，不能接纳自己，那么即使别人接纳你，你仍然会感觉自己不受欢迎。

很多来访者都有这样的共性：无论去哪里，都没有归属感！小王，大学毕业后不到3年，换了8份工作。找到一份工作后不到几个月，就感觉别人不喜欢自己，处处与自己作对，因而就愤然辞职。小李，结婚不到半年，就非要离婚不可，老公不愿意，她就一直各种“作”。小李不断地抱怨公婆都不喜欢自己，老公的姐姐和姐夫也不接纳自己。小李丈夫说，其实他父母和姐姐根本就没有排斥她。相反，他们很担心小李会和自己离婚，所以和小李交流时，都是小心翼翼地，生怕惹她不高兴了。通过咨询，我帮助小李意识到了，是因为她的原生家庭(父母关系不好，又因她是女孩而嫌弃她)导致她没有归属感，其实她老公的家人都很接纳她。

很多案例告诉我们：只要人内心接纳自己，到哪里他都会有归属感；如果不能接纳自己，到哪里都没有归属感。

③ 爱的真谛

归属感和爱是密不可分的。如果感受不到爱，归属感无从谈起。马斯洛认为，只有感受到爱，人才能放松下来、获得休息，才能获得力量以应对生活中其他的挑战。如果缺少爱，就如同人的身体缺少盐、维生素 C，虽然一时不会威胁到人的生命，但长此以往，就会生病。

那么，爱是什么？罗杰斯认为，爱就是深深的理解和完全的接纳！所谓理解，就是不管这个人做了什么，你都能理解他，相信他这么做一定有他的理由，但绝不是出于恶意，如果有错，也情有可原；所谓完全的接纳，就是即便这个人有诸多的毛病和缺点，甚至伤害过你，你都能接纳他。

就如同其他的心理需求，爱是一种主观需求。换句话说，别人是否爱你，很大程度上取决于你是否爱自己。如果一个人不爱自己，也就不能理解自己、不能接纳自己，总感觉自己不好，是笨的、傻的、丑的、无能的，他就不可能感觉到别人爱他。即使别人真的爱他，他也感受不到；如果别人告诉他，他也不会相信。曾有来访者这样对我说，如果有人称赞她，她会感觉这人是在骗自己；相反，如果有人批评自己，她反而感觉这人对自己诚实，说的是真话。所以，一个人能否感受到爱，关键并不在于是否有人爱他，而是他是否爱自己。

如何爱自己？答案是，要理解自己和接纳自己。不管自己做了什么，或是犯过什么错误，都必须要理解自己。这一点很关键，也是真实的，没有人会故意做坏事来伤害自己。所有的事，即使是那些看起来是坏事的事，也是可以被理解的，因为这也是这个人在那一刻能够做出的最好选择。此外，还要无条件接纳自己，包括自己所有的优点和缺点。无论是优点或是缺点，这都是我的一部分，我接纳它们。我相信自己从本质上是好的，虽然自己也会犯错，也会因为软弱而做坏事。如果一个人能做到爱自己，也能爱别人；同时，也能感受到别人对自己的爱。这样，他的自我价值感会越来越强，自然地，心理也会越来越健康。

（4）尊重的需要：人需要做自己

这些年来，我接触过许多来访者，从表面上看起来，他们一切都好，令人羡慕：家庭、学历、工作、长相等，都很完美，但是他们却不快乐。与我交流时，他们说，这些都是父母想要的，不是他们自己想要的。我问他们："你想要什么？"而他们却不知道自己想要什么。为什么会这样？究其原因，是因为家长没有尊重过他们的兴趣、爱好和天赋；父母只是按照自己美好的意愿和规划，为孩子安排了一切。虽然后来的发展证明，父母的规划是对的，但孩子个人的意愿则被剥夺了。这会让孩子觉得：我做的一切，包括取得的所有成就，都不是我的，而是父母的。在他们成长过程中，因为父母没有给他们机会让他们选择自己想要的，结果他们也不知道自己到底想要什么。我认为，导致这些问题的一个主要原因是家长没有尊重孩子自己的意愿，什么事都替孩子决定了，包办了一切。

其实，除了希望自己能被理解、被接纳之外，人还希望自己能被尊重。何为"尊重"？尊重就是允许个体做他自己；尊重别人，就是允许别人做他自己；自我尊重，就是允许自己做自己。当我们和某人的意见不一致时，我们会说："我尊重你的看法。"这句话的含义就是：你保留你的观点，我不要求你改变观点。

在任何一个群体里，人都希望自己的个体性、独特性得到保留，即使面对自己最亲近的人时，人仍然希望能保留自己的独特性。而如何才能保持自己的个体性和独特性？答案是尊重！

尊重可分为两种：他人尊重和自我尊重。所谓他人尊重，就是我们希望别人能够允许我们做我们自己，主要是体现在尊重我们的意愿。无论我们做什么，如果我们决定了，即使是错的，我们也希望他人能够尊重我们的决定。如果孩子不听话，就以各种方法打压孩子。渐渐地，这会让孩子难以自我尊重，感觉自己不好，不允许自己做自己。这样的孩子长大后，就会缺乏独立人格，也缺乏理想和目标，这对将来的发展非常不利。

很多人对自己总不满意，不是觉得自己这里不好就是那里不对，不允许自己犯错、不允许自己失败、不允许自己有任何瑕疵。而事实上，又发现自己总会犯错、会失败，几乎一无是处，因而会不停地自责、内疚、讨厌自己、排斥自己，这让自己很痛苦。所谓自我尊重，就是允许自己做自己，无条件接纳自己；接纳自己的优点，更接纳自己的缺点。无论如何，都要坚信自己是好的。

被尊重的需求得到满足后，人就会意识到：我要为我自己的生命负责。此刻，他的主观能动性就能被激发，能为自己的行为积极负责，也会产生自信，自我价值感和能力感都会得到提升。反之，如果被尊重的需求不能得到满足，人就很难为自己的生命负责，因为他的决定都不是自由的，而是为了迁就别人，或是别人为自己做的决定。既然是别人的决定，我没法为别人的决定负责。为此，他的主观能动性就不能被激发，会感觉自己一生碌碌无为，会产生自卑感、无能感和无助感。久而久之，人就会变得消沉、沮丧和抑郁。

（5）自我实现的需要：人需要活出自己

马斯洛认为，当人对爱和尊重的需要合理地得到满足之后，自我实现的需要就出现了。所谓“自我实现”，就是潜能最大限度地得到了发挥，生命价值得到了最大限度的实现。马斯洛对自我实现的描述是这样的：

> 它（自我实现）可以归入人对于自我发挥和完成的欲望，也就是一种潜力得以实现的倾向。这种倾向可以说是一个人想要变得越来越像人的本来模样，实现人的全部潜能。换句话说，一位作曲家必须作曲，一位画家必须绘画，一位诗人必须写诗，否则他始终无法宁静。一个人能够成为什么，他就必须成为什么，他必须忠于他们自己

的本性。这一需要就可以称之为自我实现的需要。

自我实现的需求很容易被误解。人们往往以为，只有成为一个“成功人士”，比如成为政治家、军事家、艺术家、企业家、学者、明星等等，才算是自我实现了，否则就不算。显然，所谓的“成功人士”毕竟是极少数，大部分人是不可能“成功”的。再者，很多所谓成功人士未必活得幸福，也不是都会受人爱戴。反之，很多普通老百姓，他们在自己的领域，比如对自己的家庭、社区、单位等作出了自己的贡献，也很受周围的人爱戴。这样的人，我认为也是自我实现了的人。

举个例子。有位来访者，是位领导，将要退居二线，心理难以接受，便抑郁了。在咨询中，他抱怨说，自己在如今的位置上工作了整整10年，兢兢业业，没日没夜地工作，但上级领导就是不重视自己。现在面临着退居二线，心里不甘，但也无可奈何，感到憋屈。在多数人眼里，这位领导算是自我实现了的人。而实际上呢？他内心感觉自己像个失败者，没有价值！

另外一个例子，我的父亲，是一位地地道道的老农民，一辈子勤勤恳恳把我们兄弟姐妹七人抚养长大。在众人眼里，他很有智慧，四邻八舍，无论谁家里出了纠纷或冲突，都会请父亲去主持公道。父亲几乎都能使他们冰释前嫌，相互妥协，达成一致意见。所以，他在村里有很高的威望。逢年过节，所有的家人都要回家聚会，父亲总是笑眯眯地看着我们这群人或是在说笑，或是在吃饭，他的脸上浮现的是满足和幸福的表情。前几年，父亲得了病，知道自己命不久矣。他笑着对我们说，如果他病倒了，绝不去医院，就在家里。他多次对我们说，这辈子，他很知足，他觉得他活得比他的兄弟姐妹们都更幸福。

父亲去世的时候，没有显示出任何痛苦，很平静，脸上还带着笑容。对于父亲，他算不算是一个自我实现了的人呢？我相信他是的。

这两个案例显示，一个人的自我实现是否得到满足，不在于他的事业有多成功，地位有多高，身价有多少，或是为社会作出多大贡献，而在于他自己内心。在于他内心是否感到自己的潜能得到了最大限度的发挥，自己的生命价值是否得到了最大限度的实现。如果是，他就会产生满足感、幸福感，就算是一个自我实现了的人；否则就会感到遗憾、憋屈，甚至是怨恨等，就不算是自我实现的人。

（6）自我超越的需要

马斯洛晚年意识到，自我实现不是人的最高需求，人在自我实现后仍然有其他的需求。于是，他修改了他的需求层次理论，在自我实现之上，又加上自我超越的需要。他认为，如果人没有自我超越的追求，人在成功后又会变得低俗，会去追求更低层面的满足，如生理方面的，沉迷于肉欲、只关心吃喝玩乐，或会玩物丧志，或在声色场所流连忘返等等。这些低级的追求反而会使他失去他已经拥有的，如挥霍无度会使他倾家荡产、事业失败、家庭破裂、妻离子散等等。

因此，我们需要“比我们更大的”东西来激发出敬畏之情，这“东西”是自然主义的、经验性的。

在满足这一层次的需求时，人会有“高峰体验”和“高原体验”。马斯洛发现，很多人在达到这个境界后，都会有这些体验，包括诗人、哲学家、音乐家、企业家、教育家、政界人物等。他详细访谈和观察过数百人，发现只要人的修养达到一定程度，不管他从事什么事业，都会追求自我超越。

马斯洛在晚年提出了Z理论。Z理论是在X理论和Y理论的基础上建立起来的。生理需求和安全需求是X理论，尊重以及自我实现的需求属于Y理论。在这X和Y理论的基础上，马斯洛发展了Z理论，也就是自我超越的需要。Z理论的一个基本假设就是，人会为了一个更大的目标而牺牲自己。母亲会为了孩子牺牲自己，这是一种自我超越的需要；革命先烈为了国家的独立和解放而甘愿牺牲自己，这也是一种自我超越。在满足这种需求的过程中，人会体验到一种超越的自我价值感，这种价值感会让人宁愿放下所有一切，包括自己的生命来成就它。

三、自我价值感

1. 自我价值感是人最想要的

我分析了许多来访者心理问题的源头，发现大部分心理问题的产生都是因为内心自我价值感的缺失。人所呈现出来的种种心理症状，无论是不道德的行为、违法犯罪或是其他伤人的行为，其实都是人为了追求或保全自我价值感而采取的策略或防御措施。换句话说，没有人会故意来伤害自己；人都以自己认为的最好方式来追求最大的价值。当然，有的防御机制是健康的，能为人带来益处，而有的防御机制则是无效的，甚至是有害的。各种心理问题的产生基本上都是因为这些无效或有害的防御机制所造成。如果咨询师不能帮助来访者提高他的自我价值感，其心理问题则很难根除。

自我价值感是什么?

就是内心深处感觉我是有价值的。这是每人内心深处最渴求的，如果人不能确定自己存在的价值，便会从外界去寻找某些证据来证明自己的价值，比如出身、才能、成就、社会地位、物质财富、声誉及众人对自己的赞美等等。如果能找到这些“证据”，人就会感觉自己的生命有意义、有价值，也就能体验到幸福、平安。如果没有感受到这些“证据”，人就会感觉自己“怀才不遇”，感觉自己没有活出自己，同时也会感觉自己的生命没有意义和价值。人就会焦虑、抑郁，感到空虚甚至绝望。

曾有来访者询问：“为什么人人都渴望自我价值感？”我回答道：“这是因为我们每人本来就是有价值的。”人有这种渴求，是因为有一股强大的动力在推动人要活出自我、要实现自我。今天，每人都在忙忙碌碌，都在追求着自己的梦想。有人追求钱财、有人追求地位、有人追求名声、有人追求学业、有人追求爱情、有人追求健康、有人追求长寿。但是，深入分析就会发现，人真正想要的是这些东西可能会给他们带来的价值。比如，人努力工作的目的是为了挣钱。他真正想要的不是钱，而是钱所能给他带来的好处，比如房子、汽车、奢侈品、子女上学、老人住院，或是能去国外旅游等。

那么，这些是他们真正想要的吗？若再深入分析，其实也不是，而是这些东西给他们带来的内容，比如，有了房子，就有了安全感和归属感；有了豪车，就感觉有尊严了；穿戴名牌衣服、能去国外旅游、能在高档消费场所消费，就感觉自己有面子，是上等人。这种安全感、归属感、价值感等，才是人真正想要的。遗憾的是，大多数人在忙忙碌碌、辛苦劳作的同时，却迷失了方向，与自己真正想要的目标南辕北辙。越忙碌、越辛苦、越努力，离自己所渴望的安全感、归属感和价值感越远，同时也越痛苦。

从另外一个角度来说，很多心理问题或痛苦的根源都是自我价值感缺失。比如，被别人骂就会痛苦。为什么会痛苦？是因为自己的内心认同了别人的否定和贬低。假如骂自己的人是一个精神病患者，那他一定不会生气，因为他知道这话不是真的。而如果骂他的人是一个正常人，他就会生气，因为他会以为这话是真的。此刻，他会感受到一种威胁：他的价值被贬低了。因此他会感到愤怒，要反抗、要攻击对方。人攻击他人的真正目的无非就是要他人闭嘴、认错，甚至向他道歉。只有听到对方的道歉，他心里才会平复一些。

2. 活出真正的自己

每个生命内最强大的能量是生本能，而生本能的主要目的不只是活着，还要发展，还要自我实现。自我价值感是人自我实现和活出自我的最好阐释。换句话说，如果一个人体验不到自己的生命价值，那么他不可能是一个自我实现了的人。人之所以想要实现自己存在的价值，是因为人本来就是有价值的。

（1）人本来是“真”

真的含义包括真实、真相、真理等，用通俗的话来说：“本来就是这样的。”从心理学的角度来理解，这个“真”就是：我就是我，真实的我！我希望父母爱我，爱的是真实的我，而不是他们希望的那个我。在成长过程中，我们都希望活出这个真正的我。

人本心理学家罗杰斯认为，导致人心理上出现问题的一个主要原因是接受了有条件的关爱。所谓有条件关爱就是：爸爸妈妈是爱我的，但有条件，就是你必须得乖、听话、好好学习等。如果你不乖，爸爸妈妈就不爱你了。在体验到有条件关爱后，孩子就不敢做真实的自己了，会按照父母的要求去做事。这样的后果是，孩子就体验不到真实的自己，就会产生心理问题。

这种有条件的关爱就伤害到了这个“真”，个体不能做真实的自己。如果不能做真实的自己，那么即使自己取得再大的成就、被再多的人所推崇、无论拥有多少财产，都不会幸福。这些年来，我接待过许多被医院诊断为抑郁症的来访者。从外界来看他们都很优秀，都是别人眼中的“别人

家的孩子”，或“别人学习的楷模”，但他们却抑郁了，很痛苦。导致他们痛苦的主要原因是他们感到不能活出自己。

小茜，20岁，大二学生，家庭环境非常优越，父母都很爱她，妈妈把她照顾得无微不至，爸爸对她管教非常严厉。小茜的学习一直很优秀。但上大学后，就开始讨厌学习。父母想方设法给她施加压力，逼迫她学习，并且希望她能去美国读研究生、考博士，然后留在美国工作和生活。对于父母的这些期待，她很烦，但她知道父母都是为她好，所以她也不能过度反抗。就这样，小茜抑郁了。咨询中，小茜抱怨，从小她父母什么都管，从生活作息、学习内容、交什么样的朋友、做什么样的娱乐、报考什么样的专业等，父母都承包了。她很矛盾：一方面，她感觉父母都是为自己好；另一方面，父母的这份苦心，包括父母对她的未来所勾画的美好蓝图，她都感觉好像与自己无关。

还有一位来访者，王女士，是位44岁的母亲，也因为抑郁而来咨询。前一年儿子考上了大学，她就什么都不想做了。丈夫、父母、公婆、兄弟姐妹们都感到很奇怪，怪她“作”。咨询中，王女士诉说道，从小到大，她一直都努力做一个好女儿、好妻子、好儿媳、好母亲、好邻居等，她一直以来都是按照别人的要求去做事，为别人着想，却从来没有人为自己着想，从来没有去做她自己想做的事，她感觉一直没有自我。现在，她累了，不在乎其他人怎么说她了，谁的话也不想听了，就想停下来、休息，什么也不想做了。

小马，一位高二的学生，因为厌学而来咨询。在咨询中，他哭诉道，他两周才能回家一次。在学校时，他很想家，很想母亲。当他迫不及待地看到母亲时，母亲首先问他的却是：“你学习怎么样？这次考试考了多少？排名有进步吗？”小马很痛苦，哭着对我说：“难道妈妈眼里就只有学习成绩、只有排名？难道我这个人就不重要吗？难道我的心情、我的痛苦，对她就那么不重要吗？”

导致以上三位来访者痛苦的主要原因是：他们的“真”被忽略的。他们必须要按照家长、家族、学校的要求去生活，不能活出真实的自己，不能做自己愿意做的事。

（2）人本来是“善”

《古汉语常用字字典》对“善”的解释：“好、好的、善良的。”怎么样才算是好或善？标准是什么？在不同的文化、风俗、社会环境或时代中，标准是不同的。所谓“善”，其实是一个道德判断，也是主观判断。判断的标准则是功能性的，即能否帮助人达成生命的目标，如果能，对人而言就是善的；如果不能，就是恶的。

纵观世界上所有我们认为是“善”的东西，都是对人类的发展有益的，包括美丽的森林、草原、河流、动物、人类，尤其是那些伟大的科学家、文学家、艺术家、政治家等等，我们都喜欢他们，因为他们对我们的生命很重要。

我们每人也都希望自己是“善”的，无论是对他人，还是对我们自己。也就是说，我的存在，对自己、他人、世界达成其最终目标是有用的。对他人，我是善的，因为我的存在，能够有益于他人的生存、发展和自我实现；对世界是善的，因为这个世界会因我的存在而更美好；对我自己也是善的，因为我能使自己生存、发展，实现自我，我能活出真正的我。从这个角度来说，这个“善”也意味着自我价值。如果我是善的，我就是有价值的。

关于自己是否是“善”，很多人会陷入一个误区，就是依据他人或社会对自己的评价来判断自己是不是善的。如果别人给自己的评价是积极的，就会感觉自己是善的；如果别人的评价是消极的，就会感觉自己是不善的。其实，人从本质上，就是善的。就如《三字经》所言："人之初，性本善，性相近，习相远。"

（3）人本来是"美"

就如善一样，美是一种主观感觉，人会认为这个很美，那个很丑。而在客观世界里，不存在美或丑的东西。人都喜欢所谓"美的东西"，像美丽的风景、美丽的人、美的艺术作品、美的文学作品等。那么，"美"是什么？有许多不同的理论和解释，比如：美是形式的和谐(古典主义)；美是完善(理性主义)；美是愉快(经验主义)；美是生活(车尔尼雪夫斯基)等等。但这些只是美的属性，或是对美的描述，并不是美本身。那么，美到底是什么？

所谓"美"，就是感觉到自己的生命需求会得到满足而产生的一种愉悦感！比如说，人们看到符合自己审美标准的女性，看到慈祥的老人、天真的儿童、身材魁梧的男性，都会觉得美，因为这些内容都能满足人们的安全感、归属感、爱、繁衍等需求。看到美丽的大自然，尤其是充满生机的春天，或是硕果累累的秋天，人们也会感觉很美。所有美的景象，不管是人、是物还是大自然等，一定会让人们从内心深处感觉自己的生命需求能够得到满足，并由此而产生了愉悦感。

人都希望自己是美的，因为，一方面，如果我长得美，那么我生命的需求就会得到满足；另一方面，我也希望别人认为我美，这样我也能满足他人生命的需求，这说明我是有价值的。

3. 爱能满足人对真、善、美的渴求

如果人的本质就是真、善、美，那么人的自我实现其实就是成为真、

善、美的人，这也是所有人内心最大的渴求。物质财富、权势地位、荣华富贵、长命百岁等，都不能满足人的这个需求。只有爱才能满足人的这个渴求。

这个“爱”，必须是无条件的。当人体验到了这种无条件的爱，就是体验到自己被彻底地理解了，被无条件地接纳了，人也就体验到了自己是真、善和美。这种爱，包括被他人爱和被自己爱。而自己爱自己则是关键。换句话说，我要彻底理解我自己，不管我做过什么、犯过什么错误或伤害过什么人，我都知道自己不是有意要伤害别人；我知道也肯定自己是好的、是善的，虽然自己有很多的缺点和不足。这些缺点和不足也是我生命的一部分，我接纳它们，允许它们存在。此外，除了理解和接纳之外，爱还包含着欣赏和肯定。当人体验到被爱的时候，同时还会体验到被欣赏、被肯定。这种体验会让人感受到自己是有价值的。

四、人生来有价值!

1. 人生来就有价值

通过对人本质的探讨，我们可以确定，人的生命本身就是有价值的。人的生命价值不是取决于人的身份、地位、财富、能力、贡献或人品等，人生来有价值。人的生本能所寻求的就是这种自我价值感：无论我怎么样，我都是有价值的。

但是，因为人性的局限，人又不确定自己是不是真有价值，所以，人倾向从外界去寻找一些证据来证明自己是有价值的，比如别人对自己的肯定、欣赏、表扬、赞美和爱等，都是我们要寻找的证据。我们需要这些“证据”来佐证自己是有价值的。但是，我们又不能太过倚重这些外在的“证据”，否则就会产生一个严重的问题：我的自我价值不是由我自己说了算，而是别人说了算。这些“证据”的作用就是为帮助个体意识到自己是有价值的。

2. 相对自我价值感

所谓相对自我价值感，就是人依据一些其他的内容来肯定自己的自我价值感。比如说，有人会因为自己穿了一件名牌衣服而感觉很有面子，有人因为自己是亿万富翁而感觉很有尊严，也有人因为自己为社会作出很多贡献而感觉很有价值。这些自我价值感都是相对的，都是基于衣服、财产、贡献，如果这些东西失去了，他的自我价值感也有可能会崩塌。

相对自我价值感也是分层次的。第一层，也是最浅的一层，是基于物质的价值感，比如基于自己的存款、车辆、住房、服饰等等。往往那些有自卑感的人会很看重这些物质的东西。开着豪车，就感觉自己很有价值，他的这种自我价值感就是基于他的豪车。如果车没有了，他的自我价值感也就丢了。这种自我价值感是最浅薄的，也是最不稳定的。

第二层是基于面子，别人对自己的赞美、肯定、表扬等。那些特别要面子的人认为，只有别人给自己面子的时候，自己才是有价值的；如果别人不给自己面子，或说自己坏话，那么自己就没有价值了。他就会感到愤怒，这愤怒的背后是害怕，害怕别人会因为自己没有价值而瞧不起自己。

第三层是基于自己的职位、地位或身份。这些人会感觉，如果自己的身份比别人尊贵，地位比他人更高，就会比别人更有价值。面对身份和地位比自己高的人，他们会有自卑感；而面对那些身份和地位比自己低的人，则会有优越感。这样的人会经常戴着两张面具：奴才面具和主子面具。面对地位比自己高的人，就会使出奴才面具；面对比自己地位低的人，就会使出主子的面具。

第四层则是将自己的自我价值感建立在自己的能力、知识、学历之上。他们相信，他们的生命有没有价值，或有多大价值，取决于他们有多大能力、多少知识、多高学历、多么受人欢迎等。因此，他们会努力读书、求学、学艺，目的也不只是谋生，而是为了使自己更有价值。

第五层的自我价值感是基于自己对家庭、社会或国家作出的贡献。这些人包括那些立过军功、为社会作出过贡献，接受过各种荣誉称号的人。显然，这种价值感比以上四种都更稳定一些，但也并非万无一失。

以上这些不同层次的自我价值感中，越深的越稳固；越浅的越容易失去。人情绪的稳定性与人的自我价值感是成正比的，自我价值感越稳定，情绪也会越稳定，反之亦然。另外，人的自我价值感往往会处在多个层次，比如那些很看重物质和奢侈品的人往往也会很看重身份、地位、能力、知识等。那些将自我价值感建立在第一或第二层的人并不在意第四和第五层的自我价值感；反之，那些处在第四或第五层次的人也不太看重物质和面子。

3. 莫把“证据”当作自我价值

我们需要相对自我价值感，包括物质财富、他人对自己的尊重、身份、地位、学历、职位、对社会的贡献、荣誉奖章等，因为这些内容会让我们体验到自己是有价值的。只是，我们需要提醒自己，这些内容只是我们生命存在价值的“证据”。

那些内心有自卑感的人总是感觉自己是没有价值的，因而不停地从外面去求证，希望能得到他人的肯定和赞美。但是，因为内心已经认定自己是没有价值的，所以即使得到别人的肯定，心里仍然怀疑，不相信；如果得到别人的否定，立刻就会以为自己毫无价值，然后就痛苦不堪。

为确保自己是有价值的，每人都会发展出许多防御模式，包括讨好、伪装、逃避、攻击等等。有的防御机制是健康的，能给人带来益处，能让自己体验某些自我价值感，即使只是暂时的；而有些防御机制却是无效的，使用它们非但不能让自己体验到自我价值感，反而使自己感到更没有价值了，结果造成了更多的问题。心理问题基本上都是由这些无效的防御机制造成的。如果自我价值感不能有效地得到提高，心理问题则很难根除。

4. 如何确定自我价值感?

在人内心深处，都相信自己是有价值的，而且渴望自己的存在价值得到认可。因此，当人感觉到自己没有价值时，就会难受，因为人内心是拒绝这个感觉的。从一开始，人就相信自己不简单。只要人能静下心来，相信自己内心的感觉，是能够做到相信自己生来有价值的。

我经常建议我的来访者和学生，当他们体验到自己的相对价值感的时候，无论是哪个层次的相对自我价值感，都需要提醒自己：我之所以会拥有这些财富、取得这样的社会地位，或取得这样的成就，是因为我本来就是好的、有能力的、有价值的，即使没有这些，我仍然是好的。

五、总结

在本章中，我们探讨了人的发展阶段和成长需求。在满足这些需求的过程中，人得以生存、发展、自我实现和自我超越。除了生理的需求外，人还有许多心理的需求。我根据马斯洛的理论和自己的临床经验，简要解释了人的这些心理的需求。

为确保身体的健康，身体生存和成长要素都必须要具备；为保证心理的健康，人心理的需求必须得以满足，包括安全感、归属感、爱、尊重和自我实现等。

当然，这些需求不会自动满足，有些需求需要人类努力争取或是保护，才能得到保证。如果不努力争取或防御，某些需求，比如食物、水、安全感、归属感等，就会缺失，就会威胁到人自身的生存和发展。为此，在漫长的进化过程中，人类进化出了许多特殊的能力。为了更好地发挥这些能力，人进化出了情绪。

第三章 生命成长的动力——情绪

人之所以感到痛苦，都是因为负面情绪，比如恐惧、焦虑、担忧、愤怒、怨恨、悲伤、绝望等。很多来访者痛苦地说："如果没有这些情绪，该有多好！"我的回答是："如果没有这些情绪，我们的生活会更糟。"因为有感觉，我们才会自我保护，才能生存。心理上也是如此，我们需要有这些情绪，我们才能保护自己，才能使自己成长。所以，心理咨询的目标，不是要消除负面情绪，而是要引导人学会驾驭自己的情绪！

一、人总会有情绪

每个人，只要有意识，就会时刻感受到情绪的影响。情绪有时充满了非理性，有些负面情绪还具有破坏性。所以，如果不能驾驭自己的情绪，行为就会被自己的情绪所控制，就会做出坏事，比如一时冲动做出伤害自己或他人的事。所以，能否管理好自己的情绪，对我们的日常生活很重要。

但是，能否管理好自己的情绪，则取决于我们是否了解自己的情绪。如果你了解自己的情绪，能及时觉察到它们的来龙去脉，你就能驾驭它们，情绪就能为你所控。在本章中，我将和大家一起探讨自己的情绪。

1. 人不能没有情绪

在生存和发展方面，动物和植物最大的区别是，植物被动地从大自然接受生命所需要的物质，包括水、营养、阳光等。而动物则不然，它们能主动地从大自然中去寻找生命所需，比如渴了就去找水，饿了就去寻找食物，冷了就去寻找保暖的地方。在寻找食物或水的过程中，它们有时需要长途跋涉、打斗，需要拼搏、狂奔等。是什么驱使着它们去寻找水和食物？是本能。动物会本能地感觉到饿或是渴。愤怒或恐惧更会驱使他们去捕食、挣扎或逃跑。

情绪，则是人类心理方面的感觉。人类是通过情绪来感知自己心理方面的需求的。情绪会告诉人哪些心理需求没有得到满足，情绪也会驱使人去寻求相应的资源来满足这些需求。害怕、焦虑、恐惧等情绪告诉人，安全感的需求没有得到满足；孤独、寂寞、孤单等情绪，告诉人归属感没有得到满足；悲伤、愤怒、怨恨、不满等情绪，告诉人爱和尊重的需要没有得到满足；无聊、无意义感等，意味着自我实现的需求没有得到满足。当人体验到这些情绪的时候，同时也会体验到一股动力，敦促人去寻求资源来满足这些需求。

2. 情绪是生命的动力

情绪本身具有一种能量，使得生命体能更有力地保护自己、发展自己、活出自己。这能量不是漫无目的，而是有方向、有目标的。就如同我们身体的每一种感觉，无论是饿、渴、热、冷、头疼、胃疼、胸闷等，都会给我们传递某种特定的信息：我们的身体哪个器官可能出了什么样的问题，这些感觉同时也驱使我们去解决这些问题。我们心理上的每一种感受或情绪，也有着同样的功能，告诉我们心理上哪些需求缺失了，同时也会驱使我们去满足这些心理需求。

每种情绪都有用处。有的能使人生存，比如焦虑和紧张等，它们能使人提前发现危险；害怕、恐惧能使人在发现危险到来时快速逃跑；担忧和忧愁能使人思考未来可能会发生的坏事；愤怒和仇恨能使人维护自己的权益。快乐、幸福、喜悦、满足等正面情绪能使人身心更健康、彼此之间的关系更密切，这对人的发展和自我实现非常重要。

二、情绪是怎么来的?

1. 情绪的产生

任何一个生命，如果想活下来，都需要食物以及逃生的能力。最原始的生命是靠嗅觉来识别食物或危险的。嗅觉中枢由分析气味的神经元薄层组成，其中一层细胞接收闻到的气味，并进行分类：好吃的或有毒的，是交配对象或天敌、是猎物或陷阱。根据分析结果，第二层细胞通过神经系统向身体发出相应的反射信号，指挥身体采取行动，如果是食物，就去啃咬和吞咽；如果是猎物，就去捕捉；如果是配偶，就去接近和交配；如果是天敌，就逃跑。在这些过程中，身体会有相应的反应，比如分泌出特定的激素，神经也会根据需要而兴奋或松弛。这些不同的反应就会让生物产生不同的感觉。可能这就是最原始的情绪了。这些情绪的主要功能就是帮助这个生物达成目标。当它嗅到食物时，身体就会兴奋起来，使它能快速获得食物并尽快吞下；当它看到猎物或天敌时，它需要体验到敌意、愤怒或恐惧，这能使它更有力量捕捉到猎物或逃脱天敌的捕捉。

进化到哺乳动物之后，新的神经元层也形成了，嗅觉中枢演变为情绪中枢，也就是现在的“情绪脑”。这一新的神经区产生的情绪也开始复杂起来了；不同的情绪会让身体产生不同的冲动，去做不同的事情，完成不同的目标。情绪由此变得越来越复杂，不再只有几种简单的情绪，而进化出更多种、更加细致和复杂的情绪。情绪的作用也会越来越重要。焦虑会使人更加敏感，能更早地捕捉到潜在的威胁，增加逃生的机会；恐惧能使人跑得更快、跳得更高；敌意和愤怒能使人更容易制服对方或猎物；快乐能使人更容易团结合作；爱能使人能更好地孕育下一代。显而易见，动物的所有这些情绪和行动都有一个目标，就是自身的生存和发展。

又经过几百万年的进化，情绪中枢进化成会思考的大脑，即“新皮层”，这层充满皱褶的灯泡状器官位于大脑的最外层，由额叶、颞叶、额叶皮层等组成。这也就是我们所说的“思考脑”，为人类所独有，因此人类也可以被称为“智人”(Homo sapiens)。有了“思考脑”之后，情绪对人而言就不只是身体的感觉和对行动的驱力了，还有了理智的成分。

关于“思考脑”，我们将在下一章中详细探讨。

2. 情绪的构造

（1）感觉

美国心理学家詹姆斯和丹麦生理学家兰格分别于 1884 年和 1885 年提出相同的情绪理论，他们强调情绪是内脏活动和肌肉活动的产物。詹姆斯认为情绪是一种躯体表达，是伴有明显的生理反应的心理过程。他的理论是，在觉察到自己周围的环境后，躯体便发生一系列的变化，我们对这些躯体变化的感受就是情绪。我们回忆某种强烈的情绪，如愤怒或兴奋，然后尽量剔除掉感受，剩下的只是冷冷的智力观点，没有构成情绪的所谓

“心理物质”。他的结论是，人不是因为先紧张、焦虑然后才出现胃痉挛、发抖或结巴等身体反应，而是相反，人首先出现胃痉挛、发抖或结巴等身体反应，然后才变得紧张、焦虑。人不是因为悲伤才哭泣，不是因为恐惧才发抖，而是因为哭泣才悲伤，发抖才恐惧。詹姆斯认为，对外界刺激的知觉首先引起躯体与内脏反应，随着我们体验到这种反应，我们就产生了情绪。

情绪是身体的感觉，当人体验到某种感觉时，身体就已经有了某种反应，否则是不会有感觉的。比如，当人感觉紧张时，他的肌肉会发紧，还会有种不舒服感。紧张的程度与身体发紧和不舒服的程度是相应的，人越紧张，肌肉越紧，不舒服感也就越强烈。其他的感觉也是如此，当人感到惬意时，身体是放松的，感觉是快乐的；恐惧时，会心跳加快，呼吸加速，肌肉绷紧。

（2）信念

人不喜欢疼痛感，但是如果没有疼痛感，人就危险了。疼痛感有多种，如腰酸背痛、肚子疼、头疼、胃疼、心疼、腿疼等等，每种疼痛的程度也不同。通过这些感觉，我们可以知道身体的情况。如果一个人没有疼痛感了，他将不知道自己身体的情况，也无法及时保护自己。情绪如同身体的感觉。积极情绪是舒服，消极情绪是疼痛。

为了能确保身体的健康，我们需要各种感觉，包括那些让我们很不舒服的感觉，因为这些感觉会提醒我们哪里出了问题，同时还会驱使我们去解决这些问题。同样的，我们需要各种情绪，包括那些让我们很痛苦的情绪。就如身体的疼痛感会告诉人，身体出了什么问题，负面情绪也会提醒我们，我们的心理出了什么问题。这些情绪还会驱使人去解决这些问题。有经验的心理专家也能够通过来访者对痛苦的描述推测出来访者在心理上出了什么问题。

没有任何情绪是多余的或无用的，每种情绪都会告诉个体，他的心理出现了什么问题。感觉到紧张，这说明内心失去了安全感；委屈，是感觉付出没有得到相应的回报；愤怒，是感觉自己受了不公正的对待。情绪不会无缘无故地发生，任何事情，如果能引起一个人的情绪，那么说明这事和这人有关。情绪越强烈，说明关系越大。比如，当你听到有人在咒骂，如果你知道这人是在骂别人，你不会有感觉，但如果你觉得他是在骂你，你就有感觉了；再比如，听到某人病了，如果那个人和你没有关系，你不会有什么感觉。而如果那个人是你的亲人或朋友，你就会有感觉，感觉有多强烈，就取决于你和这人的关系有多近。所以，我们的感觉和情绪都与自己密切相关。情绪是我们内心向我们传递出来的重要信号。如果我们想了解自己，必须从情绪入手。如果不了解自己的情绪，就不会了解情绪所传递的信息，那就不能了解自己。

对于情绪给人传递的信息，人会自动选择相信，无论这信息是合理的还是不合理的。比如，当人感到恐惧或害怕时，人就会相信自己有危险，即使他周围的环境很安全。情绪传递的信息带有一定的强迫性，会使人不得不相信。

感受、信念和躯体反应是一个整体，虽有区别但不可分割。他们相互影响、相互强化，要么恶性循环，要么良性循环。比如，当人焦虑时，人会相信自己有危险，身体的神经会绷紧，同时释放肾上腺素和其他的激素，焦虑就会增加。越焦虑，躯体反应越强烈，人也会越相信这信息是真实的，如此恶性循环；身体也会越来越紧张。在达到一定程度后，焦虑就会变成恐惧，恐惧会持续增加，然后发展成惊恐。

（3）驱动力

情绪还是一种驱动力，情绪越强烈，这种驱动力越强。这种驱动力的目的是要解决问题。比如当内心感到有危险来临时，我们会体验到害怕，害怕又会驱使人去逃避。这种想逃的动力有多大取决于人有多害怕，人越害怕，想逃的动力也越大；愤怒也是如此，越愤怒，那种想打人的冲动也越强，由此而产生的力量也越强。在汶川地震期间，我帮助过一位身体微胖的中年女性。她告诉我，地震发生时，她正在家附近的楼道内。意识到地震了，撒腿就跑。刚跑出那楼道，两旁的楼房就倒塌了。她之所以在那一刻会跑得那么快，就是因为强烈的情绪——恐惧！

不同的情绪会驱使人做出不同的行为，以达到不同的目标。恐惧会使人想逃避，为了能摆脱危险；愤怒会使人想攻击，为的是能保护自己的利益；忧伤会使人想独处，为的是能好好思考；高兴能使人想去和别人分享，为的是能和别人一起高兴；爱使人想去拥抱，为了能够得到爱或增加爱。每种情绪都会驱使人去做相应的行为，达到相应的目标。情绪越强，这种驱动力也越强，目标感也越强。

三、情绪的生理机制

1. 大脑是如何“制造”情绪的？

如果把身体比喻成军队，大脑就是总司令，它的命令是通过神经和内分泌系统来传达的，身体的所有器官，包括每一块肌肉、每一个活着的细胞都受大脑指挥。如果大脑出现问题，整个肢体就会出现混乱，丧失功能。经过多年研究，科学家们基本摸清了人情绪产生的过程。情绪与下丘脑、前部丘脑核、海马体和扣带回皮层等器官密切相关。这个过程，科学家们称之为“情绪回路”。

第一步，人的感官，包括眼睛、耳朵、鼻子、皮肤、舌头等捕捉到信息后，通过神经将其传递给大脑。丘脑首先接收到信息，然后就会对这些信息进行扫描以便理解。丘脑是大脑内部体积最大的器官，是身体所有感觉(除嗅觉外)的传导通路。换句话说，感官接收到的刺激均在丘脑内更换神经元，丘脑要对这些感觉进行粗略的分析与综合，然后快速传递给海马体进行评估。

人的丘脑像是人的记忆库，所有记忆，包括感觉记忆、情感记忆、情景记忆等都储存在内。丘脑在接收到感官传来的信息后，首先要对它们进行扫描，然后从过去的记忆中寻找相类似的信息，借此来理解这新的信息。人需要参照已知信息来理解新的信息。比如学英语，起初必须知道汉语的意思才能理解英文单词，否则就很难学会。

任何事物都是如此。比如我们看某人时，会产生什么感觉，要取决于这样的人在我们过去的经验中，给我们留下什么样的印象。来访者小王特别害怕她新来的经理，想辞职，但又找不到其他更好的工作，很是纠结，便前来寻求帮助。咨询过程中，咨询师问她为什么害怕这位经理？她自己也说不清楚。经过咨询才发现，这位经理的发型、说话的语气、走路的姿势和她妈妈很相似。一看到这位经理，小王就不由自主地想起了妈妈，感到害怕，是因为小时候妈妈经常严厉地批评自己。这意味着，小王的丘脑接收到经理的形象信息后，就会自动扫描与此相关的信息，很快，就扫描到了小时候妈妈批评自己的场景。

第二步，海马体接收到经过丘脑扫描和解读的信息后，会对这些信息作出评估，这人、事、物或环境等，对我是有益的还是有害的。然后把这信息传递给中央杏仁核。就如小王看到经理时，海马体立刻根据丘脑处理过的信息作出评估：这人可能要责骂我。然后，海马体会将这个评估结果传递给杏仁核。

第三步，杏仁核会根据评估的结果作出决定，然后通过下丘脑发出指令。下丘脑位于丘脑下钩的下方，由神经垂体和腺垂体组成。体积虽小，但能接受很多神经冲动，故为内分泌系统和神经系统的中心。下丘脑具有许多细胞核团和纤维束，与中枢神经系统的其他部位具有密切的联系。它不仅通过神经和血管途径调节脑垂体前、后叶激素的分泌和释放，而且还参与调节自主神经和自主神经系统，如控制水盐代谢、调节体温、摄食、睡眠、生殖、内脏活动以及情绪等。下丘脑的神经分泌物多达十余种，包括促甲状腺激素释放素(TRH)、促肾上腺皮质激素释放激素(cRH)、促卵泡生成激素释放激素(FSH-RH)、促黄体生成激素释放激素(LH-RH)、生长激素释放激素(GRH)、生长激素抑制激素(GIH或S.S.)、泌乳激素释放激素(PRH)、黑色细胞刺激素抑制激素(MRIH)及黑色细胞刺激素释放激素(MRH)等。这些激素作用各不相同，且相互作用，相互影响，形成一个激素网，调节着机体的许多活动。

第四步，在接到指令后，下丘脑会根据指令指挥神经垂体和腺垂体做出适当的反应，指挥神经垂体去调动神经来控制身体的某些器官和肌肉，或该绷紧或该放松。同时，下丘脑还会指挥腺垂体分泌所需要的激素，如肾上腺素或是甲状腺素等，这些激素会借着神经来传递力量给身体。当神经绷紧并分泌激素时，感觉就会产生，这种感觉就是人的情绪。

第五步，在对身体发出指令后，杏仁核还会将这信息连同由此引发的情绪一并传递给前脑或“思考脑”。此刻，人才能意识到发生了什么。因为人同时又感受到了情绪，而情绪又有一定的强制性，会强迫思考脑相信这些信息都是真实的。基于情绪所传递的信息，思考脑会自动地进行一系列的解读，然后又会导致一些其他的情绪，心理学将这些情绪称为“继发情绪”。

无论人有什么情绪，他的身体一定会有相应的反应。而这反应的大小取决于神经的张弛程度和内分泌的释放水平。神经的紧张程度越重，身体分泌相应物质的水平也越高，人体验到的情绪也就越强烈；反之，人体验到的情绪越弱，神经的紧张程度也就越轻，身体所分泌的特定物质的水平也就越弱。

2. 情绪与神经系统

(1) 神经是什么？

大脑是通过神经系统传递信息发号指令的。借着我们的神经系统而发生作用，如果没有神经，也不会有情绪。人类的神经系统一般是不受人意识控制的，是大脑自动在运作。它控制着我们身体上所有器官的活动，比如呼吸、心跳、消化、新陈代谢等。人的整个身体都布满了神经，有科学家估计，如果把一个人身上所有神经伸直连起来，大约有 30 万公里长，能够从地球连到月球。

自主神经系统由交感神经与副交感神经两个分支系统所构成，它们共同控制与调节内脏器官（心脏、血管、胃、肠等）、外部腺体（唾液腺、泪腺、汗腺等）以及内分泌腺（肾上腺、甲状腺等）的活动。交感系统与副交感系统的机能作用是对立的，二者起互相颉颃的作用，以使身体保持平衡。交感神经往往会刺激身体的器官，使之出现激动状态，比如瞳孔放大、心率增快、血压升高，副交感神经的作用使瞳孔缩小、心率减慢、血压降低。神经受大脑的杏仁核指挥，根据需要刺激不同的器官，人也就产生了不同的感觉。例如，当面临危险时，神经就会收缩，人身体的肌肉和某些内部器官也会绷紧，此刻人就会体验到焦虑；在受到攻击时，神经也会紧张，呼吸加速、心跳加速、肾上腺激素分泌增加，此刻人会体验到愤怒。

(2) 情绪神经回路

人的大脑如同树根一样是活的，且是不断变化的。一棵大树是否茂盛，关键看其树根是否丰富；而树根是否丰富，又取决于它所在的土壤是否肥沃、水分是否充足。在这个比喻中，大树就代表着一个人，树根就是神经元，土壤或水分就是这个人所处的环境。如果一个人的家庭和生活的环境都是好的，土壤就是肥沃的，水分是充足的，这人的大脑就会很丰富，脑神经也会很茂盛。相反，如果外在环境不好，大脑也会受到影响，人也容易出现各种心理问题。

人类大脑神经元数量可以达到1 000亿，神经元之间形成的突触可以达到100万亿个，每个神经元如同一台电脑，有接受、整合、加工和传递信息的功能。树突和胞体接收从其他神经元传来的信息，并进行整合，然后通过轴突将信息传递给另一些神经元或效应器。早期的神经元联结可能是粗糙的、简单的，随着个体的发展，学习、经验等外界作用会使神经元的联结得到强化。大脑的这种神经强化过程，促进了脑功能的发展。很多科学家研究了负责情绪加工的关键脑区，包括前额叶、杏仁核、海马体和丘脑等区域。结果发现，这些脑区都具有可塑性，而且它们之间会彼此影响。①

科学家们还研究了影响情绪神经回路塑造的三大主要因素。

因素一是早期环境的影响。相对于成人，孩子的大脑具有更高的可塑性，特别是从出生到4岁这段关键期。在生命的早期阶段，丰富的环境对于大脑的健康发展十分重要。如果没有丰富的刺激，从基因信号产生的突触将不能被保留。由于神经元需要从突触接收信号，如果失去了太多的突触，神经元也将死亡。

环境除了能够影响执行某功能的神经元的数量及其联结关系外，还能够改变由基因决定的神经元的既有功能。②研究发现，不良的早期环境会

---

① 刘宏艳、胡治国、彭聃龄：《情绪神经回路的可塑性》，载《心理科学进展》2006年第5期，第682—688页。

② Derrington T，Shapiro B，Smith B. Brain development：The connection between neurobiology and experience. Unpublished manuscript，2003.

影响大脑的正常发展。Chugani 等人研究了早期的生活环境受到严重剥夺的儿童，他们或被长期忽略，或被长期关闭在某个狭小的空间里等，研究发现和正常儿童相比，他们的前额叶、颞叶内侧和脑干等区域均表现出了明显偏低的葡萄糖代谢水平，而且还表现出了持续的认知和行为缺陷。上述研究表明，早期环境对于大脑的发展影响重大。因此，作为大脑重要组成部分的情绪神经回路，也必然受到早期环境的重要影响。

因素二是早期经历。除了客观环境，早期经历也会对大脑的可塑性产生重要影响。大量的研究表明，早期接触的压力情景会对大脑和行为产生消极影响，这些负面效果可能是长期的①。劳迪和他的团队进行了一项研究，他们让母老鼠在怀孕后的第 10 天和第 19 天受到来自天敌猫的威胁，结果导致它们的后代生长速度显著低于同期受到电击(footshocks)的对照组的后代，而且幼鼠的死亡率也显著高于对照组②。此外，还有动物实验表明，将幼崽长时间地与母亲隔离，会导致可的松(cortisone)水平的增高，而长期高水平的可的松会导致杏仁核的过度兴奋，这样会导致焦虑和过高的警惕性行为。过高的可的松会扰乱杏仁核对情绪意义的评估，也会影响海马体对记忆的处理，从而削弱调节压力的能力，导致适应不良和较低的自我认同，进而产生情感障碍。而得到良好照料的幼崽在面临压力时(比如与母亲暂时分离)则不会表现出可的松水平的上升。这意味着，良好的亲子关系可以使幼儿的情绪神经回路在面临情绪压力或创伤性事件时，以更具弹性的方式应对。上述研究表明，早期经历的创伤事件会对人脑的

① Geraldine D, Ashman S B, Carver L J, et al. The role of early experience in shaping behavioral and brain development and its implications for social policy. *Development and Psychopathology*, 2000, 12, pp. 695 - 712.

② Lordi B, Protais P, Mellier D, et al. Acute stress in pregnant rats: effects on growth rate, learning, and memory capabilities of the offspring. *Physiology & Behavior*, 1997, 62 (5), pp. 1087 - 1092.

生化成分和情绪调节能力产生影响。

因素三是抚养者的情绪。儿童早期的大部分时间都与其抚养者一起度过，因此抚养者对儿童人格特征的形成有重要影响。一般情况下，母亲是儿童早期接触最多的抚养者，母亲的情绪状态对幼儿的正常情绪发展有着突出的影响。道森(Dawson)和他的同事进行了一项研究[①]，测量了婴儿的脑电图，发现患有抑郁症的母亲生下的婴儿同其他婴儿相比，表现出左额叶脑电图活动水平明显较低；同时患有重度抑郁症的母亲生下的婴儿其脑电图活动水平更低。这表明母亲的抑郁对婴儿左侧额叶的活动产生了抑制。由于左侧额叶更多地对积极情绪负责，这种额叶的非正常活动将会造成婴儿今后积极情绪的减少，同时造成消极情绪增加。Dawson 等人的进一步研究表明，患有抑郁症的母亲生下的孩子在以后的生活中，确实出现了情感淡漠和情绪调节困难，表现为在游戏中更少地与其母亲接触，暂时离开母亲时更难以平静。这项研究显示，母亲保持良好的情绪状态，对于儿童的正常情绪发展十分关键。而且，儿童早期能获得温暖的、精心的、有效的照顾，对于儿童形成正面的自我意识、健康的情感和良好的社会交往能力也是至关重要的。

这三个因素就如同大树生长所需的土壤、水分、温度、阳光等等，这些要素会直接影响这棵大树生长是否茂盛。

（3）神经是终生可塑性的

很多人对我说：“陈老师，我都 40 多岁了，还能改吗？”我的回答是：“如果你真的愿意改变，一定能。别说 40 岁，就是 50 岁、60 岁，甚至 70 岁都能改变，因为人的发展是终生的。只要人还活着，就有可能改

① Dawson G，Frey K，Panagiotides H，et al. “Infants of depressed mothers exhibit atypical frontal brain activity：A replication and extension of previous findings”，*Journal of Child Psychology and Psychiatry*，1997，38（2），pp. 179－186.

变。”科学家以前以为，婴儿过了关键期后，大脑结构往往不发生变化。现有许多研究证实，人的大脑和神经系统是终生可塑的。神经轴突、树突及突触连接等在受损或老化后都能再生。一个典型的例子就是多发性硬化症患者在经过治疗和训练之后，硬化病情明显能够得到缓解，并且能够恢复正常生活。之所以会如此，就是因为轴突的重塑，轴突的亚细胞水平会重新组织，从而构成了自发功能恢复的基础。神经元如同树木一样，受损或老化后，能够再生长，重新支配身体的其他组织。当某部分神经组织受损后，支配该区域的其他残留神经轴突末梢会不断扩大，从而增大信息传递面积，同时该神经末梢释放的神经递质也将增多。

科学家们还发现，经过治疗和训练后，新的血管开始形成，残存的神经细胞开始发生一系列的变化以适应新的环境，神经系统功能逐渐恢复。在这一时期内，有众多因素影响和决定着中枢神经系统的恢复。在这些因素中，除了神经营养因子外，康复训练也很重要。通过学习，患者能够适应新的运动方式或技巧，以便能充分代偿缺失的功能。这些代偿方式的形成可以引起受损及完整脑半球组织发生相应的改变，而这些脑结构的改变又反过来增强了行为方式的改变。如此相互强化，良性循环。①

3. 情绪与内分泌系统

从前面有关情绪的研究中可以发现，两个关键因素导致了人情绪的产生，一个是丘脑从记忆库中对相关信息的扫描和提炼，海马体和杏仁核对相关信息的评估，然后，杏仁体通过神经垂体和腺垂体发出指令。曾有科学家如此比喻杏仁核、神经和内分泌的关系。大脑杏仁核就像国家元首，

---

① 吴毅、刘罡：《神经系统可塑性理论研究与实践》，载《中华物理医学与康复杂志》2007 年第 4 期。

神经是驿道，内分泌则是传令官。元首的指令是借着传令官，通过驿道来传递给各个地区的。

在应对外界刺激的过程中，大脑除了调动神经之外，还会驱动内分泌系统分泌所需要的激素。内分泌系统是由人的下丘脑、脑垂体、肾上腺、甲状腺和多种不同的组织组成，同自主神经系统一起自动运转，不经过人的意识，也不以人的意志为转移。两者同时作用，情绪就产生了。内分泌系统与中枢神经系统在生理功能上紧密联系、密切配合、相互作用，调节机体的各种功能，维持体内环境的相对稳定，以适应机体内外环境的各种变化及需要。

脑垂体是由分腺垂体和神经垂体两部分组成。科学家们已发现的腺垂体分泌的激素有 7 种，分别是促肾上腺皮质激素、促甲状腺素、卵泡刺激素、黄体生成素、催乳素、生长激素和黑色素细胞刺激素。通过这些激素，脑垂体直接控制肾上腺体和甲状腺体的功能和运作。肾上腺分皮质和髓质两部分，皮质是腺体的外层，髓质是它的核心。外层的不同部位分别分泌盐皮质激素、糖皮质激素和少量的性激素。当人体受到有害的刺激时，就会引起糖皮质激素的分泌，改变肌体的新陈代谢状况以适应、承受和消解这些有害刺激。而作为内层和核心部分的髓质所分泌的激素则对激活和维持情绪起主要作用。甲状腺的主要功能则是控制情绪。甲状腺功能的亢进会引发一系列的情绪症状，如焦虑、抑郁、激动、疲劳、情绪不稳等；而甲状腺功能低下则会使人情绪低落，迟滞、疲劳、性功能减退、有抑郁情绪和自杀倾向等。此外，这个系统还调节许多其他的系统，包括消化系统、免疫系统、生殖系统、情绪和行为等。

科学家们发现，当人处在不同的情绪状态下，人的内分泌也是不同的。Rubin 等人研究发现，抑郁症患者的肾上腺皮质比正常人增生约 38%，且随着抑郁症的恢复，这种增生似乎也随着皮质醇的正常化而逐步消失。近来 Catalan 等人发现，抑郁症患者下丘脑及下丘脑外的肾上腺皮质激素浓度高，与轻度或中度抑郁相比，重度抑郁症患者肾上腺皮质激素血浓度更高。①

近年来，国内的研究也发现，处在应激状态下，人的下丘脑—垂体—肾上腺皮质轴的激素分泌会发生明显改变。王金涛、徐世 (2007) 通过研究应激对雏鸡下丘脑—垂体—肾上腺皮质轴的影响发现，处在应激状态下，雏鸡下丘脑促肾上腺皮质激素的释放水平及血清促肾上腺皮质激素、醛固酮及皮质醇的含量等都明显提高。②而这些激素与人的负面情绪，尤其是紧张、焦虑、害怕、恐惧等都密切相关。

四、情绪的种类和作用

1. 情绪与心理需求

情绪的主要作用，就是提醒个体自己的心理需求是否得到满足，如果得到满足，就会产生正面情绪，如果得不到满足，就会产生负面情绪。不同的需求是否得到满足，产生的情绪也是不一样的。如果安全感得到了满足，就会产生平安、无忧无虑、自在、轻松、愉快等情绪；如果得不到满足，就会感到害怕、焦虑、紧张、担心、恐惧、忐忑不安等情绪。如果归属感和爱得到满足，就会产生幸福、快乐、舒坦、愉快等情绪；如果得不到满足，人就会产生孤独、寂寞、伤心、难过、委屈、内疚、自责、怨恨、无助、绝望等感觉。如果尊重的需求得到了满足，人会产生自豪、骄傲、欣慰、满足等情绪；如果得不到满足，则会产生愤怒、不满、仇恨、

① 《情绪与内分泌系统的关系》。

② 同上。

自卑、羞愧、耻辱等情绪。如果自我实现的需求得到了满足，人就会产生成就感、自我价值感、意义感，以及喜悦、心旷神怡等感觉；如果得不到满足，就会感到郁闷、无聊，产生无意义感、无价值感等等。

情绪可以根据心理需求是否得到满足而分为两类：正面情绪和负面情绪。根据需求层次的不同，我们又可以把情绪划分为基本情绪、继发情绪和复合情绪。接下来，我们将更深入地探讨这些情绪。

2. 负面情绪

负面情绪是因为人的心理需求没有得到满足而产生的。因为心理需求多种多样，而且有层次差异，所有负面情绪也有很多种，而且也有层次差异。负面情绪分为三类：原发情绪、继发情绪和复杂情绪。

（1）原发情绪——恐惧

① 恐惧时的生理反应

当人的生命安全受到重大威胁时，比如老虎正向自己扑来、大火正在逼近或面临万丈深渊，人会产生恐惧。间接的威胁也会让人产生恐惧，比如当人得知自己患了绝症、犯了死罪，或大难临头，人也会产生恐惧。恐惧时，大脑的杏仁核会立刻激活脑垂体。首先激活神经垂体，使得全身的神经瞬间绷紧，同时指挥人心脏和肺剧烈运动，心跳加快，呼吸加速，使得人的身体瞬间充满血液和氧气，这为下一步的行动积攒了力量。同时，杏仁体还会激活腺垂体，释放一系列激素，包括促甲状腺激素、促肾上腺皮质激素、促性腺激素等。这些激素往下传导，作用于各自的内分泌靶腺，诱发更多的激素释放。其中，肾上腺髓质部分会分泌肾上腺素和去甲肾上腺素，直接刺激人体各器官，人会心跳加快、血压上升、呼吸短促，脂肪、蛋白质等储备能源会迅速分解。另外，立毛肌收缩，使人汗毛竖起来；汗腺分泌，使人大汗淋漓，整个机体被“唤醒”了，全身的细胞都动员起来，使个体在短时间内激发潜能以应对“已经来临”的威胁。人的外在行为也会瞬间做出反应，或是身体弯曲、用手捂头，或是迅速奔跑、跳跃、躲避。

② 恐惧的力量

恐惧是使人类能够活下来的主要动力，它能使人在瞬间爆发出强大的力量，使得他或是拼命逃跑、攻击对方，或是紧紧抓住某种救命“稻草”，此刻他能迸发出来的力量是巨大的。弗洛伊德认为，死亡是人类最害怕的。但我通过一些咨询经验发现，人内心最大的恐惧不是死亡，而是死亡背后的黑暗。

③ 不再害怕

人最大的恐惧是被抛弃。为了避免这个悲剧发生在自己身上，个体会发展出许多继发情绪和各种各样的防御策略。其中最主要的就是让自己有价值，因为只有如此，个体才能被群体所接纳，才能避免被抛弃。

而这价值必须是绝对自我价值，因为所有相对自我价值感都是不稳定的。如果个体所仰赖的价值基础失去，比如破产、退休、生病或人设崩塌等，自我价值感随即消失，恐惧也就随之而来。而实际上，人生来有价值，所以，人的价值和尊严是不可能丢失的，关键是人内心是否相信这一点。如果能够做到坚信不疑，那么人就能做到宠辱不惊，“泰山崩于前而色不变”。

(2) 继发情绪

继发情绪，顾名思义，就是由其他情绪引发的情绪。换句话说，个体为了避免最大的灾难，发展出了许多的防御措施。为了能使这些防御措施有效运作，个体还发展了许多相应的情绪。比如焦虑，它的作用就是帮助个体提前发现危险，能及早采取措施，避免危险发生。所以，当人焦虑时，感官非常敏感，人的整个身体处在高度戒备状态。其他情绪，如害怕、担忧、愤怒、羞愧等，莫不如此。继发情绪的作用是提前预防，预防最坏事情的发生。我根据临床经验，发现那些经常困扰我们的继发情绪有三大类：焦虑类的、愤怒类的和沮丧类的情绪。

① 焦虑类情绪

1) 焦虑情绪的生理反应

焦虑类情绪就像是雷达，其主要作用是帮助个体及早觉察潜在的、要来的或是以后会发生的危险，为了能及时排除危险、做好预防准备。导致焦虑、害怕等情绪的要素主要有三个：危险要来临、自己无力应对、没有援助。三者相加，就造成了焦虑情绪。个体会产生什么情绪，则取决于危险的性质、影响大小、紧迫情况、个体对自己应对能力和外在援助力量的评估等。

焦虑时，人的神经会高度敏感，能觉察到平常不易觉察到的危险，人的反应也会比平常更快。因此，那些容易焦虑的人往往都是很敏感的，行动敏捷，做事干脆利落，但也容易紧张着急。就人身体的反应来说，人的神经是绷紧的，腺垂体会释放大量激素。

焦虑类情绪的作用不仅是要保护个体的生命安全，而且要保护个体的财富、发展机遇、生命价值等。如果个体要失去所看重的东西或关系，就会体验到焦虑。焦虑会敦促人采取行动来保护自己。从生存的角度来看，焦虑是必要的。它的一个重要作用就是帮助人提前发现潜在的威胁而及早采取措施来保护自己的生命。焦虑会使我们过马路时小心翼翼、开车时谨慎驾驶、做生意时慎重决定、寻找能够为自己提供护佑的力量等等。这些措施都能减少灾难的发生，增加人的存活概率。

但是，这类情绪很容易失控且与现实脱节，即使人自身很安全，这些情绪仍然存在，使人仍然感觉有危险要发生，因而不敢放松。如果人长期处在焦虑状态下，每天都会体验到与焦虑相关的情绪，人的身体会总是处在一种紧张状态。久而久之，人的身体就会出现问题。

2) 焦虑情绪的种类

弗洛伊德把焦虑分为三类：现实焦虑、神经症焦虑和道德焦虑。所谓现实焦虑，就是个体面临真实可能的危险时而产生的焦虑。这种焦虑是正常的、健康的、有益的，因为这样的焦虑能够使人提高警惕，避免危险发生；或使人在危险发生时，能及时做出反应。

所谓神经症焦虑，就是实际上没有危险发生，个体却以为有危险；自己其实有能力应对，却以为自己无力应对；其实有资源来应对问题，却以为没有人能来帮助自己。这样的焦虑或是来自过去的情感记忆，或是来自自己的幻想。往往，神经症焦虑与现实焦虑没有区别。所有的焦虑症患者都是被神经症焦虑所困扰。

所谓道德焦虑，就是担心自己的品行、声誉受损，从而被群体所唾弃。很多人把自己的声誉当成第二生命，这足以看出人是多么重视自己的声誉，道德焦虑会严重影响个人。道德焦虑会驱使人竭尽全力去维护自己的名声、声誉、面子或尊严等。如果人感觉自己的声誉受到破坏，人会产生多种负面情绪，如焦虑、愤怒、怨恨等等。

3) 导致焦虑的深层次原因

焦虑情绪是继发情绪，它的源头是恐惧。但恐惧在人内心深处，个体不容易觉察，而个体只能觉察到表面上的情绪、感觉和导致这些感觉的原因。比如，一个患疑病症的人，从表面看，只担心自己会生病。如果深入分析，他之所以会担心生病，是因为感到一旦生病，就是绝症，就意味着死亡。所以，真正导致他担心生病的原因是对死亡的恐惧。

其他焦虑情绪莫不如此，都是一种自我防御，目的是为了避免灾难发生。

② 愤怒类情绪

愤怒也是继发情绪，其原发情绪也是恐惧。与焦虑不同的是，焦虑的动机是为了避免灾难发生，而愤怒的动机则是为了阻止灾难发生。焦虑使人想消极逃避，而愤怒则驱使人主动积极应对。它们的最终目的是一样的，都是为了确保自己的安全，只是采用的策略不一样。面对威胁，个体会产生焦虑或愤怒。如果有能力，就战斗；如果没有能力，就逃跑。战斗需要愤怒，害怕就会逃跑。

1) 人为什么会生气?

愤怒类的情绪一般是由三种因素造成。

第一，提前预防。危险还没有发生，但个体已经预感到了可能要来临的威胁，而且意识到自己有能力避免危险。此刻，个体会有所行动，以避免威胁。如果这种积极防御受阻，个体就会产生愤怒情绪。比如，当一个母亲看到自己的孩子在繁忙的马路上乱跑，就会要求孩子不要在马路上乱跑。如果孩子不听，还是乱跑，母亲就会生气，并会采取行动，包括责骂孩子，或是强行把孩子带离马路等等。在这个案例中，让母亲生气的表面原因是孩子在马路上乱跑，而真正的原因则是妈妈对孩子危险的担忧。

再举一个例子，很多家长看到孩子玩手机，不学习，就气不打一处来，会训斥孩子，或是没收孩子的手机。显然，让父母生气的真正原因是担忧，担心孩子因为玩手机而耽误了学业，进而耽误了一生。这种担忧会演变成愤怒，愤怒会驱使家长有所行动，以制止这种有害的行为。

还有其他例子，如果某人赚钱的机会被他人抢去了或是破坏了，他会生气，因为他的发展机遇受到了威胁。还有，当我们看到他人蔑视我们、否定我们的时候，我们也会愤怒，因为我们感到自己的存在价值受到了威胁。

第二，期待落空。在生存需求得到满足之后，发展的需求就自动进入人的意识层面，人的生本能会驱使人寻求更多的物质财富、更高的社会地位。人还会认为，别人必须得给我面子，必须得理解我、接纳我、喜欢我、爱我等。这些欲望会使个体相信：我必须要得到我想要的，如果得不到，我的生命安全和存在价值都将不保。因此，如果期待落空，人会产生恐惧和不安。这种恐惧会演变成愤怒，使得个体采取行动来获取自己该得的。这种愤怒的程度取决于个体对他人的依赖程度，依赖程度越高，期待也就越高，失望也就越大，愤怒也就越大。

第三，死亡威胁。当人的生命安全和存在价值受到威胁，同时又感觉自己没有力量来应对时，就会产生害怕或恐惧，想逃跑。但如果逃不了，又不甘心束手就擒，就会产生愤怒，豁出去了，会转而攻击侵犯者。就如俗话说的，“兔子急了也会咬人”，或是“狗急跳墙”。

2) 愤怒时的生理反应

愤怒是人用来防御的一种力量，它的作用是争取自己的生存和确保自己的利益。威胁越大，人的愤怒情绪也会越大。当人愤怒时，心跳会加速，呼吸也会加速，会感到内心如有火在燃烧，全身充满力量，尤其是胳膊、双手，会不由自主地握紧拳头，内心还会体验到一种冲动，就是要去攻击。科学家们发现，影响愤怒的激素主要有雄性激素、5-羟色胺。当雄性激素在体内增长时，人会体验到一种愤怒情绪；而5-羟色胺释放水平越低，人越难以控制自己的行为。而这两种激素的分泌水平是呈负相关的，即雄性激素释放水平越高，5-羟色胺释放水平越低，反之亦然。面对威胁时，大脑会促发边缘系统的冲动，从而促使脑垂体分泌儿茶酚胺和雄性激素，这激素能迅速产生能量，以应对要来临的威胁。与此同时，大脑又降低了5-羟色胺的释放水平，准备让个体发起攻击以更好地保护自己。

3) 愤怒情绪的种类

第一，由提前预防所引发的情绪。

如果个体在预防将要来临的危险时受阻，比如在马路上乱跑的孩子不听话、面临中考的孩子还是整天打游戏，或是公司经营不善而自己又无能为力，此刻，个体会产生的情绪有：着急、生气、恼怒、愤恨等。在这些情绪的驱使下，人会采取指责、说教、责骂、打人或放弃等措施。

第二，期待落空引发的情绪。

期待落空产生的情绪也有很多种，包括不满、失望、委屈、生气、怨恨、仇恨、悔恨等。具体会产生什么情绪，取决于个体对危险程度和自身应对能力的评估。危险程度越高，自身应对能力越弱，同时期待也越大；反之，自身应对能力越强，危险程度也越弱，期待也越小。

如果对自己造成的损害较小，会产生不满和失望。这两种情绪都是比较弱的，个体通过自我调节，也能平复这些情绪。如果个体认为对自己造成的伤害颇大，则会产生愤怒和生气。这两股情绪会驱使人有所行动，去制止对方对自己的伤害行为，要求对方道歉、赔偿等，以补偿自己的损失。

个体期待他人来满足自己的某些需求，如认可、肯定、赞美、欣赏等，为了得到这些，个体也努力付出了，但结果却是失望，同时又感觉自己无力去争取，就会产生委屈。

第三，由恐惧威胁所引发的愤怒。

与前面所提到的情绪相比，恐惧威胁造成的情绪会更强烈，更容易使人失控，个体感受到这类情绪，往往都是因为感受到自己受到了致命的伤害，这些伤害会对自己的生存、发展和存在价值造成了重大损失。这类情绪会在人体内形成一股强大的动力，驱使人去行动，去毁灭任何伤害自己的力量。

如果个体认为他人对自己造成的伤害巨大，且无法挽回，就会产生仇恨。仇恨，会驱使人去报复，去伤害对方，以获得心理的平衡。但是，如果伤害自己的是亲人，自己又不能报复，就会产生怨恨；如果是自己造成了无可挽回的伤害，就会产生悔恨和自责。

4) 愤怒情绪的化解

在传统社会中，人们应对愤怒情绪的方法就是忍耐，把隐忍当成是一种好的人格品质来加以赞美。但是，若从心理健康这个角度来说，忍耐不是一个健康的调整方法，相反，如果忍耐太过，还会对人的身心健康造成一定的伤害。很多身体的疾病，比如心血管疾病、癌症或肠胃问题等，就是因为长期隐忍而造成的。管理愤怒最好的方法不是隐忍，而是"釜底抽薪"。在这个比喻中，"釜"就是我们的身体，"釜"里的"水"是我们的情绪，下面的"火"是我们的认知、观念和想法，"薪"则是导致我们有情绪的事件。平复情绪，就是让"釜"里的"水"冷静下来。而忍耐，就像在"釜"上面盖一个锅盖，同时下面仍然大火熊熊，结果可想而知，要么盖不住了，情绪爆发；要么盖住了，伤了这个"釜"本身。

还有一个大家常用的方法，就是安慰别人，比如对他人说，"大人不见小人怪"，"别和他一般见识"，"算了算了，不要和他计较了"等等。这样的方法其实是"扬汤止沸"，能够帮助生气的人暂时平复情绪，但不能真正解决问题。平复愤怒情绪的恰当方法是"釜底抽薪"，就是从认知方面来调整。

第一，咨询师要和求助者一起评估此事造成的损失，同时评估求助者的应对能量。愤怒时，人往往会过度夸大自己的损失，过度缩小自己的应对能力。损失越大，越感到无助，内在恐惧也越大，愤怒也就会越大。在和求助者一起评估时，咨询师要引导求助者看到，虽然他们受到损失，但并非不可弥补，同时也帮助求助者看到自己的力量足以应对损失。这种引导会帮助求助者缓解他们的愤怒。

第二，咨询师要和求助者一起探讨期待。很多愤怒是因为失望而导致的，而失望则是因为自己有不合理的期待。如果自己的期待不改变，那么愤怒或不满等情绪就不会化解。降低自己对他人的期待，接纳他人的不足，就不会失望了，愤怒自然也就化解了。

第三，咨询师要和求助者一起面对现实。现实是“人无完人”，“人非圣贤，孰能无过”，没有完美的人，也没有完美的环境。人之所以愤怒，往往是因为不能接纳现实中的不完美，不能接纳他人的缺点、错误、自私或恶意。我们要能允许他人做他自己，允许客观环境就是这样的。一旦允许了，也就能接纳了，愤怒情绪自然也就化解了。

③ 羞愧类情绪

1) 羞愧是什么情绪?

这一类的情绪包括：害羞、尴尬、羞愧、愧疚、自责、内疚、羞耻、屈辱等。产生这类情绪的场景一般是，当个体感觉自己不够好或犯了什么错，别人可能会对自己失望、嫌弃自己、讨厌自己或嘲笑自己。至于会产生哪些羞愧情绪，就取决于自己感觉自己有多糟糕，以及别人会如何对待自己。如果只是觉得自己不够好，别人可能会不喜欢自己，会产生害羞、腼腆、羞涩等情绪。如果觉得自己失误了、犯错了，而这个失误或错误不是很严重，别人可能会嘲笑自己，但不会伤害自己，就会产生尴尬、不好意思等情绪。如果因为自己的过错给他人造成了损失，而别人却不会伤害自己，就会产生愧疚、自责、内疚等情绪。如果因为自己的过错给他人造成伤害，而他人可能会对自己失望、不再接纳自己，就会产生羞愧、羞耻情绪。

总之，当人意识到自己做了错事，或自己的行为违反了伦理道德，就会产生羞愧感，它会提醒个体：你其实是一个道德败坏的、差劲的坏人。

因为自己的过失，觉得别人不会接纳自己，因而自己也不接纳自己。

2）导致羞愧情绪的心理机制

为什么人在意识到自己做了错事之后会产生羞愧感？根源在于“人是社会性动物”的特质。个体只能在群体中生存，离开群体将无法生存。为了确保群体能保持稳定和发展，群体需要秩序。为确保群体秩序，群体权威制定了伦理、道德、法律、规矩等，要求团体中的每个成员都要遵守。如果遵守了，这个人就会被群体视为好人、良民和有道德的人，就会被群体接纳，可以享受群体里的福利；如果不遵守，就会被群体视为坏人、刁民或道德败坏的人，就要受到惩罚，甚至会被驱逐。

为了保证自己能够被群体所接纳，个体就要遵守这些伦理、道德、法律、规矩等等。如果发现自己的行为违反了群体秩序，人内心会产生不安、自责和懊悔。这些情绪，也是传统伦理所认为的“良心”。良心的作用是确保个体能够遵守群体秩序。个体在意识到自己没有遵守群体秩序时，良心会审判个体。此刻，个体就会体验到多种羞愧类情绪，类似自责、内疚、不安等等。良心审判自己的目的也是为了纠正个体的行为，使之能遵守群体秩序。但是，良心会给个体自身贴标签：你就是一个坏人，是个罪人，是道德败坏的人，是品行不端、自私自利、不忠不孝之人等等。这些标签就是一种定性：你就是这个样子，改不了了。

3）导致羞愧情绪的原因

羞愧类情绪的产生往往与原生家庭的环境，以及后天接受的教育有关。在原生家庭里，如果父母是比较苛刻、不宽容、容易指责他人的人，孩子长大后就很容易自责，并产生羞愧类情绪。孩子本身是没有是非对错观念的，这些都是来自父母。也就是说，孩子会无条件地认同父母的价值观念。家长认为是对的，孩子就会认为是对的；父母认为是错的，孩子也会认为是错的。如果家长总是批评指责孩子，孩子会自然地认同父母而认为自己是不好的，即使自己内心感到很委屈。这样的孩子长大后，会很容易产生羞愧和自责的情绪。

很多家长在指责孩子时，故意让孩子感到羞愧。比如，有的家长会骂孩子，“生你养你有什么用！”“如果当年不是为了你，我就不会放下工作……”“就是为了你我才……”。这些指责都会让孩子感觉自己是无用的，是累赘，会产生羞愧感。还有很多家长习惯性地给孩子乱贴标签，像“你这个傻瓜”“你怎么这么笨”“你不孝”“你不懂事”等等。这样的教育会从内心摧毁孩子的自我价值感和自尊，孩子长大后，就会很容易产生羞愧类情绪。

当前国内学校，尤其是初中和高中的很多教育方式也会导致孩子产生羞愧情绪。很多老师在教育学生时，往往会采取打压式的激励方式，责骂学生不认真、不努力，威胁学生说，如果这样下去，他们未来将会一事无成。我理解，老师们如此责骂学生是为了学生好，是“恨铁不成钢”。但是，这种教育方式却会使一些孩子更加不自信、更加自卑，更容易产生羞愧感。

4）羞愧会使人做什么？

当人体验到这类情绪时，同时也会体验到这种标签和定性，这会使人从内心感觉别人不会接纳自己，而是会嫌弃自己，因此会有种想逃避他人的冲动。如果不能逃避，就想要遮掩自己，不让别人看到自己。此刻的心情可以用“无地自容”来描述，换句话说，在他人面前，自己羞愧难当，如果地面有缝，想钻进去，如此别人就看不见自己，自己也就不用去面对别人对自己的排斥、嫌弃、嘲讽或是抛弃等等。

5）羞愧危害最大

美国的精神科医师大卫·霍金斯博士用二十多年的时间研究了人的意识层次和情绪能量等级。他发现，在所有的负面情绪中，羞愧的能量指数最低。这意味着，羞愧对人的伤害最大，甚至超过愤怒、怨恨和恐惧。

为什么羞愧对人的伤害这么大？其他负面情绪的产生，比如焦虑、害怕、愤怒、怨恨等，都是因为感觉自己的存在价值受到了威胁；而羞愧，则是一种彻底的自我否定！羞愧会使人失去抗争的动力，所以它是伤人最深的情绪。

羞愧类情绪还会引发其他情绪。如果个体感觉自己有能量，可以一搏，那么羞愧就会引发人的愤怒，这也就是“恼羞成怒”；如果个体感觉自己没有能量来反抗，只能承受，就会感觉屈辱和抑郁；如果羞愧情绪让个体意识到，自己会被群体彻底抛弃，就会产生焦虑、恐惧和绝望。

6) 停止羞愧

羞愧类情绪最伤人的地方就是对个体的全盘否定和乱贴标签。这是一种认知偏差，要化解羞愧类情绪，首先要纠正这种认知偏差，撕下给自己乱贴的标签，认清全盘自我否定的错误。要清楚地意识到，自己虽然有错，但“错不至死”，需承认自己并非圣贤，所以有过也正常。

说到这一点时，会有访客对我说：“别人看起来都挺好的。”我会反问他们：“你认为自己的这些问题，别人都知道吗？”访客的回答往往是：“别人不知道，因为我掩饰得很好，别人看不出来。”然后，我会说，同样的道理，别人的事你也看不出来，因为别人也会掩饰自己。如果来访者能意识到别人和自己差不多，自己不比别人差，他们的羞愧感就会得到缓解。

④ 悲伤类情绪

1) 悲伤情绪及生理反应

多数高等哺乳动物，还有某些鸟类，都会产生悲伤情绪，但人类对悲伤的体验尤为显著。科学家们发现，当人遇到突然的重大变故，比如重要的人突然去世、失恋或是本来美好前途突然消失了，人体会释放出大量的肾上腺素、儿茶酚胺、心肌肾上腺素等化学物质，并流入血管。这些物质对心脏来说俨如毒素，会影响肌肉正常活动，或令毛细血管收缩，减弱心脏跳动能力，造成类似心脏病发作的症状，专业上称之为“心碎综合征”，这也是人们在日常生活中所表达的“心碎了”。

从表现症状来看，“心碎综合征”与“焦虑发作”“惊恐发作”以及“心肌梗塞”等病症很相似，主要有剧烈心痛、呼吸困难、流汗、胸闷等症状。这种强烈的悲伤会严重伤害人的身心健康，甚至会危及生命。持续的悲伤不仅使人感到孤独、失望、无助，甚至会引发抑郁症。悲伤也会损害人的身体，悲伤的持续会削弱个体的身体免疫功能，使人患消化系统疾病、心血管疾病、肿瘤，严重的悲伤甚至会影响生理机能而导致猝死。

悲伤最显著特征就是人什么也不想做了，想停下来，想一个人待着，不想被打扰。悲伤的时候，人还会哭泣、流泪。

2) 悲伤的心理机制

失去重要的人或物会导致人产生悲伤的情绪。个体所体验到的悲伤程度与个体对所失去对象的依赖程度成正比，依赖程度越高，体验到的悲伤越大；反之，依赖程度越小，体验到的悲伤也越小。在听到噩耗时，个体的自动反应是：我的靠山(或生存的基础)没了，我死定了。就在那一刻，个体会体验到一种深度的恐惧和不安。这种体验，与个体惊恐发作时所体验到的感觉是一样的，因此就会出现那样的症状。

在度过第一关之后，个体会渐渐意识到：虽然重要的人走了，但我不至于死，我还能活。人会安静下来，此刻，人就会体验到悲伤情绪，这种情绪会驱使人去回顾拥有此人时的场景和感受，这种体验就是怀念。这种回顾和怀念对个体是很有意义的，因为个体以此评估此人对自己的意义和价值，为自己以后的生活提供力量和方向。如果此刻，个体对于将来失去信心，看不到希望，这种悲伤就会持续，时间久了，还会陷入抑郁。如果个体对将来有信心，能看到希望，就容易从悲伤中走出来。

3) 悲伤的化解

每个人的成长过程都不会一帆风顺。在成长过程中，那些我们赖以生存的人、事和物随时都有可能被剥夺，这会使我们的生命之路面临重大改变。个体必须要适应这个改变，才能更好地走接下来的路。为了做到这一点，个体必须要停下来、静下来，慎重地回顾和评估这一切，看到其中的意义和价值，适应这重大变化。悲伤，能使人停下来、静下来，回顾过去、思索未来，做出决断。

为此，人们需要正确认识悲伤情绪。要接纳自己的悲伤情绪。你感到悲伤，说明你在乎，这本身就有意义和价值。如果个体长久地陷入悲伤当中难以自拔，这意味着个体对失去之人或失去之物太过依赖，内心以为，没有这人或这物，自己将无法生存或发展。显然，这是一个认知偏差。个体需要意识到：失去之人或失去之物的存在价值就在于使你成长、成熟。如果你仍然陷入悲伤而不能自拔，那么他或它的存在就失去价值了；相反，如果你能够站起来、独立起来，继续生活下去，那么他或它的存在价值就确立了。所以，你所失去的人或物对你是否有价值，就取决于你现在是否能继续让自己好好活下去。

（3）小结：情绪是交织在一起的

人的情绪不会单独出现，当人体验到某种情绪时，往往也会体验到许多其他的情绪。比如，当一个女性因为老公有外遇而发脾气时，她体验到的是愤怒、怨恨，导致她愤怒的原因是内心的害怕和恐惧，她担心会失去这个家，她反思自己，意识到自己曾经对丈夫不好，因而产生羞愧。同时，她还会体验到悲伤和难过，因为她所以为的那个美好的家、他们的爱情、他们的婚姻被彻底破坏了。

3. 正面情绪

当人的需求得到满足的时候，就会自动产生正面情绪。不同层次的需求得到满足，人产生的正面情绪也是不一样的。

（1）快乐

当生理需求得不到满足时，人的身体就会产生不舒服感，如饥饿、口渴、胸闷、气短、疲劳等。需求一旦得到满足，马上就能感到快乐。饥饿的人在看到餐桌上的食物时，就会感到快乐；口渴的人端起水杯要喝水时，也会是快乐的；当人从寒冷的街道进入温暖的房子里时，或是从酷热的地方进入凉爽的房间里时，都会感到很舒服。

生理需求满足所带来的快乐产生得很快，但消失得也很快。吃饱后的那种饱腹感和满足感可能只能维持几个小时；那种解渴的快乐可能只能持续几分钟；早上起床后的快乐也只能维持一个小时或更短。这些快乐的另外一个特点是容易腻，如果这种快乐太多、太频繁，这种快乐感就不显著了。比如，如果人每天都吃大鱼大肉、每天都在家休息、每天都做按摩等，这些生理的满足就不会给人带来很多快乐了。

研究发现，快乐的时候，身体会释放大量多巴胺。多巴胺是神经递质的一种，其主要功能是负责大脑的满足感，传递兴奋及开心的信息，也与上瘾有关。多巴胺在控制、动机、唤醒、认知、奖励的功能上扮演重要角色，爱情其实就是脑中产生大量多巴胺的结果。吸烟和吸毒都可以增加多巴胺的分泌，使上瘾者感到开心及兴奋。多巴胺能传递开心、兴奋的情绪，因此又被称作快乐物质。

积极情绪对人的免疫系统非常有益，积极乐观的心态不仅能让人保持好心情，还能增强免疫力，有助于抵御病毒和细菌的侵袭。肯塔基大学和路易斯维尔大学的研究人员曾征集 124 名大一学生为研究对象，经过为期一年的免疫研究，结果发现，当人在经历过上课、考试、面试等事件后，心态会发生变化，免疫功能随之降低；相反，当被研究对象体验到积极情绪时，他们的免疫系统随之而变强。在手术后，乐观的病人比悲观的病人恢复得更快。[①]乐观的艾滋病病毒感染者比悲观的感染者活得更久。[②]另外，多巴胺还会使得处在紧张状态的心血管活动恢复正常。积极情绪会加速心血管系统的恢复，使身体回到较正常的激活水平。这都意味着，多巴胺对人的心血管系统非常有益。

研究人员还发现，当人积极做事时，大脑会变得活跃，也会分泌出大量多巴胺，它能引起人的欲望和激情，从而使人更热衷于做事，接着又会分泌更多的多巴胺，如此良性循环。人的免疫力会随之提高，身体也会更健康。

因为这种快乐很容易得到，又比较强烈，所以人会很容易对这些快乐上瘾，尤其是当人有压力或痛苦的时候。但是，如果人沉迷于这些上瘾的快乐，就会变得不快乐。所以，在满足生理上的需求后，人还需要满足心理上的需求，以获得更高级的幸福。

（2）幸福

当人的生理需求得到满足后，心理需求随之而来。心理需求的满足能使人产生幸福感，它比快乐要复杂得多。和负面情绪比较起来，人更容易掌控正面情绪。在运作方面，负面情绪是自动的，比如人在害怕、愤怒、悲伤的时候，不需要人的自由意志，这些情绪会自动地运作；然而，在体

① Leedharn, B., Meyeidwitz, B. E., Muirtead, J., & Frist, M. H., Positive expectation predict health after heart transplantation. *Health Psychology*, 1995, 14, pp. 74 - 79.

② Reed, G. M., Kemeny, M. E., Taylor, S. E., & Visscher, B. R., "Realistic acceptance " as a predictor of decreased survival time in gay men with AIDS, *Health Psychology*, 1994, 13, pp. 299 - 307.

验到正面情绪的时候，人的自由意志则有更多的“发言权”，人可以自由地驾驭正面情绪。在体验到负面情绪时，人会有失控感，而体验到正面情绪时，则会有驾驭感。

生理需求的满足和心理需求的满足有着本质的区别。生理需求的满足需要基于客观事实，比如是否真的有食物、有水、有温暖的房间等；而心理上的需求是否得到满足则主要是依据主观上的事实，如人是否感到安全、感到家的温暖、意识到别人对自己的尊重。如果感觉不到这些，心理上的需求仍然不会得到满足。

我发现，主观事实很容易与客观事实脱节。一些来访者的处境本来是安全的，但他们就是感觉有人要害他们；本来没病，就是以为自己得了重病；父母和亲人都很爱他们，但他们就是感觉没有人爱自己。反之，在客观需求不能得到满足的情况下，人在主观上仍然能获得某些满足。这些经验说明，正面情绪其实就在我们手中。不管我们遇到什么不幸，我们都可以让自己乐观和幸福。

根据心理需求的内容，幸福感也可以分为几个层次。其一，安全感。当人的生命安全得到了保障之后，人会感到平安，有安全感。这是最基本的幸福感，也是其他幸福感的基础。如果没有安全感，就不可能体验到其他的幸福感。其二，归属感。当个体被某人或某个团体接纳时，归属感需求就得到了满足。有归属感的人会体验到被爱、被接纳，会感到温暖和幸福。其三，归属感得到满足后，人还会渴望得到爱。

罗杰斯对爱的定义是，深深的理解和完全的接纳。每人都渴望他人能够理解自己，尤其是当自己犯了错误，或是体验到强烈负面情绪的时候，更渴望他人能够理解自己。人也渴望他人能接纳自己，即使自己有缺点和不足。在这些需求都得到满足的基础上，人还渴望被尊重。所谓尊重，就是个体要允许他人做他自己，即使他的想法、情绪或行为等是我不喜欢的。最后，每人都渴望自我实现。

马斯洛对自我实现的定义是，潜能得到了最大限度的发挥，自我价值得到了最大限度的实现。当人通过自己的双手，为人类社会作出贡献，同时又为自己谋取到美好生活的时候，就算是自我实现了。人自我实现的需求得到满足后，人就会有成就感，同时他的自我价值感也会得到提升。此刻，人会有一种心旷神怡的感觉。

五、总结

情绪是我们生命不可或缺的一部分，它在人类的生存以及实现自我的过程中起着关键的作用。如果没有了情绪，人要么如同行尸走肉，要么如同机器人，其生命也就失去了意义。如果没有情绪，也就没有情感，也就感觉不到任何意义。

心理学家将情绪大致分为两种，积极情绪和消极情绪。人都喜欢积极情绪而不喜欢消极情绪，但我们没有选择情绪的自由。它们是人在应对外界刺激时自动产生的，我们只能接受和体验。人所体验到的每种情绪，就如同身体上每种感觉，都是有用的，都在向我们传递有关身体状况的信息，是必不可少的。

我们虽然不能选择情绪，但我们可以调节情绪。而要调节我们的情绪，我们需要了解我们的认知。科学家们发现，人类的“思考脑”，就是新皮层的一些器官，如额叶和颞叶等，能够根据外部环境的需要调整情绪的强度和表达方式。通过对老鼠的实验发现，额叶皮层功能的强化能很好地抑制恐惧。科学家们进一步发现，人可以通过自由意志来调整中央核所传递的信息和情绪，也就是说，人可以不被情绪所左右，并且能够改变情绪，这也是人类能超越其他物种的特质。

在下一章中，我们将探讨人类的认知以及如何通过认知来调整情绪。

第四章　人类的自我意识

和世界上其他万物比较起来，人类最大的特点就是有理性。因为理性，人成为了“万物之灵”；也是因为理性，人类在漫长的进化过程中，从大自然食物链的中低端升至最高端；还是因为理性，人学会了使用火，发明了各种工具，保证了自己的生存和发展。人类之所以能够发展到今天，其决定性要素是人的理性。

一、人类的大脑

1. 理智脑的产生

生物首先进化出了嗅觉，以嗅觉来寻觅食物、发现危险、寻找配偶。又经过几百万年的进化，嗅觉渐渐进化成情绪中枢，后来又演变成“情绪脑”。再经过几百万年的进化，一些细胞进化出轴突，用以接收各种信息，同时也向其他细胞传递信号。随着进化的进行，这类细胞越来越多，形成了大脑皮层。

大约 6 500 万年前，恐龙灭绝后，哺乳类动物开始自由进化发展。有些哺乳类动物为了躲避地上的凶猛野兽而爬到树上生活。在树上，大部分时间它们的身体是站立的，也有了更好的视觉，这样的生活习性使它们大脑的前额叶区域明显增多，促使大脑新皮层的发展。新皮层的发展使得这些动物具有了更强的处理信息的能力。渐渐地，这类动物进化成灵长类动物。

随着大脑的发展，它们变得越来越聪明，发明了越来越多的工具，使得它们在捕猎、采果、建造穴巢等方面能更省力、更便捷。与此同时，其他的功能，如奔跑、撕咬、啃食等反而减退了。科学家们发现，大约 200 万年前，人类开始学会使用工具狩猎，比如削尖木棍用以刺杀猎物，向猎食者扔投石块来防御，这些进化是人类大脑进化的重要里程碑。

人类对于火的使用也具有举足轻重的作用。科学家们发现，到了大约 30 万年前，智人开始用火来取暖、照明和做饭。烹煮过的食物让人类能够更好地汲取营养，使得人类的消化道变短，人类可以省下大量本来维持消化工作的能量以供大脑使用。这样一来，他们的大脑变得越来越发达。现在 60 公斤的哺乳动物的脑容量是 200 立方厘米。但 250 万年前人类大脑的容量就已有 600 立方厘米。现代人类的平均脑容量是 1 200～1 400 立方厘米。

虽然从 200 万年前开始，人类的大脑就远比其他动物发达。但科学家们发现，在这 200 万年的时间里，人类的生活境遇和其他动物比起来，并没有多大的改善。人类一直是一种弱小的生物，他们的生存方式一直没有大的改变。他们仍然处在食物链的中段，一直存在着被其他野兽吃掉的危险。他们只能猎杀小动物，采集野果或是其他动物吃剩下的腐肉。一直到大约 7 万年前，人类才一跃而居于食物链的顶端。

2. 认知革命

科学家们发现，大约在7万年前，人类发生了质的变化，而且变化非常迅速。他们能够制造复杂的工具，如船、弓箭、缝制衣服的针、油灯等。科学家们还发现，那个时期的人类开始有了宗教现象。科学家们发现了许多那个时期的图腾崇拜痕迹，如祭祀神明的壁画等等。1939年，在德国一个名为Hohlenstein-Stadel的洞穴发现了一个狮子人雕像，经鉴定，是3万年前的史前人类用猛犸象牙雕刻而成的，科学家们称作“狮子人”，这是世界上已知最古老的艺术品。

也是在这个时期，人类的祖先智人开始走出非洲，向全世界扩展。在短短1万年的时间里，智人就到达了现在的欧洲和亚洲全境。大约在45 000年前，他们甚至漂洋过海，来到了大洋洲。人类的急剧进化使得世界其他大型生物无法适应，很多大型动物不能应对人类新发明的捕猎手段而成了人类的食物，并因此灭绝；人类还将许多的野生动物家养，演变成现在的家畜。

人类的这个突然的急剧变化，至今还是一个奥秘，因为科学家们没有证据发现7万年前的人类和200万年前的人类在生理上有什么本质的不同。目前最好解释是，那个时期，人类的认知发生了重大的改变。这个改变，科学家们称之为“认知革命”。目前尚未发现导致人类认知革命的主要因素。科学家们推测，那段时间人类的基因发生了突变，进而影响了人的认知，使得他们能以前所未有的方式思考，用完全新的语言来沟通。

二、人类的自我意识

1. 我思故我在

“认知革命”后的一个重要特征就是人有了“自我意识”。借此，人类和其他所有生物有了本质的区别。其他物种也有大脑和思维，但其思维都只凭本能，其主要作用是维持生存。而人类的思维却还有意识，不仅是为了生存，还是为了能有更好地发展、为了能实现自我。笛卡尔的名言“我思故我在”表达了这个“自我意识”，它使人能够具有抽象思维，能思考人的终极关怀，如我是谁、从哪里来、到哪里去、我生命的意义是什么、我的价值是什么等等。动物是不会问这些问题的。

有一点需要明确的是，人类的“自我意识”是在健全的“动物性思维”的基础上发展起来的。所谓“动物性思维”，是指正常的本能思维，比如饿了会想办法搞到吃的、渴了会去寻找水源、遇到危险想着逃避、看到交配对象则想着如何去争取与之交配等等。这些思维都是自动的，不需要人有意识地来推动。然而，人类的“自我意识”却是自由的，是能够作出选择的。比如，人饿了想吃，但该不该吃、什么时候吃、吃什么等内容，都是人自由思维的内容。

虽然从几万年以前人类就有了自我意识，但一直没有人尝试去研究人的心理。弗洛伊德对人类了解自己的意识作出了突出贡献。弗洛伊德从其临床经验发现，在人的表意识下面还有很多被压抑的内容。有些内容被压抑得较深，有些被压抑得较浅，他把人的意识简单归纳为三层：表意识、前意识和潜意识。后来他的学生荣格又加上一层：集体潜意识。荣格认为，在意识的最深处，所有人类都是相连的。

弗洛伊德用一个比喻来解释了人的意识层次：潜意识系统是一个内室，各种心理活动就像人一样拥挤在这个内室里。这个内室有一个门，与外屋的接待室相连接。内室里的人相互拥挤在一起，并争相要出去。但是，在门口有一个守卫，他很尽责地检查着每个心理冲动，他认为不安全的、不恰当的，都不会放出去。只有这个门卫认为安全的和恰当的才被允许进入接待室。那些进入接待室的冲动就进入了人的前意识的系统。弗洛伊德将潜意识分为两种：一种是潜伏的、能成为有意识的潜意识，他称之为“前意识”；另一种是被压抑的、不能用通常的方法使之成为有意识的潜意识，他称之为“无意识/潜意识”。

2. 人类的意识层次

（1）意识

弗洛伊德所谈的表意识，是指我们能够觉察到的主观经验，包括我们的思维、情绪、动机、行为等等。意识具有逻辑性、时空性和现实性等特点。我们的自由意志主要就体现在我们的意识层面。每天早上醒来，意识就开始工作，它指挥着我们去学习、思考、聊天、工作等等。人类和动物的一个最明显的区别就体现在意识层面，因为人的一举一动、思言行为等，都不只是按照自身动物性的本能，而是根据个体的现实情况以及内心的渴望，经过逻辑推理、衡量利弊，有意识地作出的选择。

我们往往以为自己是自由的，因为我们能按照我们的意愿，做我们想做的，或是拒绝我们不想做的。而实际上，我们所意识到的内容在我们整个意识中，只是冰山一角。还有更多的内容是我们没有意识到的，却也在影响我们。比如，张女士对我说过：“我知道爸爸很爱我，为了我他付出了很多；但我对他就是爱不起来，看到他就烦，跟他争吵，事后又很内疚，我也不知道自己到底怎么了。”还有一位王同学，高二学生，痴迷于手机游戏。某天父母没收了他的手机，他就寻死觅活，威胁父母，如果不还给他手机，他就跳楼，而且爬到窗户上了。吓得他父母赶紧把手机还给了他，然后带他来接受心理咨询。咨询中，王同学表达了他的渴望，他也希望自己能考上名牌大学。也知道自己该努力学习，不能玩手机了，但就是控制不住自己，他也不知道自己怎么了。想必一些读者也有过类似的经验，有些事情自己也想做，但就是迟迟无法开始；很多自己不想做的事，或某些不良的习惯，自己也想停下来，但就是停不下来。

这些现象表明，我们所以为的自由其实不是真正的自由，还有一些其他的力量在决定着我们的选择。这部分力量，就在潜意识里。如果我们不了解自己的潜意识，我们就无法真正了解自己。

（2）前意识

美国心理学家萨提亚用冰山来比喻我们的意识。按照这个比喻，我们所能意识到的内容只是冰山露出水面的那一小部分，大部分内容都在水面下面。对于水面下的内容，虽然我们觉察不到，但却时时刻刻在影响着我们的意识，包括我们的情感、动机、想法和行为等。如果我们不了解我们潜意识的内容，我们实在算不上是一个自由的人。

这些“水面下的内容”，按照弗洛伊德的理论可分为前意识和潜意识。前意识是指那些虽不能即刻回想起来，但经过有意识的回忆、分析、推理能够记起来的内容。换句话说，前意识就是我们的长时记忆。长时记忆是指存储时间在一分钟以上的记忆，一般能保持多年甚至终身。它的信息主要来自短时记忆阶段复述的内容，也有由于印象深刻而一次形成的。长时记忆的容量似乎是无限的，它的信息是系统的，是以多种方式、有组织地分类贮存起来的，有的是按意义、情感、感受、观念等方式储存，以帮助记忆；有的是按照语法关系、形象、声音、味觉和触觉等方式储存，以帮助记忆。

我们所有记忆中的内容都存放在前意识中，平常它们都在那里睡大觉，但会随时被个体看到的、听到的、想到的、感受到的内容所激活。用冰山的比喻，前意识的内容就是我们用眼睛能够看到的水下的部分，这部分的内容比露出水面的内容要多，这部分内容直接决定了水面上的内容。我们之所以有清醒的意识，能正常生活——和家人正常互动、和朋友谈笑风生、正常工作、正常学习等，都是因为我们的前意识。如果我们的前意识被损坏了，比如失忆了，我们就不能正常生活了。

对于人的前意识，人可以控制部分内容，但不能完全控制。比如张女士，看到父亲就会生气。她不愿意这样，但控制不住。她能控制的就是尽量不去想与父亲有关的事，或是避免和父亲见面，至于看到父亲而产生的情绪，张女士则不能控制。在咨询过程中，我们探讨了为何张女士看到父亲就会产生那么强烈的情绪。原来，张女士父亲的脾气特别不好，小时候经常打她，还经常和张女士的母亲吵架。张女士从小就恨父亲，但不敢说。一则是畏惧父亲的权威，二则是因为伦理道德，如果恨父亲，就是不孝，所以不敢怨恨父亲。张女士就把所有对父亲不满的负面情绪、消极的记忆压抑在前意识里。平常都尽量避免去碰触。一旦碰触到了，这些情绪和回忆就会冒上来。

我发现，虽然人对某些事件的回忆不能改变，但通过一些有意识的调整，那个事件对这个人的意义，或这个人对那个事件的看法、感受等却是可以改变的。如果这件事对个体的意义和个体对那件事的感受改变了，以后再回忆起来，感受和情绪也就完全不一样了。

通过咨询，张女士理解了父亲，张女士的父亲小的时候就失去了父亲，母亲又改嫁，这导致他从小就很自卑，又严重缺乏安全感，经常被人欺负、嘲笑，但他从来没有妥协，一直努力学习，努力工作，辛苦养活整个家庭。张女士曾说，小时候他们家的经济状况在村里是最好的。我对张女士说："因为这个经历，注定了你父亲的脾气很暴躁。其实，就是这个脾气才使得你父亲维护了自己的合法权益和尊严。当然，你父亲的这个脾气也让你和你的姐妹，还有你的母亲受伤了。但是，内心深处，你父亲是非常爱你们的。他为你们献出了他的一切。"

我的这番解释让张女士非常感动，她痛哭流涕，也意识到原来自己误解了父亲很多年。后来，张女士告诉我，她再看到父亲，与父亲互动时，那些负面情绪缓解了很多。

再举个例子，冯女士被老板骂了，很想辞职，但迫于生计，不能辞，特别痛苦。我问她："为什么老板的批评会让你这么难受？"经过探讨我发现，冯女士对老板有恋父情结，内心很渴望得到老板的肯定，就像当年很渴望得到父亲的肯定一样。然而，我们又一起分析了她的老板，包括她老板的原生家庭和成长经历。我们的结论是，他是一个非常缺爱的人，从来不懂得如何去肯定别人、欣赏别人，因为他父母从来就没有肯定过他。"如果他是这样的，"我对冯女士说，"你又如何期待他能给你他所没有的呢？"听了我的这句话，冯女士感到很震撼。再回想老板骂她这件事，冯女士不由自主地笑了。从此，她不再期待老板的肯定，和老板的关系反而更融洽了。

弗洛伊德认为，前意识处于意识和潜意识之间，担负着"稽查者"的任务，就是审查潜意识的内容是否可以进入意识。对于那些有可能会危害个体的冲动、言行、情绪等，前意识会拒绝它们进入意识之中。张女士面对父亲时，虽然心有怨恨，但还是小心谨慎，听命服从。这就是前意识的作用。很多人会有这样的经验，明明对他人很不满，但和他们在一起时还会装得很开心；当别人向他们提出什么要求时，虽然心里很不乐意，但还是答应了。这都是这位"稽查者"做的好事！它意识到如果我们表达出不满，会惹祸上身，所以就压抑了不满。但是，当前意识丧失警惕时，比如说当我们喝醉了，那些被压抑的冲动就会释放出来，就会做出清醒时不敢做的事。

（3）潜意识

弗洛伊德认为，潜意识的内容是被个体压抑或者隐藏起来的内容，这部分内容往往被认为是危险的、不被接纳的。这些内容一般都被前意识阻止了，不能进入意识，因此人很难发现这些内容。用冰山的比喻来理解潜意识，潜意识的内容就是冰山深处我们看不到的内容，除非用一些特殊的手段，如精神分析、心理动力分析、催眠等，否则人很难意识到潜意识里的内容。虽然人意识不到这些内容，但是它们却在人内心深处影响着人的一切。

人的潜意识里，都有哪些内容呢?

第一，有从祖辈那里遗传的内容。动物实验研究表明，基因有记忆的功能，可以将某种行为通过基因遗传的方式传递给后代。美国埃默里大学医学院的团队做过一个研究，就是观察老鼠是否会把某些特别行为传递给后代。他们让老鼠闻樱花的味道，同时让它们感到不适。反复实验，让老鼠对樱花味道产生条件反射。然后再研究老鼠的精子，发现其精子大多数都具有对这种气味高灵敏度的DNA片段。而其后代对樱花味道也“非常厌恶”，即使它们从来没有闻过樱花的味道。通过这个发现，科学家们得出结论：人的情绪、行为、个性等会影响基因，也会因此遗传给后代子孙。伦敦大学的Marcus Pembrey教授研究发现，人类的恐惧、焦虑和创伤后应激障碍等行为都与遗传有关，这种记忆能够在几代人之间相互传递。

第二，个体自身所有的经验内容。孩子的记忆力就像一台容量超大的摄像机，能把看到的、听到的、感受到的所有一切都记录下来，储存在人的潜意识里。平常，人感受不到它们的存在，但这些内容会一直在潜意识里影响着人。张女士、冯女士还有王同学之所以不知道自己为什么会如此，是因为他们不了解自己的潜意识。如果了解了，也就知道自己为什么会这样了。

第三，那些被压抑的渴望、冲动、情感等。作为生物体，人一定有其生物的本性，包括生存和繁衍。然而，随着社会的发展，个体意识到很多本性的冲动是不被他人和群体所接纳和允许的。如果“率性而为”，自己则有可能会受到惩罚，或被抛弃。因此，人的前意识毫不犹豫地把这些冲动给压抑到潜意识里。

弗洛伊德形容我们的潜意识是一间非常拥挤的屋子，我们人性和动物性的冲动和驱力都被压抑在里面，它们彼此之间还会有冲突。当潜意识很混乱并充满张力时，前意识和意识也会不得安宁。弗洛伊德认为，人的心理疾病就是因为潜意识内的冲突太多了。比如张女士，一方面想着孝顺父亲，另一方面又有着强烈的不满和怨恨。如果控制不住，对父亲发脾气了，又非常自责。这两股动力，她都无法控制，而这两股动力谁也无法彻底战胜谁。多年来，张女士一直被这两种冲突困扰，最后导致心理问题。为此，弗洛伊德认为，要治疗人的心理疾病，必须得通过某些手段，挖掘出人潜意识内的冲突，化解掉，自然就好了。为此，精神分析主要就是分析我们人的潜意识。

（4）集体无意识

瑞士心理学家荣格在个体潜意识的基础上，提出了“集体无意识”概念。他认为：“集体无意识是精神的一部分，它与个人无意识截然不同，因为它的存在不像后者那样可以归结为个人的经验，因此不能为个人所获得。构成个人无意识的内容主要是一些我们曾经意识到，但以后由于遗忘或压抑而从意识中消失的内容；集体无意识的内容从来就没有出现在意识之中，因此也就从未被个人所获得过，它们的存在完全得自于遗传。个人无意识主要是由各种情结构成的，集体无意识的内容则主要是原型。”①

荣格认为，集体无意识是人格最深的意识内容，包括世世代代的活动方式和留存在人脑结构中的遗传痕迹。荣格相信，人类会把在进化和发展

① 荣格：《荣格文集》，北京：改革出版社，1997 年。

过程中的所有经验都保留下来，通过遗传传递给后代。每人的个体潜意识里都会有祖先遗留的各种经验。与弗洛伊德所谈的个体潜意识不同，集体潜意识不依据个体经验而存在，甚至从来没有出现在个体的意识里。虽然个体不容易觉察到它们的存在，但它们却在冥冥之中影响着人。

荣格还认为，每个人的精神都是完整的、统一的、独特的。所有的心理问题的产生都是由于人的精神冲突。心理治疗的目标是帮助人恢复精神的完整性和独立性。

三、案例阐释

在我讲课时，很多学员表示难以理解人的意识层次，甚至有学员否认人类潜意识的存在。在这一节中，我将给读者介绍一个个案。通过这个个案，大家可以理解人的意识、前意识和潜意识如何影响人。

1. 案例介绍

（1）不知如何与妈妈相处

小芳来咨询，她说这几天特别难受，因为再过几天就是妈妈三周年的忌日，她明天就要回家了。但想到回家，小芳就特别难受，胃里也难受，常常感到恶心。在来咨询的路上晕车，呕吐得很厉害。来到咨询室时，她感到特别累，有气无力。

咨询开始后，她先抱怨自己的晕车、呕吐和难受。

我问她："你晕车吗？"她说："我一般是不晕车的，但我知道我今天为什么会晕车，是因为明天要回家为妈妈过周年。"

"为什么回家为母亲过周年会让你这么难受？"我问道。

"我自己也不清楚。"她说。

我请她谈谈小时候她和妈妈的关系怎么样。她说，从小她对妈妈就有一种既依赖又怨恨的感觉。如果妈妈不在身边，就特别想念妈妈；但如果和妈妈在一起，又常常会无缘无故对妈妈发脾气，搞得她自己和妈妈都莫名其妙，也很无奈。

为了寻找问题的根源，我请小芳谈谈她的原生家庭。小芳告诉我，妈妈特别疼爱她，爱她远超过哥哥和姐姐们；爸爸也是如此爱她。他们有时候会骂哥哥姐姐们，但从来没有责备过她。小芳还谈道，妈妈特别贤惠，和爸爸还有奶奶的关系也特别好。他们很少争吵，哥哥姐姐们的关系也非常融洽。

小芳对原生家庭的描述无法解释她为什么会对妈妈有如此复杂纠结的情感。犹豫了一会，我试探着问小芳妈妈在生她的时候，有没有发生过什么事。小芳说，妈妈是在家里将她生下来的，但一切都很顺利。在生小芳之前，她爸爸妈妈已经有了两个儿子和两个女儿，其中一个儿子和一个女儿也是在家里生的。所以，这应该也不是问题。

当时，我感到咨询陷入一个死胡同，我们找不到小芳为什么会对妈妈有如此纠结的情感。小芳也看出了我的迷茫，轻声对我说："有个事情，不知道有没有关系？"

"什么事？"我看到了希望。

"妈妈生我时 38 岁，爸爸 40 岁了。他们本来不想再要孩子，但是叔叔结婚多年一直没有孩子。有一次爸爸和叔叔一起在家喝酒时，叔叔向他们提出一个要求，就是能不能帮他和婶婶生一个孩子，爸妈就答应了。于是，就有了我。"

我恍然大悟。"我明白你为什么会对妈妈有那么一种纠结的心理了。"我说道。

"是什么？"小芳眼睛看着我，她很想知道。

"你知道，"我说，"人在出生之前，就已经有感觉了。胎儿是能够感应得到妈妈的意念情绪的。”

“听起来挺神秘的，这怎么可能？”小芳问道。

“是的，听起来是挺神秘，”我说，“你知道，人的意识层次分好几层。心理学家弗洛伊德认为，人的意识可分为三层，意识、前意识和潜意识。我们人的意识是最晚出现的，其次是潜意识，从我们开始存在那一刻，我们的潜意识就已经存在了。因为我们的潜意识，我们在母胎的时候，就能感受到母亲的情绪、意念和想法。”

“听起来还是挺神秘，”小芳笑着说，“不过好像是那么回事。”

我继续说道：“作为胎儿的你，在潜意识里感受到妈妈要把自己送给别人。这个觉察当然会让你产生不安和焦虑，因为你觉得妈妈要抛弃你。”

“嗯。”小芳认真地听着。

“人有一种记忆叫‘情感记忆’，就是虽然人完全不记得发生的事情，但发生那事时留下的感觉却记住了。经常所说的‘一朝被蛇咬，十年怕井绳’指的就是这种感觉。你在出生后，仍然记着这种感觉，因而会对妈妈有怨恨；担心妈妈会真的会抛弃自己，所以对妈妈有依恋。这就是这种矛盾心理的由来。但是，在印象中却完全没有妈妈要抛弃自己，甚至不喜欢自己的事情。所以，你自己也很困扰。”

“嗯，是的，应该就是这么回事。”小芳认同我的这种解释。

（2）认知调整：你错怪妈妈了

“其实，你错怪妈妈了。”我对小芳说，“当初是因为妈妈善良，她想帮叔叔婶婶要个孩子。这本无可厚非！”

小芳点了点头。

“所以直到你出生前，她都是这么想的。但是，当你出生后，她看到你的那一刻，她立刻改变了主意，她不想把你过继给叔叔了，因为她太爱你了。为了留住你，甚至不惜得罪叔叔。我相信，妈妈也是很在意自己的信誉。但是，面对你，她宁可得罪你叔叔，宁可背着不守信用的名声。面对你，她毫不犹豫地做出了她的选择：她要你！所以，你觉得妈妈不爱你，这感觉是错误的，不符合事实。其实，你妈妈是非常非常地爱你。”

听到这，小芳泪流满面地说：“是的，是这样的，我错怪妈妈了！”

过了一会，小芳继续说：“其实，妈妈非常爱我。小时候她特别疼爱我，有什么东西都是留给我吃，从来没有骂过我。”

（3）心理体验：感受妈妈的爱

我建议小芳闭上眼睛，去体验妈妈的怀抱、她的温暖、她的音容笑貌。小芳闭着眼睛，流着泪，但脸上却露出了微笑。

过了约10分钟，我建议小芳慢慢地睁开眼睛，此时她露出了笑容。我再让她想想明天回家的路。她很惊讶地对我说，“哇，不再害怕了，内心也没有痛苦了。这是怎么一回事？”

我给她解释道：“妈妈的去世之所以让你这么痛苦，是因为你对妈妈有一种纠结的感觉，这么多年来，这感觉一直在影响着你，而你却从未觉察，更不知道它们的来历，就不假思索地信以为真了。结果，让你痛苦了这么多年。”

小芳又说：“其实是我误解妈妈了，妈妈真的是爱我的。”说着，她又哭了。

（4）我要回家去看妈妈

我建议小芳再去想象去母亲坟地的那条路。突然，她睁开眼，带着惊讶的表情看着我，说：“以前那种纠结、排斥、害怕的感觉没有了。相反，自己有一种很强烈的渴望，希望自己能赶快走过去，来到妈妈的坟墓前，对妈妈诉说衷肠。”

我微笑着点了点头。

第二天，小芳回家了。在火车里，她幸福地给我打电话，告诉我她不晕车了。她说这么多年来，从来没有像这次是怀着兴奋的心情回家的。

2. 案例分析

在咨询过程中，我带领小芳逐步深入，从表层的晕车和隐隐的不安感开始，逐步深入，进入到小芳自我意识的深层。在那里，小芳发现了自己对妈妈有很深的误解。是这些误会使得小芳很痛苦；认清真相之后，小芳又产生了很大的幸福感和满足感。

（1）小芳的表意识

晕车让小芳很痛苦，她也意识到了自己这几天心情很烦躁，内心有种不安感。觉察到这些症状之后，小芳进行了反思，意识到了这是因为明天要回家，要和家人一起参加母亲三周年忌日活动，这些内容算是第二层意识。小芳也明白，一想到回家就会特别难受，但小芳不知道自己为什么会这么难受。这说明，依照小芳的意识能力只能走到这一层。

（2）小芳的前意识

经过探讨，我发现小芳自小就对妈妈有一种纠结的矛盾心理：在一起就会莫名其妙地恨妈妈，不在一起又特别想回到妈妈身边。我发现，这种纠结心理与当前的困扰有关。或者说，就是这种对妈妈的纠结心理导致了当前的困扰。所以，有必要知道是什么导致了小芳对妈妈的这种纠结心理。而这些内容则属于潜意识。

（3）小芳的潜意识

当小芳提到，当初爸妈生自己的目的是为了给叔叔一个孩子，我才找到了答案。就如我给小芳解释的，人在母胎时就已经有了感觉，能够觉察到母亲的情绪和意念。母亲要把自己送给叔叔，小芳觉察到了这些，因而产生了恐惧和焦虑。但这些感觉都被压抑在小芳的潜意识里了。在小芳的潜意识里，有两股相互矛盾和冲突的动力：渴望和妈妈在一起，同时又觉得妈妈会抛弃自己，因而对妈妈有怨恨。这些内容，除非咨询师帮她发现，否则她永远都不会意识到。

（4）潜意识的影响

我们继续深入探讨。为什么妈妈的去世对小芳的冲击会那么大？以至于小芳用了三年都无法从悲伤当中走出来，而哥哥姐姐们早就不悲伤了。这让小芳难以接纳自己。我分析，她之所以如此难以走出来，是因为在潜意识里她仍然渴望得到妈妈的爱(虽然她一直拥有妈妈的爱，但潜意识里一直感觉妈妈要抛弃自己)，而妈妈现在走了，这个渴望无法实现了；或者说妈妈真的抛弃自己了。所以，她的痛苦会比哥哥姐姐要多很多。所以每次去妈妈的坟地，她都会比哥哥姐姐要痛苦很多。对于这个分析，小芳非常认同。

此刻，我已经在认知上帮助小芳消除了对妈妈的误解，然后又通过浅催眠，帮助小芳去感受妈妈对自己的爱。这是一个更深层次的意识。小芳对妈妈的复杂情绪就是因为这个意识层次出现了偏差。现在偏差得到了纠正，小芳意识到妈妈原来是爱自己的，对妈妈和对自己的感觉完全发生了变化，那些负面情绪没有了，迫不及待地要回家。回家后，以前的那种纠结、抗拒等感觉都完全没有了，只感觉到渴望和兴奋。

3. 小结：人心虽深，其实可以测量

通过这个案例可以看出，人的意识有很多层。我们表层意识里的一切感受、情绪和行为都能在深层次的意识里找到原因和答案。我发现，让我们痛苦的情绪和感受往往都是深层次里的一些误解所致，但大多数人并不能意识到这些误解，所以也无法解决，也就无法摆脱。小芳起初只能意识到自己的晕车是因为想到要回家，还能意识到自己对母亲的纠结心理，至

于是什么造成了纠结，她就不知道了。因此，这些问题一直没有被解决，也就一直困扰着她。在咨询师的帮助下，小芳意识到导致这种纠结心理的深层次原因。意识到这一点后，她的心结打开了，以前困扰她的那些纠结心理也就消失了，她的痛苦也得到了缓解。

从这个案例我们可以看出，人的意识有很多层。从表面上看到的都是“症状”，造成这些症状或结果的原因在内心深处。人能够意识到的层次越深，看自己也就越清楚，也会越有智慧，负面情绪也会越少，会越有安全感，越有自信，为人处世也会越明智，这也就是古人所说的“自知之明”。

人之所以会有心理问题，主要是因为看不清自己。如果一个人能够了解深层次的原因，很多“症状”都会不治自愈。心理治疗的一个重要的方法，就是帮助来访者看清造成心理问题的内在原因。在咨询过程中，咨询师需要具备侦探的敏感和能力。来访者所倾诉的痛苦和所描述的症状都是“线索”，咨询师要能敏锐地看到这些线索，然后沿着线索顺藤摸瓜，找到问题的真正所在。如果能找到真正原因，咨询师就能对症下药，心理问题也就能迎刃而解。这个顺藤摸瓜的过程也是一个不断深入的过程，从人的表层意识逐渐深入，就如我给小芳咨询那样。只有在人意识的深层次中，我们才能找到原因。

我发现，很多咨询师在咨询过程中不能深入。只是在表面上，围绕着来访者的心理问题寻找解决方法。虽然能找到很多方法，一些症状也能暂时得到缓解，但都很难彻底解决。比如对于强迫症的治疗，很多咨询师都是想办法帮助来访者缓解或消除强迫症状，结果却是按下葫芦浮起瓢。这个症状缓解了，其他的症状又浮现上来了。其实，强迫症的症状，比如反复洗手、反复关门、反复数数等只是症状，不是病因。真正的病因是患者内心的焦虑或恐惧。如果患者内心的恐惧得不到缓解，那么这些外在的症状永远无法消除。很多咨询师看不到这个问题，因而把强迫症视为“疑难杂症”。这些年来，我很成功地帮助许多强迫症患者缓解、消除了他们的强迫症。

四、人格结构

在日常生活中，我们会经历各种纠结，其中很多纠结会给我们带来心理问题，比如小芳对妈妈的纠结情绪，强迫症和抑郁症患者的纠结等等。所谓纠结，就是内心有不同的声音，它们彼此冲突、互不相让，所有的心理问题都是内心冲突的结果。弗洛伊德觉察到了这个现象，并由此构建了人格结构理论。这是一个创举，因为在他之前，还没有人从这个角度来探讨人格。弗洛伊德认为，人格可以分为三部分，即本我(id)、自我(ego)和超我(superego)。所谓本我，就是人潜意识里的内容，包括遗传的、从小到大的经验，还有被压抑的冲动；所谓自我，就是当下意识中的我；而超我，则是那个应该的我。接下来，我们将详细探讨这三个“我”。

1. 人格三我

(1) 本我

按照弗洛伊德的人格理论，本我是人格中最早，也是最原始的部分，是生物性冲动和欲望的贮存库，它包含了生存所需的基本欲望、冲动和生命力。它由各种生物本能的能量所构成，完全处于无意识中。这些心理积淀物往往是被压抑、被排斥于人意识之外的，是非理性的、无意识的，包括生命力、内驱力、本能、冲动、欲望等，它们是一切心理能量的根源。

弗洛伊德认为，本我是按“唯乐原则”活动的，它不顾一切地寻求满足快感。这种快乐主要通过生理需求的满足而获得，比如性、食物、水、温度和安全。它不理会社会道德、外在的行为规范，它唯一的要求是获得快乐、避免痛苦，本我的目标乃是求得个体的舒适、生存及繁殖，它是无意识的，不被个体所觉察。婴幼儿的人格完全属于本我，他们没有羞恶观念，其全部生活都受欲望支配，不管外部条件和社会道德，处处要求满足自己的愿望，寻求快感。随着小孩年龄的增长和经验的累积，加上教育和习俗的影响，人的自我意识也逐渐清晰起来，人的自我和超我也开始越来越明显。

人所有的动力来源都是本我。我们的需求、渴望、动机、冲动、信念、意志、情感、情绪等等，都是本我的内容。人无论做什么事，都需要本我的动力。自我和超我的行为，比如遵守社会规范、伦理道德，孝敬父母、关爱他人等，都需要情感和动力，而这些也是本我的内容。

但是，很多传统的伦理道德和社会风俗往往不尊重本我的需求，以为仅凭一些道德说教，强迫人去遵守，人就能改变。岂不知，人的本我是强大的，也是倔强的，它的需求、渴望、冲动是不能被磨灭的。如果本我受到过度的压制，它的需求和冲动会受到扭曲，会以不同的方式表现出来。

其实，大多数心理问题的产生都是因为本我被过度、不恰当地压制。有很多厌学的中学生，他们的成绩本来一直很优异，但突然就不上学了。我和他们交流后发现，他们从小就受到过度的压抑，一直被父母和老师压制着，除了学习，什么也不许做。为了讨好父母和老师，他们一直都乖巧听话。进入青春期后，实在受不了了，决心要反抗，不学习了。还有很多人，年轻的时候很善良，为单位、为家人操持。年老后，突然性情大变，变得像小孩子那样不可理喻，搞得孩子和配偶都很头疼又不知所措。究其原因，也是因为他们的本我长期被压制，最后本我实在忍无可忍了，起来反抗。

（2）自我

自我是指个人有意识的部分，是从本我中逐渐分化出来的，位于人格结构的中间层。其作用主要是调节本我与超我之间的矛盾，它一方面调节着本我，另一方面又受制于超我。我们所意识到的内容，包括有意识的思维、选择和行动等，都是自我的内容。弗洛伊德认为自我是人格的执行者，它遵循现实原则，以自认为合理的、能够被自己、他人和社会所接受的方式来满足自身的要求。它会严格检验本我的冲动和行动。

显然，本我的“快乐原则”对自我是一个威胁，本我的许多需求、期待、冲动、情感等等都是社会风俗或伦理道德不能接纳的。如果任由本我呈现，那么自己势必被别人耻笑、排斥、反对，甚至抛弃。所以，基于“现实原则”，自我会对这些需求和冲动加以约束，甚至是压制，强迫自己以别人、权威、社会所能接受的方式来表达出来。

另外，自我又听命于超我的命令。在超我内，充满了是非对错、好坏、该或不该、高尚或卑鄙等等。超我会时常干预自我的抉择和行为，并且会经常对自我进行评判，要求自我必须无条件听命于自己。如果自我不听超我的命令，顺从本我的需求，做出一些超我所不允许的事，超我就会怪罪自我，甚至威胁自我，使自我产生悔恨、顾虑、自责、羞愧或焦虑等情绪。

人的自我会经常处在这种张力中。一方面是本我的强烈需求，另外一方面是超我的苛刻要求，两者谁都不愿意退让，这让自我感觉自己经常处在纠结和分裂状态。弗洛伊德认为，人心理问题的主要起因就是本我和超我的冲突，这给人的自我造成了困扰。

（3）超我

弗洛伊德认为，超我是人格结构中的管制者，位于人格结构的最上层，是道德化的自我，由社会规范、伦理道德、价值观念内化而来，其形成是社会化的结果。超我遵循道德原则，要求个体的情感、思维和行为等都要符合道德规范。超我倾向于站在本我的反对立场，否定本我的冲动和渴求，且经常干预自我的选择，要求自我无条件服从自己。

孩子自出生后，就不断地适应生存环境，会随时根据外界的情况来调整自己的应对策略。在这一过程中，孩子会不断地探索、学习、认同、练习。孩子会探索如何在自己所处的环境里更好地生存。在成长过程中，孩子从家长、学校那里学习到了伦理道德和社会规范。他们能够意识到，如果要更好地生活，遵守这些道德规范是必须的，并渐渐地认同、内化这些伦理道德和社会规范，相信父母说的都是对的。

如果家教过严，人在成年后对自己的要求也会很高。超我越强，本我就越受压制，容易出现心理问题，像焦虑症、强迫症、洁癖、完美主义等。如果家教过度宽松，成年后，超我就会很弱，对本我的约束就会过少。本我的需求、期待、冲动等就会随意地表达出来，个体就会轻视规则、法律、他人等，就容易为所欲为。这样的人容易走上犯罪的道路。

人是在群体中出生长大的，像家庭、孤儿院、难民营等，从一出生就开始接受某种培育和教养，接受伦理道德和社会风俗的熏陶，很自然地就内化了这些内容，并视之为自己做人的准则。所以，每人都会有一个“超我”或“道德我”。超我告诉自己该怎么想、怎么感受、该做什么、该成为一个什么样的人。超我只按照伦理道德和社会规范的标准去做，往往会忽略本我的需求。因此，本我和超我之间经常有冲突。

我认为，这个超我类似于我们日常所说的良心，它是个体在成长过程中渐渐发展起来的一个“我”，它与个体成长的环境以及大人的培育密切相关。如果一个人的家教很严，家长习惯于批评指责，孩子长大后，良心就会特别“细”，对自己要求很严格，很容易自责、内疚；对别人也会吹毛求疵，要求非常严格。反之，如果一个人在成长过程中缺乏家教，没有人管，或是家人对其特别放纵，那么长大后这个人的良心就会很“粗”，言谈举止也会很随意，容易为所欲为，不容易有自责和内疚之心。如果良心太细，那就是超我太强；如果良心太粗，那就是超我太弱。无论超我太强或是太弱，都不健康。健康的心理应该是：三个“我”的关系是平衡的，超我是适中的。曾有人说，一个人如果超我太强，那么他很有可能去精神病院；如果超我太弱，那么他很有可能去监狱。

在成长过程中，人会不由自主地内化父母的要求、评价和看法。如果父母对他们的要求是苛刻的，那么他们长大后往往对自己也是苛刻的；如果父母经常消极地评价他们，比如说他们笨、懒或丑，长大后他们也会如此评价自己。对于这些倾向，我用“内在父母”来解释。超我过强的“内在父母”往往都会很强势，经常会提出无理要求。而他们也太习惯于听从自己的“内在父母”，深信不疑。“内在父母”要自己做什么就做什么，不管要求是多么地不合理和荒唐，不管“内在父母”让自己多么难受，他们仍然会听从。

但是，人的超我并不总是理性的。有个来访者，因为老公有外遇，且拒不认错，她受不了，就和老公离了婚。事后她又非常自责，总觉得是自己不好才导致老公有外遇。又想到父亲去世前，因为担心她的婚姻而特意要求她对老公好些，又感觉对不起父亲。每天都活在自责和悔恨中，感觉自己什么也不是。从此她患了抑郁症。

根据来访者的描述，她老公本就是一个很不负责任的“花花公子”，结婚多年，他一直吃喝嫖赌，他自己挣的钱根本不够自己开销。她每攒一点钱，老公就会想办法拿去糟蹋。有几次她不给，老公就使用暴力打破了她的头，她去医院缝了5针。她实在忍无可忍，也为了正在上小学的孩子，就坚决离婚了。离婚后，她就非常自责，感觉对不起老公、对不起父亲、对不起孩子、对不起所有的家人。听着她的哭诉，我体验到一种很强烈的感觉，就是“恨铁不成钢”，她本来没有错，却觉得都是自己的错。类似这样的来访者有很多，这让我发现，在面对超我要求时，人的自我几乎没有分辨能力，会习惯性地按照超我的要求去做，如果做不到就会很自责、内疚，甚至产生道德焦虑。

2. “三我”之间的关系

有学者曾用一辆马车来比喻这“三我”的关系(见右图)，其中本我是马，是动力的来源，自我是驾车的人，它具体负责驾驭这辆车，而超我则是乘客，它指挥自我如何驾驭以及往哪个方向走。

马车的主要目标是尽快顺利地到达目的地，也就是人生的目标。而要了解自己的人生目标，我们需要超我的指导和意见；要达到目标，更需要马，如果没有马，马车寸步难行；但这匹马如何走，怎么走，则需要自我的驾驭。如果没有自我，马不辨方向，哪儿也去不了，说不定还会发生“撞车”“坠入悬崖”等危险。所以，为了能顺利到达目的地，这“三我”需要密切配合。

但很遗憾的是，很多人的三我不协调。有的人超我过强，随意指责自我的行为，强迫自我去压制本我。这样的人很容易被道德焦虑所控制，生活如履薄冰、战战兢兢，无论出现什么差错，第一反应就是：我是不是哪里做得不好？这样的人很容易内疚、自责、焦虑、害怕，也很容易出现心理问题，像焦虑症、疑病症、恐惧症等。这种状态也会使人无法发挥自己的潜能。

有的人超我过弱，本我受到过少的约束，因而很多本性的冲动没有得到恰当引导，做出许多不合时宜的事。这样的人往往会忽视别人的感受、社会规范的要求和伦理道德的约束，做事不择手段，缺乏良心，结果往往会伤人害己。

想要这辆马车能尽快顺利地到达目的地，关键是驾驭这辆马车的人，也就是自我是否足够坚定、有主见。它既需要很清楚地知道超我的指令是否恰当，又有能力驾驭本我，使得本我能充分发挥它的能量，尽快到达目的地。面对本我和超我的冲突，自我需要做的就是强化并坚持自己的“现实原则”，面临选择时，不要只依据自己的感觉和冲动，也不要想该不该、有没有犯错等问题，而是要从现实生活中寻找证据来判断自己当前的境遇到底如何，到底是谁的错，我到底该怎么做。做出这个基本判断之后，就可以依据现实原则来行动。

为了能做到这点，自我需要具备两种能力：明辨是非和坚强的意志。所谓明辨是非，就是能够比较客观地理解自己当前的境遇。比如，自己的处境是否安全、他人是否真的不怀好意、自己能否应对当前的挑战、自己能否完成任务。如果经过客观分析，没有证据显示自己的环境有危险、他人对自己有恶意，或有证据显示自己是有能力来面对当前的挑战，能完成任务，那么人就会依据现实原则来生活、工作、学习。

如果出现问题了，能明白问题的前因后果、来龙去脉。如果是自己的责任，人不会因此而感到过度愧疚或自责，而是会坦诚地承认自己的过失或错误，勇敢承担责任，并从此过失中吸取经验教训，尽量使自己以后不犯类似错误。如果经过分析，不是自己的责任，那么人就不会内疚或自责。但是，如果环境需要此人去承担责任，此人心里也清楚，这不是自己的过错，不会自责或愧疚。

强大的自我还需要有坚强的意志，因为人的本我和超我是不会轻易消停的。所谓意志，其实就是能够抗拒自己的内心干扰。比如说，当人的事业遇到困难或挫折时，内心会有很多干扰的声音，不断地告诉自己这肯定不会成功、肯定会失败，只能放弃。面对这些干扰的声音，意志薄弱的人就会顺从这些声音而放弃；而意志坚强的人则会坚定自己的初心，对将来仍怀有信心，会坚持下来。本我的负面情绪、冲动以及偏离的信念、扭曲的认知还会不断地冒出来干扰人的思维和判断，同时，人的超我也会喋喋不休地发声来干扰自我已经作出的判断。所以，这就需要人的自我有强大的意志力来对抗这些“诱惑”。

自我还需要有智慧，懂得如何去辨别超我的声音。人需要有超我的声音来给自己指明方向，纠正当前路途的偏差；但是自我需要有足够的智慧来辨别超我的声音是否合理、判断是否恰当。对于本我，自我要有能力驾驭本我的冲动、情绪和渴求，自我需要被激励，它的潜能也需要被激发。要做到这些，这就需要自我具有智慧，知道如何做才能达到这些目标。

3. 案例阐释

（1）案例介绍

王同学，初三学生，妈妈带他来咨询，原因是王同学控制不住自己，不停地玩手机，再有两个月就要中考了，妈妈很着急，不停地说他，王同学很烦，和妈妈有很多冲突。无奈之下，妈妈说服了王同学来接受心理咨询。

咨询过程中，王同学刚开始有些抵抗，也有些沮丧，抱怨妈妈总是唠叨，对他管教过多，他很烦。我问他的理想，他说他很想考入本市最好的高中，但凭现在的考试成绩，很悬。他想努力学习，但想到学习就很烦，就想玩手机。一玩就停不下来。王同学承认自己也不想这样，但就是控制不住自己。妈妈看到他玩手机就唠叨。妈妈越唠叨，他越烦，就越想玩手机。

（2）心理分析

此刻，王同学的“三我”出现了严重的不协调。一方面，他的超我是希望自己能够考上理想的高中，也知道自己该放下手机，努力学习；另一方面，他的本我却很厌恶学习，想逃避学习，想玩手机，对妈妈的唠叨非常厌烦。他的自我被超我和本我挤压，心烦意乱，就干脆选择了自暴自弃，顺从了本我的需求，不停地玩手机。

要帮助王同学走出来，自我的能量需要得到提升，同时需要降低超我和本我的压力。他的自我之所以能量不足，主要是因为对自己缺乏信心，对中考有许多消极预测和灾难化的思维；超我的压力来自自责、唠叨和威胁；本我的压力来自焦虑、担忧、烦躁和要宣泄的冲动等。

（3）心理干预

我和王同学达成了一致目标，使他能够放下手机，努力学习，争取考入理想的高中。第一，我让他明白，他玩手机，其实不是贪玩，而是一种释放压力的方法。这么引导的目的是降低超我给自我的压力。第二，我探讨了王同学的压力源，分别是担忧中考失利、妈妈的焦虑、缺乏学习技巧和计划。这么引导的目的是帮助王同学降低本我的压力，降低他对中考的焦虑。第三，我引导王同学看过去的成绩，依此成绩，王同学表示，自己是可以考入理想的高中的。我这么引导的目的是帮助王同学建立自信，让他对中考充满信心。随着他自信的提升，我给他介绍了一些学习技巧，还和他一起制定了学习计划，请他妈妈来监督。

三次咨询之后，王同学状态明显好转，最后如愿以偿地考入了理想的高中。

4. 小结

弗洛伊德认为，“三我”之间的不平衡导致人的心理出现问题。超我与自我之间的关系往往是成反比的，超我越强，自我就会越弱，本我就会受到越多的压制。当本我忍无可忍反抗时，自我和超我就会完全束手无措，听凭本我发作。当本我消停之后，超我又起来不断指责自我和本我，使得自我和本我产生许多的负面情绪，如愧疚、自责、后悔、难过等。反之，如果超我太弱，自我面对本我的冲动时，会不知所措，所以本我也就缺乏“管教”，导致个体与社会风俗以及伦理道德产生冲突。为此，心理健康的人的自我应该变得更强大一些，只有这样，自我才能判断超我的要求是否合理，本我的冲动是否得当，也能依据现实原则，有效节制超我，有能力驾驭和激励本我。一个人的自由程度有多高，关键取决于人的自我能有多自由。自我越强大，越能依据现实原则作决定，自由程度也就越高。

五、总结

在本章里，我们主要探讨了人的自我意识。人类的自我意识是决定人之所以为人的关键要素。通过这番探讨，我们看到了人的自我意识深不可测。萨提亚的冰山比喻能比较形象地描绘出人的自我意识是什么，我们从表面所能看到的只是整个冰山的万分之一或更少。每个人都非常复杂，都充满了奥秘。我们从表面上看到的一切，包括人的情感、思想、信念、行为、性格、秉性等等，都只是很小的一部分。在这之下，还有更多的内容有待进一步发掘。

在这一点上，弗洛伊德的确作出了突出的贡献。他发现，在人的意识之下，还有前意识和潜意识，而且这些意识中的内容要远远超过我们意识到的。在自我之外，还有本我和超我，它们对人的影响要远远超过人意识中的自我。很多时候，人以为自己是自由地作出某个选择，其实可能是潜意识里的某种冲动早就决定了人必然会作出如此的选择；有的人以为自己是自由的，却不知其实是本我或超我在驱使着人作出如此的选择和决定。

为此，若想使自己真正“活得像人”，人需要尽可能地了解自己深层意识的内容；也需要让自己的自我能更自由地作出决定和选择。在下一章，我们将探讨人的思维、信念、情绪和行为，借此，读者能更好地了解自己。

第五章 人类思维

一群狮子在准备合伙捕杀野牛时，会有策略地“排兵布阵”，有的负责突袭、有的负责截击、有的负责撕咬前腿、有的负责锁喉，然后一起用力，把猎物摔倒。每每在电视上看到这样的情景，我都会感叹：动物也会思考！许多动物其实都是有思考能力的，比如猴子、大猩猩、狼等。它们的思维和人类的思维有什么区别？在这一章中，我们将探讨人类的思维。

一、人类思维的特征

1. 动物性思维和人性思维

动物有思维能力，但动物只是依据其本能来思考，其目的也是为了满足自己生理需求，如饱腹、繁殖和安全的需求。按皮亚杰的认知发展理论，动物的思维只处在感知运动阶段和早期前运算阶段，以智商来测算的话，比较聪明的动物的智商相当于3岁孩子。它们必须依据具体的图像内容来认识周围的环境，应对问题的模式也都是依据本能的条件反射，而不是冷静的思考。换言之，它们只能依据本能的需求和冲动，运用它们的思维能力来满足自己本能的需求。但它们还没有能力来问问自己："我是谁？我为什么要吃？我可不可以不吃？"

人类思维和动物思维的最大区别可能就在于人有"自我意识"，而动物没有。"自我意识"的最大特点就是它能使人类超越客观世界，能够不以客观世界和具体的事物为依托，单纯地思考一些抽象的问题。而且，人类可以思考一些超越自身存在的问题，比如对人类终极关怀的思索。

人类思维和动物思维还有一个重大区别就是，人类的思维是自由的，而动物的思维则只是出于本能。所谓自由思维，是指我可以有意识地去想或不想某个问题，而动物却没有这样的自由。它们的思维完全是凭本能的驱使。有一点我需要强调的是，人类抽象的思维要依赖于人健全的动物性思维。这意味着，如果人的动物性思维出了问题，比如大脑受伤了，那么其抽象思维也就变得不可能了。另外，无论多么成熟的人都会时刻受人类动物性思维的影响，比如，饿了想吃、渴了想喝水、遇到危险想逃避、看到交配对象会有性冲动等。但人能为了更高的价值或更长远的利益拒绝自己当前本能的驱使，比如，忍受着饥寒和劳累来耕种、建造房屋、铺路、打井等，动物就很难做到这些。很多人虽然有"自我意识"，但却不是"清醒"的，他的动物性思维仍然在影响着他。情绪一来，马上就陷入情绪中，完全被情绪所驱使。这样的人，其人性是受限的。"人贵有自知之明"，真正了解自己，方能按照自己的自主意识来生活，而不至于总是被自己的动物性思维所驱使。

人类的动物性思维和人性思维的目标是一致的，就是为了满足自己对生存、发展、自我实现的需要。动物性思维的目标只是满足生存和初级发展的需要，而人性思维的目标却是自身的高级发展、自我实现和自我超越。为了能够达到最高目标，人类需要具有自主意识的思维。换句话说，仅仅凭着本能的驱力，人不可能满足高级发展、自我实现和自我超越的需求。

2. 人类的思维模式

人类思维是一种逻辑思维，有一定的程序，包括识别、分析、推理和判断。比如说，当我们看到一个陌生人向自己走来时，我们首先要识别，这是一个什么样的人，他会对我做什么。然后，就根据这个人的穿着、举止、表情、说话语气、眼神等作出分析、推理和判断，比如这人穿着得体，面带笑容，向我伸出手来，语气热情，眼神流露出善意，那么我的判断是： 他想和我交朋友。这种判断会让人产生愉悦感，自己也会伸出手来与他握手交流。这种思维虽然是人的自主意识思维，但往往也是自动的。关于这种自动化思维，心理学家一般都习惯称之为“认知模式”。

所谓“认知模式”，是指人习惯性的思维方式。它是自动的，不受人自由意志的操控，而受过去经验的影响。看到有人向自己走来，他会作出什么样的判断，很大程度上取决于他过去的经验。如果曾经有一个人袭击过自己，而袭击过自己的人也穿着同样的衣服，有同样的个头、同样的发型或类似的举止等，那么个体会依据自己过去被袭击的经验作出判断：这人有可能也会伤害自己。这个判断就会让他产生恐慌，想逃避。

我们的思维模式可以简单分为积极思维和消极思维。所谓积极思维，就是遇到事情，会倾向于做积极解读、积极推理，然后得出积极结论；反之，消极思维就是遇到事情，倾向于做消极解读、消极推理，然后得出消极结论。决定人思维模式的关键因素是个体过去的经验。如果一个人过去的经验是积极的，比如家庭和谐，父母相爱，经常得到肯定、鼓励和支持，那么这人遇到事情，就会有积极思维。反之，如果一个人的生命经验是消极的，比如父母关系不好，被忽略或虐待，或经常受人欺负，那么其思维模式就可能是消极的，遇到事情，总是倾向于往消极方面想。

3. 意识思维和潜意识思维

在前一章谈人类意识时我提到，弗洛伊德发现人类意识有多层，他简单分为意识、前意识和潜意识三层。同时，弗洛伊德还认为，人格有“三我”：本我、自我和超我。他认为，人的心理问题基本上都是这“三我”之间的冲突导致的。这意味着，人的本我、自我和超我内都有多套认知体系，而且它们彼此之间会有冲突。是这些冲突给人带来张力，使人痛苦。

对于这些不同的认知体系，人的自由意志只能控制意识层面的认知，无法控制潜意识里的认知。然而，潜意识层面的认知对人的影响会更多、更深远。举个例子，王女士，她从小就不敢一个人睡觉。结婚之前一直和妈妈一起睡；结婚后一直和老公一起睡。如果老公出差，她就必须和孩子一起睡。前段时间，王女士得到一份新的工作。工作性质和薪酬都非常理想，只是有一点，她需要时常独自出差。这给她带来了很大的困扰，甚至使她面临一个重大选择：要不要辞职。她不想丢掉这份工作，所以无奈之下，来接受心理咨询。

咨询开始时，我问她为何不敢一个人睡。她自己也说不清楚，只是告诉我她从小就怕。我肯定地告诉她，怕黑和怕独自一人睡觉是有原因的。如果她从小就害怕，这说明这种惧怕来自小时候。我请她回想小时候，有哪些害怕的经历与晚上睡觉有关。

王女士很快就想起来了，小时候她和奶奶一起睡。睡前，奶奶经常给她讲鬼故事，她特别害怕。我告诉她，她对黑暗的害怕肯定与奶奶讲鬼故事有关。作为孩子，会很自然地相信大人的话。虽然奶奶只是讲故事，但孩子是分不清故事和现实的。当时她听了，就自动地相信这世界上有鬼。而且鬼往往是在黑暗中出现。所以，她潜意识的逻辑思维是这样的：黑暗中会有鬼。房间一旦黑下来，这种思维就会自动启动，就像电脑程序一样，这种思维就导致她特别害怕。害怕驱使她去避免一个人睡觉。如果无法避免，就会产生焦虑，就像她现在这样。

在咨询中，我引导王女士意识到，这个害怕很荒唐，因为世上根本就没有鬼，即使在黑暗中也没有。她说，她也知道，也这样一再提醒自己，但就是克服不了对黑暗和一个人睡觉的恐惧。这意味着，她意识中的认知模式和潜意识的认知模式发生了冲突。意识中，她很清楚知道没有鬼，也不需要害怕；但潜意识却还是相信有鬼，所以还是害怕。

4. 认知模式是怎么产生的?

认知能力的进化使人类在面对生命威胁、内在需求和欲望时，能够系统地思考：我面临的是什么威胁？如何能一步一步消除威胁？我想要什么？如何得到我想要的？每一次经历，人类都会吸取经验教训。这经验教训就像是电脑程序，一旦启动，就自动开始了。这使得人在以后面临类似的威胁或想满足某些欲望时，可以不加思索，按照以前的经验做就可以了，这会节省许多精力。慢慢地就成了一套比较固定的思考和行动程序。

因为基因具有记忆功能，所以个体能将自己在生命中所积累的经验，包括认知模式，通过基因和生育繁衍，传递给后代子孙。大量的研究表明，人的脾气、性格、气质等人格特征有大约 50% 是遗传的，另外 50% 的内容是后天培养的。所谓遗传的，就是存在基因里的一些倾向，包括习惯性的思维方式、情绪体验和行为。双生子研究法和领养研究发现，同卵双胞胎兄弟虽然在两种完全不同的环境里长大，但他们的气质很相似。①

① 《人格心理学》，上海：上海人民出版社，2011 年，第 123 页。

这些研究显示，人的气质、性格有遗传的成分。

所谓后天培养，则是指个体成长的原生家庭、社会环境，包括父母的婚姻状态、对孩子的养育模式、个体在成长过程中所接受的教育和经历等。这些因素对塑造个体的认知模式起到了关键作用。此外，个体在适应外界环境时，也会不断地吸取经验教训，不断地学习、归纳和总结。当然这种学习是无意识的，而不是有意识的。一个婴儿如果被狗恐吓过，以后每次看狗，都会吓得哇哇大哭。这说明，这个婴儿从那次被恐吓的经历中，吸取了经验教训。所以，在整个成长过程中，个体不断地应对外界各种各样的事物，自己也不断地从中吸取经验教训，为以后应对类似的情况提供经验。此外，孩子在成长过程中，会不断地观察他人，尤其是观察重要的人如何生活、工作、互动等，然后模仿，最后形成自己的模式。观察和模仿他人，也是孩子建立自己认知体系的重要内容。

童年，尤其是从刚出生到 6 岁这段时间，是形成认知模式的关键阶段。在人生的成长过程中，个体仍然会继续学习，思维习惯也会继续发展和改变，但可变性会越来越弱。据心理学家研究，人的人格一般是在 30 岁左右稳定下来。这意味着人的思维模式也会在 30 岁左右稳定下来。当然，这并不意味着人就不会改变了。人无论在生理方面或心理方面，都不是终生不变的。

5. 人类的认知模型

（1）认知模型简介

为了能更清楚、全面、系统地了解人类的思维，美国心理学家阿伦·贝克建立了一个认知模型。他认为，人类思维是由三个关键认知要素所组成，分别是核心信念、中间信念和自动化思维。核心信念处在人类意识的深层，也就是潜意识层面；中间信念处在人类意识的中间层，也就是前意识层面；而自动化思维则处在人类意识的表层，也就是意识层面。换句话说，除非用一些专业的手段，否则人一般不会意识到自己的核心信念；那些自我觉察力强的人或许能够觉察到自己的中间信念；而稍微留意，人就能意识到自己的自动化思维。就对人的影响而言，人的情绪和行为会受自动化思维影响；而自动化思维则取决于人的中间信念；中间信念则由核心信念所决定。

（2）阿伦·贝克的认知模型

如果把人的认知系统比喻成一家大公司，那么核心信念是董事长，是决策者；中间信念是总经理，是执行者；自动化思维则是中层管理者；情绪是基层管理者；行为则是一线员工。大家一起合作，才使得大公司正常运作。但是，决定公司前途命运最关键的人物是董事长。

贝克以下图展示了人的认知结构：

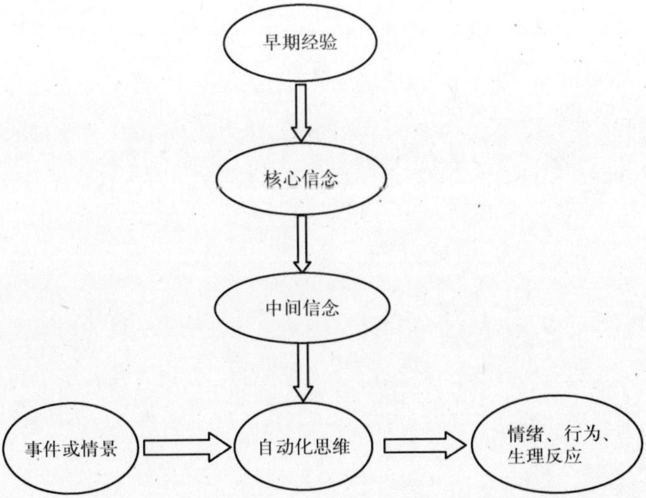

按照这个图形，个体的早期经验，包括家庭环境、父母的养育模式、教育理念、与父母或兄弟姐妹的关系等，构成了一个人的核心信念。这个核心信念又会直接影响一个人的中间信念。中间信念是由假设、规则和态度所组成。所谓假设，就是个体依据核心信念对自己、他人或世界有一个经验判断，然后依据这个经验判断制定规则，并产生相应的态度。中间信念会直接影响或控制人的自动化思维，以及由此而产生的分析、推理和结论。人的情绪和行为都受到自动化思维的影响。

二、核心信念

1. 概念解释

阿伦·贝克对核心信念的定义是：“它们是基础的、隐藏最深的，被个体看作是绝对的真理，就像事情‘本该如此’一样。”[①]核心信念是人内心深处对自己、对他人、对外在环境事物的一个基本判断。这个基本判断就是个体认知模式的基础。换句话说，人内心认为自己是一个什么样的人，他人会如何对待自己，以及这个世界是否是安全的，这些判断都是基于人自己的“核心信念”。如果一个人的核心信念是正向的，那么他的整个认知模式就会是积极的；如果是消极的，那么整个思维模式就会是消极的。

2. 核心信念的形成过程

前面我们提到人性的本质就是真、善、美。所以，从一开始存在的那一刻起，人的生本能就已经启动了，人要生存、发展，并活出自我。人每时每刻都渴望体验到“我就是我”。当然这个我必须是“有价值的”“可爱

---

① Beck，J. S.，*Cognitive Therapy: Basics and beyond*，New York：Guilford Press，1995.

的""有用的"等等。因为人性的限度，个体不能确定自己到底是不是好的，只能从外界去寻找"证据"来证明自己是好的，而这证据就是抚养者对自己的态度和养育方式。如果抚养者爱这个孩子，用心去照顾他，这个孩子能感受到爱，这种体验就是"证据"，孩子会感到自己是可爱的、有价值的、好的。同时，也会产生一个信念：我是有价值的。如果抚养者不爱这个孩子，嫌弃他、忽略他，孩子也能体验到这些，这些经验就成了另外一种"证据"，孩子会感到自己是不受欢迎的、不好的、没有价值的。他内在真我的需求就没有得到满足，就会痛苦，同时也会产生消极的核心信念：我是没有价值的。

这些经验还会影响个体对他人的看法，如果人体验到了被爱，也会感觉到他人对自己是善意的、会关爱自己，他人是值得信赖的。反之，如果他体验到的是被嫌弃、被忽略、被虐待等，就会觉得别人不会真正地爱他，别人是不可靠的。

在这两者的基础上，个体就会对这个世界产生一些判断，如果体验到自己是可爱的，别人是可靠的，会认为这个世界自然也是安全的。反之，如果体验到自己不是可爱的，没人会爱自己，自然也会觉得这个世界是不安全的。

这样看来，核心信念是由三种内容组成的——我是否是有价值的？他人是否是可靠的？世界是否是安全的？这三部分内容是一个不可分割的整体，如右图所示。

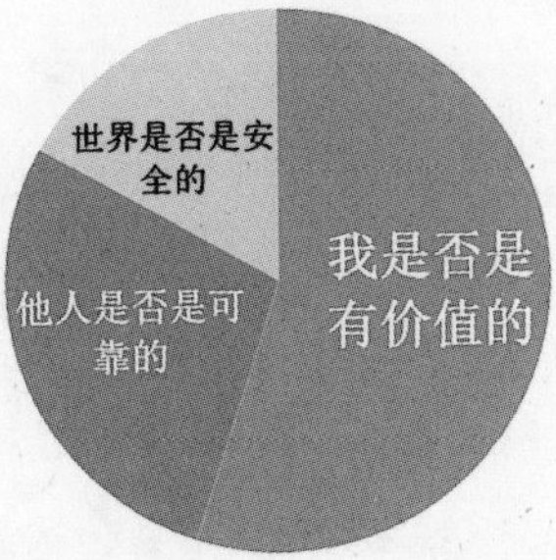

观察此图，读者会发现，核心信念的这三个要素是不均等的，有大有小。"我是否是有价值的"信念是最重要的，也是其他两个信念的基础；其次是"他人是否是可靠的"，最后"是世界是否是安全的"。

3. 核心信念是什么时候形成的?

小芳的案例显示，人的核心信念在出生之前就已经开始形成了。很多来访者的母亲在怀孕时，曾想过不要他们，但因为某些原因，还是把他们生下来了。出生后，他们通常都会缺乏安全感，内心深处总感觉妈妈会抛弃自己；还有的来访者，他们的母亲在怀孕的时候，体验过焦虑、不安、愤怒等情绪；他们出生后，也经常体验到这些情绪。这些体验都会影响他们的核心信念。

童年(从出生到6岁)是个体核心信念形成的关键阶段。在这段时间内，人对自己、对别人、对世界就已经有了一个比较固定的信念。这个信念往往会影响人的一生。中国古话说："3岁看大，7岁看老。"这意味着人小时候形成的核心信念会影响人的一生。但是，人的核心信念是动态的。成人后，一些特殊的经历或感悟也能使人的核心信念发生改变。比如，如果人突遭变故，人的性格和秉性就会发生改变。比如，当一个人被冤枉、被骗、被陷害，人也就不会再如以前那样相信别人了。这意味着人的核心信念改变了。"浪子回头金不换"也是一种核心信念的改变。"浪子"状态其实是一种自暴自弃的状态：反正我就是这样了，也没有人对我好了，所以干脆我就豁出去了。如果体验到自己被理解、被无条件接纳和肯定，这就会感动他，使他意识到别人还是在乎他的，原来他是好的。这也是核心信念的一种转变。在媒体报道中，经常会出现"触动灵魂"这样的字眼，其实就是指核心信念的改变。

4. 影响核心信念的要素

(1) 家人态度

婴儿的感受力是非常强大的，他们能准确地感受到家人对他们的态度。对孩子来说，他们最在意的是家长，尤其是父母，是否欢迎自己。如果全家人都期待并欢迎这个孩子的到来，他们会意识到自己是受欢迎的。另外，妈妈怀着爱心看他们，满心喜欢，孩子能感应得到：我是可爱的，我是善的、我是有价值的。此刻，他们真我的需求就得到了满足，会体验到平安、幸福和喜悦。这些经验就会使孩子形成一种正向的核心信念：我是有价值的、他人是可靠的、这个世界也是安全的。

相反，如果这个家庭不太欢迎这个孩子，孩子也能感应到。由此也会作出一个判断：我是不受欢迎的。当有这种感觉时，人会自动认为别人不喜欢他是因为他不好。他会感到很不安，真我的需求没有得到满足，他就会体验到负面情绪。

（2）养育模式

家长的养育模式也是影响个体核心信念的重要因素。"棍棒底下出孝子"的观念影响了很多家庭，这些家长在教育孩子的过程中，很少表扬孩子，即使孩子做得好，也不会表扬孩子。相反，对孩子总是说教、批评、指责、打骂。这种教育方式会给孩子传递一个重要信息：你是不好的、有问题的、无用的。

反之，如果家长真心喜欢孩子，在养育过程中，能多关注孩子的优点，并能及时给予肯定和表扬，也能及时表达对孩子的信任和信心。感受到这些后，孩子的自我价值感、自我效能感、自信心等，都会大幅提升。长大后，这个人就会是乐观的、自信的、善良的、勇敢的。

在养育孩子的过程中，很多家长会在不知不觉中给孩子传递一个错误信息：爸妈是有条件爱你的。家长往往会对孩子说这样的话："如果你乖，爸爸妈妈就给你买好吃的。"还有，如果孩子在学校努力取得好成绩，家长就表现得高兴，如果没有考好，就表现得不高兴。家长的这个表现就会让孩子意识到：只有我优秀了，家长才会喜欢我。因此，孩子就会为了讨好家长而压抑自己。从表面看来，孩子会很乖巧、听话、努力学习，而在内心，孩子压抑了自己的真正需求。这样的信息会让孩子感到：只有我是优秀的时候，我才是有价值的。如果我不优秀了，也就没有价值了，就可能被抛弃。这样的孩子，往往进入青春期后，就会出现心理问题，比如抑郁、强迫、严重叛逆等。

（3）家庭的安全感

我留意到，刚出生的婴儿特别敏感，很容易受到惊吓。若周边的环境稍微嘈杂一点，婴儿就会害怕。反之，如果周围的环境是安全的，孩子的需求又得到了满足，婴儿就会经常笑。然而，很多家长完全忽略了孩子对安全感的需求。他们只关注孩子是否吃饱了，是否穿暖了，有没有生病。至于孩子的心理需求，则被忽视了。这会导致孩子长大后缺乏安全感，产生自卑感。

我根据多年的临床经验，总结了一些影响安全感的因素：

第一，父母的关系。这是影响孩子安全感的最大因素。在孩子眼里，父母就是天。如果父母能够和谐相处，孩子就会有安全感；相反，如果父母争吵，孩子的感觉就是天要塌了。如果孩子从小是在一个很和谐的家庭里长大，父母和其他亲人彼此相亲相爱，那么孩子就会感觉这个世界是安全的，孩子就会放松，也会大胆探索周边的世界。如果相反，孩子就会感觉这个世界充满了危险，是不安全的。这样的孩子不敢轻易外出探索世界，遇事总是会退缩，会变得懦弱、胆怯。

第二，大人自身的安全感。父母的安全感会直接影响到孩子的安全感。人的情绪是会传染的，如果你和一个紧张焦虑的人在一起，即使他不说什么，只是接近他，你就能感觉到不安；相反，如果你接近一个自信、乐观的人，你会感觉到安全。当母亲抱着自己的婴儿时，母亲的情绪必然会影响婴儿。一个焦虑的母亲抱着婴儿，婴儿必然也是焦虑的；反之，一个自信、乐观、有安全感的母亲抱着婴儿，婴儿也能感应到母亲的自信和安全感。

第三，孩子的核心家庭与家族其他成员的关系。我发现，父母与其他家人的冲突，尤其是母亲和奶奶的冲突，也是造成孩子心理问题的一个重要因素。在中国文化里，隔代养育很普遍，照顾孩子的往往都是爷爷奶奶。为此，爷爷奶奶成了这个孩子很重要的人。孩子也很清楚爸爸妈妈对自己的重要性。如果妈妈和奶奶发生冲突，孩子会感到很无助。尤为严重的是，大人要求孩子选边站。如果你站在妈妈那一边，奶奶就不管你了；如果你站在奶奶那一边，妈妈就不要你了。这对孩子的心理会造成极大的伤害。

大部分人内心都缺乏安全感，我认为，其主要原因是原生家庭的不安定因素。“家家有本难念的经”，每家都会有这样或那样的问题。这也必然会影响到孩子。

5. 核心信念的作用

如果孩子的核心信念是积极的，他们就能体验到快乐、幸福，会有自信，也容易相信别人。反之，如果孩子的核心信念是消极的，就会体验到痛苦、焦虑，也不容易相信自己和别人。这些体验会影响一个人成年后内心深层的自我评估： 我到底是一个什么样的人？如果我是有价值的、有用的，就会自信、乐观、有能力、善良，容易和人相处，抗挫折力也会很强，人生也容易成功；如果是消极的，就会自卑，缺乏自信，敏感、多疑，不容易相信别人。这样的人会悲观、消极、不容易和人相处，抗挫折力也会很弱，也容易失败。

一个人的潜能可以在多大程度上得到发挥，关键取决于人的自信，取决于人内心是否真的相信自己。如果能相信自己，潜能就能激发出来；如果不能，潜能就难以得到充分发挥。电影《功夫熊猫》以一个生动幽默的故事讲述了一个道理，如果你相信你能，你就能。在这部电影中，关键的转折点是熊猫的父亲告诉熊猫，其实根本就没有所谓的秘制配方。你相信面条是最好的，它就是最好的。这让熊猫悟到，武功的秘笈是，如果你相信你是最棒的，你就是最棒的。就凭着这个信念，熊猫和豺狼打成平手，不分上下。豺狼拿到武功秘笈，发现里面什么也没有，但它没有像熊猫那样领悟到其中的奥秘，而是产生了绝望感。从那一刻起，豺狼不堪一击，被熊猫给灭了。

6. 小结

就如贝克所定义的，“核心信念”是人内心深处对自己、他人、世界的基本判断和假设。它是一种信念，让人对此深信不疑；也是一种感觉，感觉它本应如此。这信念和感觉相互结合，就如同一枚铜币的两面，是不可分割的。任何一种信念都会给人带来某种情感，而情感又会进一步强化人的信念。核心信念在人内心深处控制着人的情感、思维、判断和行为。

如果人的核心信念是积极的，人就会体验到快乐，因为这积极的核心信念能满足人内心最深处的渴求，也就是真我的渴求，爱的渴求！如果人的核心信念是消极的，人就会感到痛苦，这意味着人内心真我的渴求没有得到满足。真我就会通过痛苦来抗议，因为人的真我会抗议：我不是没用的，我是有价值的、有能力的，我要生存，要活出自我，我需要得到认可。从这一点来说，人的痛苦其实就是内在真我的抗争；我们所感受到的痛苦其实就是这抗争所显示出来的症状，就如同身体上的疼痛其实是由于内在的某个器官出了问题。为此，面对痛苦，我们首要的态度不是消除痛苦，而是要明白痛苦告诉我们的信息。

三、中间信念

1. 概念解释

“中间信念”是个体认知结构中的关键内容，是个体依据核心信念制定的规则以及应对世界的方式。比如，一个孩子的核心信念是积极的，那么他的假设就是别人会喜欢自己、对自己好，所以他的环境也是安全的。对此，他的基本原则是放心大胆地去探索和成长，面对他人时要真诚。他的应对方式也会是积极的、乐观的、开放的、与人为善的。反之，如果个体的核心信念是消极的，那么他的基本假设就是：我是不好的，别人不会喜欢我，甚至会伤害我，这个世界也是不安全的。个体内在的真我不会接受这个结果，会想办法使自己一定要有价值，会采用一些防御措施，来确保自己的存在价值。

我认为，中间信念其实是人的防御系统。我在谈核心信念时提到过，在内心最深处，每人都渴望体验到“我是我”，即“我是有价值的”“可爱的”“安全的”。个体的核心信念如果满足了，也就是说，体验到了自己是有价值的，他就会感到幸福和快乐，同时也会渴望自己会更好、更有价值；反之，如果个体没有体验到自己是有价值的，也就是说，如果个体的核心信念是消极的，个体就会感到痛苦，同时，这个真我就会设法来使自己有价值、使自己获得安全。在成长过程中，个体会发展出一套体系来确保自己的生命安全和存在价值，这就是中间信念。

2. 规则

为了确保自己的存在价值，个体会为自己制定一些规则，并以相应的态度来遵守这些规则。当这些规则受到威胁，个体会以自己特有的方式来应对或防御。总之，与核心信念不同的是，中间信念不是一个信念，而是一个系统，包括认知、情绪和行为趋向。

因为人性的限度，个体往往只有在感受到他人的肯定和认可后，才能体验到自己的存在价值。因此，为确保自己的存在价值，就必须得到他人的认可。而如何得到他人的认可，个体会认为自己必须得听话、能干、懂事、纯洁，只有如此，自己才算有价值，否则，自己就没有价值了。

个体会给自己制定什么样的规则，则是个体依据自己从小成长的环境，在与外界互动，应对外界刺激的过程中，不断地归纳和总结而逐渐形成的。规则一旦形成，个体就会要求自己按此原则行事。如果违反了，个体就会惩罚自己，导致自己产生内疚、自责、后悔、愧疚等情绪；如果遵守了，个体就会奖励自己，产生骄傲、自豪、优越、满足等情绪。

比如，有很多人很难拒绝别人，即使别人的要求很不合理，还是会违心地答应。这样的人，他们中间信念的规则是：我不能得罪别人，我不能让别人生气，因为如果别人生气了，就会否定我，那么我就不好了，没有价值了。再比如，那些有完美主义倾向的人，他们的规则就是：我必须是完美的，比如在道德品行、人际交往、学习或工作等方面。如果出现瑕疵或失误，那么自己的这个规则就被打破了，别人就可能会嫌弃自己了，自己就没有价值了，就会产生焦虑、害怕、紧张、烦躁、愤怒等情绪。

这些规则会成为个体的“绝对化观念”，就是我应该如何、我必须要怎样。同时，个体也会同样要求别人这样。如果别人做不到，就会生气、愤怒、指责他人。

3. 态度

为了确保自己能够守住这个规则，个体需要有一个态度。所谓“态度”，就是一种心理准备，让自己在心理上准备好迎接即将要来的事情。

这种心理准备包括认知方面的、情绪方面的、躯体方面的和行为方面的。对即将要来的事，个体内心会有一个评价，是好事或是坏事。评价的标准是对自己有益或是有害。有益的，自己就会喜欢；有害的，就会厌恶或害怕。态度会直接影响个体的行为方式。人类几乎所有行为的最终目的，却是为了生存、发展和自我实现。在成长过程中，每个人都摸索并发展出了自己独特的行为模式。比如，老师劝学生对学习要“端正态度”，这意味着这学生以前对学习的态度不对，也就是学习不积极、不努力，上课不认真听讲。所谓“端正态度”，就是要求这个学生以积极的心态来对待学习，包括上课认真听讲、积极主动思考、按时完成作业等等。消极态度往往意味着阻抗、拒绝、拖拉；积极态度则意味着积极、主动、接受、配合、服从。态度包括认知、情绪和行为。

4. 应对模式

在制定规则之后，中间信念还负责监督执行。一旦发现执行过程中出现偏差或纰漏，中间信念就会立即采取措施来纠正。这些措施，就是个体所习惯采用的防御模式。我总结了五种防御模式，分别是真诚、讨好、伪装、逃避和攻击。当然，在防御的时候，人往往不会单纯只用一种模式，而是多种模式一起并用。

（1）真诚

真诚的意思是真心实意，坦诚相待，没有任何伪装，不戴任何面具，以真实的自己和他人相处。这意味着在和他人相处的时候，不需要掩饰自己的情绪和心情，不讨好他人，不畏惧他人，也不攻击别人，能真实地表达自己的看法，无论是对他人的欣赏，还是不满。心理学研究发现，真诚是最受欢迎的一种人格品质，也是对咨询师的一个基本要求。

而要做到真诚，积极的核心信念是必需的。积极的核心信念能使个体确定：我本是有价值的，不管别人是否认可我。所以，个体在和他人交流时，不需要讨好，不需要伪装，不需要逃避，更没必要攻击他人。个体会相信他人，也会有安全感。即使面对他人的攻击或伤害，个体仍然能够坦然面对，因为个体内心知道，别人的攻击是伤害不到自己的。

真诚的人在现今的社会里，往往容易受骗上当。不过，吃一堑长一智，经过多次上当受骗、挫折失败，这样的人也会变得“聪明”起来，不会像以前那样轻易地相信别人。就如《论语·公冶长》中所说：“始吾于人也，听其言而信其行；今吾于人也，听其言而观其行。于予与改是。”这句话的意思是，以前别人说什么我就信什么；而现在是，不但要听别人说什么，还要观察别人的行为，然后才决定相不相信。这说明孔子也被人欺骗过，但他没有因此就不相信其他人了，他还是会相信他人，对人以诚相待，但是更谨慎、更明智了。现实中，这样的人因为“底子”好，内心的自我价值感比较高，所以能够很容易地从失败中爬起来，耐挫力、毅力都比那些有着消极核心信念的人强大，所以他们的人生更容易成功。

（2）讨好

在抚养孩子的过程中，绝大部分家长都会有意或是无意地向孩子传递一种信息：爸爸妈妈之所以喜欢你，是因为你乖巧、听话、懂事、聪明、漂亮。同时也传递了一个潜在信息：如果你不乖巧了、不听话了、不聪明了或不漂亮了，爸妈就不喜欢你了。孩子能接收到这样的信息，所以就会尽量让自己乖巧、听话、懂事、能干，因为如此父母才会喜欢自己。孩子的这种行为就是讨好。

为了讨好父母和其他的大人，孩子必须要压抑自己的需求，控制自己的情绪，因为如果自己不听话、哭闹或表现得不懂事，父母就会不高兴。如果父母不高兴，就会不喜欢自己。那时，自己就会有祸了。

要讨好他人，就要压抑自己的真正需求，琢磨他人对自己的期待，然后按照他们的期待去说话、行动、生活。如果讨好有效，孩子就会很高兴。同时也会牢记这个经验，要听爸爸妈妈的话；如果讨好无效，他人没有关注自己或表达对自己的喜欢，那么孩子就会感到委屈、愤怒和无助。有的孩子会通过自己的表情、行为表达出自己的不高兴，而有的孩子则完全压抑自己的不高兴。

如果孩子的讨好一直是有效的，那么孩子就会形成一种讨好的应对模式，长大后，会很善于讨好他人，包括家人、领导、同事、朋友。他们的人际关系会非常好，往往也比较和谐。但是，这样的人会有一个人性弱点，很难拒绝别人。日久天长，他们内心也会有不满、有委屈。如果讨好是无效的，那么孩子就会“发展”出一些其他的应对模式，包括逃避或攻击等。

（3）伪装

在讨好的同时，孩子也会学习伪装。孩子会知道他人对自己在思、言、行、为等方面的要求。但毕竟，调皮淘气是孩子的天性，当孩子发现自己违反了规矩，做了父母不喜欢的事，心里会害怕，不敢告诉父母，甚至会用假话来掩盖自己的过失。这种行为就是伪装，就是掩盖自己认为不好或父母不能接受的一面，而表现出一副认为是好的或父母能接受的一面。

很多家长会抱怨自己的孩子撒谎，其实，孩子撒谎与家长有关。如果家长不能接纳孩子的过失，不允许孩子犯错，那么孩子就只能靠撒谎来取得父母的欢心，或逃避父母的惩罚。相反，如果孩子意识到父母会无条件接纳自己，那么他们就不需要撒谎了。

如果家长一直不接纳孩子的缺点，同时又不够明智，很容易被孩子欺瞒，那么这样的孩子长大后就会习惯于撒谎。当然，在成人的社会里，适度的伪装是必要的，因为太天真、太耿直，心里有什么就说什么，是会伤人害己的。比如，如果你不喜欢你的老板，就随口说出来，老板一定会生气，说不定还会解雇你。此刻，你就需要一些伪装。但是，过度的伪装则会使人虚伪，不诚实，会让自己更不受欢迎。社会心理学研究发现，在所有不受欢迎的人格中，最不受欢迎的就是不诚实。人为什么会如此？我发现，如果一个人内心有很强的自卑感和不安全感，这个人必然会撒谎成性！

（4）逃避

在讨好和伪装都无效的情况下，个体会选择逃避。孩子选择逃避，往往是因为家长无休无止地批评、指责或打骂，孩子怎么讨好和伪装都无效。逃避的方式有两种：逃离和封闭自己。面对家长的批评或是说教，孩子心里会很烦，不想听，所以就会逃离，比如离家出走，或是把自己关在房间里不和任何人沟通。与此同时，还会封闭自己，对父母或其他大人关闭自己的耳朵和心。无论他们说什么，都只当耳旁风，都不会走心。事后，仍然我行我素。

这种防御措施就如在身上披上一层铠甲，面对他人的攻击，自己能够有效防御而不让自己受伤，但这层铠甲也限制了自身的自由和发展。这些年来，我接触过多个来访者，他们无法体验到他人的感受，也不能准确体验自己的感受。这导致他们的人际关系非常糟糕，个体也很痛苦。深入分析原因，是因为他们内心有着很强的防御措施，不允许自己体验自己真正的感受，也体验不到他人的感受。这种防御，虽然在一定程度上能够让自己有些安全感，但内心却非常痛苦。

长期采用逃避应对模式的孩子长大后，性格就会变得消极、孤僻，不容易信任他人，不喜欢社交，不愿意和人交流，受到一点挫折或批评就会很受伤，时常会封闭自己。这样的人往往内心很脆弱，所谓的“玻璃心”“刺猬”，描述的就是这样的人。

（5）攻击

如果家长对孩子仍然是“穷追猛打”，在逃无可逃、忍无可忍的情况下，孩子会爆发，会采用攻击的形式来防御。攻击的方式有言语上、情绪上和行为上的，包括大喊大叫、破坏财物、攻击他人等。很多家长面对孩子的攻击，会手足无措，自然也就停下对孩子的“攻击”了。孩子会由此吸取经验教训，如果家长对自己横加指责或是不停地唠叨，孩子就会采用攻击的方式来应对。

脾气暴躁的人就是这么形成的。长期被控制、被打压，内心想反击。人生经验又使得个体以为，只有反击、攻击等方式，才是最好的保护自己的方法。因此个体成年后，每遇到事情，就会自动地想到要攻击。这样的人内心缺乏安全感，很容易将他人的某些言行解读成对方不怀好意，要伤害自己，因此很容易生气，喜欢讽刺、挖苦、谩骂，甚至是攻击别人。如果个体严重缺乏自信，或对外攻击受挫，就会转向对内攻击，比如自暴自弃、懊悔、自责、内疚、自残甚至是自杀。

5. 中间信念决定个体的性格与品德

中间信念决定了人的性格、禀性、脾气。人的性格，我认为，更像是一种思维习惯，即如何看自己、看他人、看世界。性格开朗的人往往思维比较积极，相信自己是有价值的、他人是善意的、这个世界是安全的。不需要防御，就会使自己自由、开放、乐观、积极。而那些性格多疑的人，因为内心没有安全感，认为自己随时都会受伤，所以他们的规则是：我需要时刻小心、谨慎，以防坏事发生；那些脾气暴躁的人，他们的规则是：我绝不允许他人冒犯我，如果有人胆敢来冒犯我，我一定要攻击。性格懦弱的人的规则是：我绝不能得罪别人，因为如果别人生我的气，我会有大麻烦。那些容易着急上火的人，他们的规则是：我必须尽快做完这事，如果做不完，麻烦就大了。

另外，个体的道德品质也是中间信念的内容。决定道德的关键要素是自私和利他。有道德的人往往是利他的，没有道德的人通常是自私的。而决定一个人是自私还是利他的关键在于这个人是否有安全感和自我价值感。一个内心缺乏安全感又自卑的人，会很关注自己的需求，也很难顾及他人的需求。有的人可能会放弃自己的利益而为别人做事，但这其实并不是真正的利他，而是对他人的讨好，目的还是为了自己。如果个体有安全感和自我价值感，就不需要防御，就能开放自己，就能看到他人的好和善，也能为他人着想。自然，此人就能做到无私、善良、利他，就会是一个有道德的人。

6. 中间信念与心态

常言道，“心态决定命运”。很多人都会意识到调整心态的重要性，也知道许多调整心态的方法，但效果却并不理想。很多人为了能够改变自己的心态，到处学习。在学习过程中，会感到心潮澎湃，心中暗自发誓：我一定要改变，我一定要奋发图强。但是，回到现实生活中，那些旧的习性又会卷土重来，用不了多久，一切照旧。之所以会这样，主要是因为他们只了解人该有什么心态，但并不了解心态本身是什么，是怎么产生的，该怎么调整。如果不了解心态本身，自然也无法改变心态。

其实“心态”就是中间信念的态度。人在谈调整心态时，一般只谈心态中所涉及的情绪、态度和动机，而忽略了中间信念的基本假设。如果假设不改变，情绪、态度和动机等也不会改变，应对模式更不会改变。比如，有自卑感的人，其内心的基本假设是：我是不好的，别人不会喜欢我。如果这个假设不改变，只要求他们改变情绪、改变做事方式，那是不可能的。如果因为他们做不到改变，就受到批评，那么，这批评又会强化他们内心的假设，他们的心态会更消极，对人会更不友善。相反，如果你能设法让他们意识到他们其实是很优秀的，别人都是欣赏他们的。那么，他们的心态就会改变，态度和行为都会改善。所以，要改变人的心态和应对模式，需要从核心信念入手，需要让他们相信自己是好的。

7. 小结

中间信念是个体根据核心信念而培养的一系列防御模式，因为这些模式都是从小就开始培养的，在人心中根深蒂固，但如果核心信念改变了，中间信念也会改变。

四、自动化思维/思维定式

1. 概念解释

所谓“自动化思维”，是指人在遇到外界刺激时自动产生的念头、想法，并由此而引发的推理和联想等等。它们是“自动化”的，不受自主意识的控制。当我们看到某人、某事或某个场景时，就会自动有些想法，比如若有陌生人向你走过来，就会有念头自动冒出来：他是谁？他想干什么？我该如何应对？这些念头和想法决定了你的情绪和行为。如果自动化思维是积极的，比如，“他对我是友善的”，“他想和我交朋友”，那么产生的情绪是积极的，行为也是积极的；反之，如果是消极的念头，比如“他可能会伤害我”，“他会看不起我”，那么他的情绪就会紧张，行为就会有防备。所以，人的情绪和行为是接受自动化思维指挥的。

2. A—B—C 理论

阿尔伯特·艾利斯(合理情绪疗法的创伤人)受古罗马斯多葛学派哲学家埃皮克提图的启发，发现“不是事物本身，而是人对事物的解读给自己造成了困扰”。依据这个发现，他创立了合理情绪疗法。

他认为，所谓心理问题，其实就是情绪问题。而影响人情绪的不是事情本身，而是人对事情的看法。他用 A(active event) 来表述外在刺激事件；用 B(belief) 来描述人对事情的解读；用 C(consequence) 来描述结果、情绪或躯体反应等。人往往都是因为即情绪上的痛苦 (C) 来寻求心理帮助。而人又往往认为，导致自己痛苦的原因是别人、环境或事情 (A)。人往往会以为，要消除痛苦，他人或环境必须得改变。而现实是，别人或环境改变不了，所以个体就会陷入痛苦中。其实，不是 A，而是 B 给人造成了痛苦。所以，要缓解痛苦，不是要改变 A，而是要改变 B，这个 B，就是自动化思维。

3. 烦恼的本质

在日常生活中，我们经常会被各种各样的事物困扰，就如南宋词人辛弃疾所叹："叹人生，不如意事，十常八九。"所谓不如意，就是别人没有按照我们的意愿去说话做事，事情的进展也不是我们所期待的，周围的环境也不是我们喜欢的。但是我们没有办法改变别人和环境，所以只好忍耐、爆发或放弃。当人被情绪困扰时，往往只是在情绪方面下功夫，而忽略导致情绪的原因。

在日常生活中，当人受伤了，人会习惯性地怨天尤人，怨天尤人能起到一些宣泄的作用，但同时也会刺激个体，使得个体更有情绪，更痛苦。比如，老板骂我了，我很愤怒，但我又不敢对老板说，只是独自生气，同时在想，他怎么能这样对我！这些想法只会让我越想越生气，但又不能表达，所以就只好拼命压抑自己。痛苦可想而知！如果换个角度来思考这个问题，首先，老板为什么要骂我？如果真是我的问题，我改；如果不是我的问题，就是他的问题，我又何必生气呢！如果一个人能这么想，愤怒就会减少很多。

4. 自动化思维是怎么产生的?

当个体遇到某些人，或身处某种环境，或要做某些事情时，会自动产生很多念头和想法。这些念头和想法完全取决于个体过去的经验。如果以前的经验是美好的，那么个体就会产生积极的念头；反之，个体就会产生消极的念头。比如，如果有个人向我走来，而以前曾有一个长相或举止类似的人攻击过我，那么，我的自动化思维就是：他会不会攻击我？这样的解读让我产生紧张、焦虑和不安等情绪。如果曾经有过一个类似的人帮助过我，那么我的自动解读是：这人是个好人。我就会产生积极的情绪。在生活中，对于我们看到的、听到的、摸到的、闻到的所有一切，我们都会自动作出解读，而这个解读则完全是由中间信念所决定的。如果个体的中间信念是积极的，遇到事情就会自动做出积极的解读；如果个体的中间信念是消极的，就会自动作出消极的解读。

遇到事情也是一样。如果一个人内心相信自己是有能力的，那么遇到挑战时，就会自动地相信自己能战胜眼前的挑战；相反，如果内心认为自己没有能力，自动化思维就会是：我没有能力面对，我可能会失败。再比如，当一位员工受到老板批评时，如果这个员工的核心信念是积极的，那他的中间信念是：我要真诚面对老板的批评。此刻，他的自动化思维就会是虚心受教，认真反思自己有没有问题。如果有问题，他会虚心接受，认真改变，不会因此而生气或沮丧。反之，如果核心信念是消极的，中间信念必定是防御的，那么面对老板的批评时，就必定处在防御状态，或是讨好(嘴里认错，心中不服)，或是否认(伪装)，或是甩锅(逃避)，或是攻击。

5. 自动化思维与情绪和行为

自动化思维虽然处在人的意识层面，但是因为人习惯于认同自己的解读，所以自动化思维反而成了我们的“灯下黑”，我们经常被它们牵着鼻子走而没有意识到它们的存在，更没有意识到它们大都是不合理的。而人的解读则会直接影响个体的情绪。在前文谈情绪时，我剖析了情绪是由感觉、信念和驱力组成。其中的信念，就是自动化思维及其背后的中间信念和核心信念。情绪和思维是一体两面，相互影响，不可分开。信念引发情绪，情绪强化信念。然后，情绪和信念又一起驱动了人的行为。比如，某人攻击他人时，一定有情绪，会生气或愤怒。而他之所以生气，一定是因为他认为对方在伤害自己，或对自己有威胁，这就是思维。

五、案例阐释

1. 案例介绍

小丽，28 岁，是一家私立学校的老师，因为焦虑症前来咨询。小丽抱怨说，她经常感到焦虑不安，很容易多想，而且往往都是往坏处想，比如看到 4 这个数字，就不由自主地想到死亡，觉得自己或妈妈有可能会死；看到红色就想到血；看到水就会想到溺亡。这些念头冒上来后就停不下来了，会有更多更可怕的念头源源不断地冒上来，这使得小丽越想越害怕，越害怕越想，最后都出现了一些躯体症状，包括浑身发抖、胸闷。致使小丽没有精力去做任何事，不想起床，不想工作。但因为生活的压力，又不得不起床工作。很是痛苦！后来去看医生，医生给她诊断为强迫症和抑郁症，开了一些抗焦虑的药物，但效果不大。

咨询过程中，小丽报告了她的成长经历。她爸爸的脾气特别暴躁，妈妈又特别软弱。爸爸经常打妈妈，有时候也打自己。小丽用“暗无天日”这个词来描述自己的整个童年。上大学后就稍微好些了。但是直到现在，爸爸还是经常发脾气，只是不经常对自己发脾气了，而是对妈妈发脾气。

小丽的妈妈也向我哭诉，当她怀小丽的时候，老公仍然不断地对她发脾气，甚至打她，有一次，踢到她的肚子，差点流产。孩子生下来不到一个月，他又打她，甚至将她的头都给打破了。小丽妈妈还抱怨婆婆对她总是挑剔，还不断地挑唆小丽的爸爸打她。

2. 小丽的认知模式

（1）小丽的核心信念

小丽出生后，因为是个女孩，爸爸和奶奶都不待见她，妈妈又软弱，没能力保护她，也没能力肯定她。作为一个婴儿，她的本我能清楚地感受到自己不受待见，会自动归因：这是因为我不好。由此，产生了一个偏离的核心信念：我是没有价值的。在其后的生活中，爸爸和奶奶继续不待见她，甚至骂她，给她贴了很多的标签，比如她是笨的、丑的、没用的等等，这些都强化了她偏离的核心信念。

同时，因为爸爸和奶奶对妈妈很不好，而妈妈又是唯一关心和爱护她的人。这又使得小丽相信：别人会伤害我，这个世界是不安全的。这些消极的核心信念就会使得小丽的死本能自动调动起来，设法要保护自己。就是这样的核心信念导致了小丽的消极中间信念。

（2）小丽的中间信念

小丽的灾难都是源自小丽的中间信念。因为早年的悲惨经历，小丽认定了自己是一个不受欢迎的人，人人都会来伤害她。这样的中间信念使得小丽每天都惶恐不安，战战兢兢，如履薄冰。同时，在潜意识里，小丽给自己制定了一些规则，比如，自己必须要小心谨慎，以免碰到任何危险之物。小丽的应对方式是逃避，在实在忍无可忍、逃无可逃的情况下，会情绪崩溃，大喊大叫。

对于他人，小丽的假设是，人心险恶，人人都会伤害到她。这个假设导致的原则就是要时时提防别人，她的应对方式就是逃避或攻击。因此，人际关系也一直困扰着小丽。从小学开始，大家都不喜欢她，排挤她。在初中期间，有个老师很关心她。面对老师的关心，小丽想的却是，爸爸是我最亲的人都对我不好，他又不是我的亲人，他又怎么可能对我好呢？

在小丽的成长过程中，爸爸、奶奶、爷爷还有姑姑都对自己不好。小时候看到爸爸或奶奶，都会尽量躲避。如果实在躲不过，就装作没有看到他们。如果他们责骂自己，小丽就会大喊大叫，砸东西。

（3）小丽的自动化思维

这样的核心信念和中间信念导致小丽总是处在一种恐慌状态。她几乎看任何人或事，都会感到危险。看到数字4就想到死亡、看到红色就想到血光之灾、看到水就想到溺亡、听到癌症就想到自己或妈妈会患癌症，这些都是她的自动化思维。是这些念头导致了小丽的焦虑和恐惧；而这些情绪又使得小丽对这些念头深信不疑。为了减少恐惧和焦虑，也为了防止这些灾难发生，小丽尽量不让自己去碰触这些东西。

很多人对小丽说过："这些想法都是荒唐的。"但处在恐惧中的小丽很难不相信自己的这些感觉和想法。如果只是安慰小丽说"别怕，没事"，这是没用的，因为小丽控制不住自己的情绪。如果你告诉她，数字4和死亡没有关系，水和溺亡也没有关系，但小丽的感觉会告诉她，它们之间是有关系的，而且小丽相信自己的这些感觉。

在人际关系方面，小丽总是觉得别人要害自己。比如，当校长找她谈话时，她首先冒上来的一个念头就是：我是否是哪里做错了，校长要批评我。这些想法让小丽感到紧张和害怕。然后内心就开始防御了，时刻准备反击。这导致她每次和校长谈话，都是不欢而散，要么完全没有表达出自己的意思，要么顶撞校长。每次离开校长办公室后，都特别后悔自己刚才的表现，又恨自己怎么这么无能。

3. 心理解释：小丽为什么会这样?

听了小丽的倾诉，我分析她现在所表现出的强迫和焦虑只是症状，而根本原因则是内心的恐惧，而导致她内心恐惧的主要原因是爸爸的暴力行为。这种恐惧可能在她还没有出生之前就已经在影响她了。如果在怀孕期间母亲经常紧张和害怕，那么胎儿也会很容易紧张和害怕。出生后，孩子也总是处在恐惧中。这些经验就像烙印一样，深深地烙在了她的心头。现在她虽然长大成人了，但这些感觉依然在影响着她，困扰着她。

我给她解释，没有人能完全客观地看世界，人总是要戴着有色眼镜来看世界。这个有色眼镜就是人的感觉。不同的感觉会让人看到不一样的世界。当人心情愉悦时，看待世界是一个样子；当心情郁闷时，看待世界又是另外一个样子。因为小时候恐惧一直影响着小丽，所以她都是通过这种感觉来看她周围的世界。这会使她内心总有种不安感，这种感觉就像雷达或探雷器，不停地在寻找危险。

小丽很容易就能发现很多危险，比如看到 4 这个数字，觉得死亡可能随时会发生；看到红色，觉得可能会有血光之灾；如果不以某种姿势走路，可能会摔倒等等。虽然这些想法是很荒唐的，但在那一刻，她完全被她的恐惧所控制，对于这些想法，她会不加怀疑，相信是真的。因此，她就活在恐惧中，尝试用各种动作、行为或想法来缓解恐惧，减轻焦虑，于是强迫症也就产生了。

这番解释让小丽明白了自己的症状和心理机制。在接下来的咨询中，我主要帮助小丽意识到，她的恐惧、焦虑和不安等情绪都是源自小时候的成长经历，都是过去的事了，不会再发生了。她现在其实是安全的，以后也不会有危险。

六、心理图像

1. 简介

至此，我介绍了弗洛伊德的潜意识理论、人格结构理论以及阿伦·贝克的认知系统理论。如果把人的心理比喻成大象，那么心理学家就像是瞎子，只能用手摸的方式来理解大象到底是什么样子，因而认为大象像绳子、柱子、管子、墙壁、簸箕。如果把所有这些特征都加起来，则更接近大象的样子。每个心理学家都从自己的角度看到了人性的某些特质，但都无法全面地了解人性的真相。但如果把每个心理学家所观察到的整合在一起，则会让我们更全面地了解人性。在前文中，谈意识层次时，我提到过美国心理学家萨提亚所采用的图像——冰山。这个图像能很好地把人的心理内容展示出来。

2. 图像解释

（1）冰山一角

人的心理或意识就像冰山，“深不可测”。露出水面的部分就是我们所能意识到的内容，也是别人所能看到的内容。别人只能看到我们的行为和情绪，我们看别人也是如此。而这只是人的“冰山一角”。而这“冰山一角”则是由整个冰山决定的。换句话说，我们的行为和情绪都是由我们心理深层次的内容所决定的。

（2）水面之下的内容

最直接影响情绪和行为的就是自动化思维，也就是我们平常所说的想法、解读、认识、观点。这些内容也是人格结构里“自我”的内容，同时也是意识层次里“意识”中的内容。就是这些内容，直接影响着我们的想法、情绪和行为。

（3）水面下较深的内容

再往深处看，就是前意识层次，这里有个体中间信念的假设、原则、防御模式，还有个体的超我和部分本我。这些内容处在人的意识深处，一般觉察不到，但是可以通过行为、情绪和念头等线索推理得到。这需要一定的智慧和眼光。我们平常所说“看透一个人”，指的就是看到人的这个层面。

依据这些内容，我们可以预测一个人遇到事情会有什么样的反应。诸葛亮依据曹操多疑的性格，预测了曹操必定会走华容道，安排了关羽在华容道截杀。同时，又依据关羽要面子、讲义气的性格，预测了关羽必定会放曹操一条生路。曹操的多疑是中间信念的内容，对任何事，他的首要假设就是，别人会欺骗自己。因此，他选择了逃避，走华容道。在此，起关键作用的是曹操的本我。我们再看看关羽，遇到事情，他的首要假设就是：我不能不讲义气。所以，当曹操对他说：“当年你在我营里时，我对你不薄，是我放你走的。”潜台词是，如果今天你不放我走，你就是忘恩负义。面对这个道德压力，关羽妥协了。在此过程中，起关键作用的是关羽的超我。

可能大家会留意到，超我的一部分是在冰山之外，超我的部分内容是外来的，不是内在的。比如，父母要孩子做事，孩子内心本不情愿，但是孩子觉得我要孝顺，就压抑本我的需求，而顺从了超我的要求。这要求是来自父母或社会，不是自身。

（4）深水之中的内容

再往深处看，就是潜意识层次，人的本我和核心信念都处在这个层次。按照弗洛伊德的理论，潜意识包含了个体从小到大所有的经验，包括亲身经历的、从他人处听说的、从书中或影视剧中所看到的等等，不被人的意识所觉察。这些经验形成了人的本我，也就是人对自己的认识。这种认识构成了个体的核心信念！

另外，人性的一些本能、需求、冲动也都在潜意识里。“人生不如意事十之八九”，这些需求和冲动很多都无法得到满足，因而彼此之间会产生冲突和矛盾，这些也都被压抑在潜意识里。它们都会以自己的方式对个体产生影响。

（5）冰山的最深层

冰山的最深层就是人的真我，也是人的本质内容，就是最真实的自己。在这一层，每人也都渴望能活出最真实的自己。

七、总结：本性其实是可以改变的

常言道，“江山易改，禀性难移”，很多人因此以为人的禀性是改变不了的。我们的禀性的确有难以改变的部分，就是我们的遗传。但是，遗传只是倾向性的，而不是决定性的。决定性格的关键内容是后天的成长经历，包括原生家庭的环境、养育方式、教育、人生经历等。而决定一个人命运的，不是遗传的认知倾向，而是后天培养的认知模式。这部分的认知主要体现在我们如何看待自己，以什么样的态度来与人交往，以什么样的模式来应对外界的挑战。这些思维都是后天培养和发展的，是完全可以改变的。

在本章，我们探讨了人的认知结构，包括核心信念、中间信念和思维定式，就是这些信念、思想和念头在控制着我们的情绪，借此又控制了我们整个人。这些信念和思维都是在人的潜意识里进行，人日常并不容易觉察到它们的存在，因此我们往往会在不知不觉中被它们影响，并按照它们的指令去想、去感受、去行动。人的核心信念是稳定的，所以人的中间信念、思维定式也是比较固定的。因此，人的情绪、行为、对现实生活的日常反应往往也是一致的。人的性格也就这么形成了。

因为我们的这些信念比较稳定，所以我们的性格也比较稳定。这反而给人一个误解，就是以为“江山易改，禀性难移”。的确，改变性格很难，但这并不意味着我们的性格就不能改变。其实，性格是可以改变的。因为性格其实就是一种习性或倾向，就是对于事物、人物、客观世界所习惯持有的观点、情绪、态度、应对模式。这些，都是可以改变的。

如果人的性格能够被改变，命运也能改变！在有关认知调整的一章里，我们将继续探讨如何调整认知，如何改变性格。

第六章 人为什么会出现心理问题？

我的姐夫是个种葡萄能手，他种的葡萄无论在产量或品质上，都要比邻居们好得多。姐夫很善良，但喜欢炫耀，如果有人向他请教有关种葡萄的窍门和知识，他都会滔滔不绝地给人讲解。听着姐夫的讲解，我才意识到种葡萄学问很大。不同品种，对水和肥料的需求是不一样的。有的需要多浇水，有的需要少浇水；不同的葡萄需要的肥料种类也不一样；不同的葡萄对阳光的需求也是不一样的……如果不了解这些，就可能浇水或施肥不当，或没有以正确的方法修剪，这些都会影响葡萄的品质和产量，还会导致葡萄生病，甚至会导致葡萄死亡。

听着姐夫的讲述，我联想到了抚养孩子。大多数的家长往往只顾及孩子生理方面的需求，而忽略了孩子心理方面的需求，这就导致了孩子在心理方面会出现问题。在本章中，我们将探讨人类的心理问题是怎么出现的。

一、心理问题是怎么来的?

1. 心理需求匮乏

人只要活着，就会渴望生存、发展、活出自己、超越自我。人的意识、需要、动机、情感、理智、情绪和行为都是人类生本能的组成部分。其中，需要是核心，其他的都是为满足需求而进化或培养出来的能力。在前几章我们谈过，人类的情绪和思维的最终目的都是为了满足自身的生理需求和心理需求。

但是，很多人的需求并不总能得到满足。很多人的大部分时间都处在“饥饿”状态。在此，这个“饥饿”主要是指心理方面的饥饿。如果需求长期不能得到满足，人性的发展就会出现问题。就如植物如果长期缺肥少水，成长就会受阻；动物如果长期挨饿，就会得病；长期营养不良会让人的身体发育不良。如果人的心理需求长期得不到满足，人的心理也会得病。与身体生病不同的是，心理上的疾病很容易被忽略，甚至被扣上一些道德判断的帽子，如不孝、不知好歹、忘恩负义、缺乏爱心等等。这些道德的帽子往往会使得人心理上的问题更加严重。

很多家长以为，养孩子就是给他吃、给他穿、给他治病，至于孩子的心理需求，如安全感、归属感、尊重、爱和自我实现等，很少有家长能意识到。如果一个家庭经常有冲突，那么这个环境就是一个不安全的环境，就像是种葡萄的土壤里有太多的碎石；如果家长不懂得如何爱孩子，不懂得如何与孩子交流，忽略孩子，这种情形就如同使葡萄处在干旱状态，缺乏水分；如果溺爱孩子，给孩子太多的关心和照顾，就如同给葡萄浇太多水；如果孩子有了缺点不纠正，就如同葡萄长出许多多余的枝条而不修剪，葡萄就不能很好地结果；如果纠正过度，给孩子太多的压制，就如同修剪过度，也会对葡萄造成严重的损伤。养育孩子也是如此，如果养育不当，对孩子也会造成伤害。我根据自己这些年的观察，总结了一些不当的养育方式。这些养育方式其实对孩子伤害很大，而家长却完全没有意识到，甚至还视之为最好的模式，努力执行。

2. 导致心理疾病的原因

（1）原生家庭的原因

导致个体心理出现问题的原因很多，而很多原因都没有被意识到。我根据自己的咨询经验，总结了下列几个原因。

① 不欢迎孩子的到来

很多家庭并没有准备好迎接孩子的到来，不得已才接纳自己的孩子。这种“不得已”孩子是能够感应得到的，即使尚在母胎时，就能感应到，前文中小芳的案例就足以说明这一点。

在感应到父母的这种“勉强”后，孩子的“本我”会认为自己不好，没用，是父母的累赘，如此，这也就成了孩子的核心信念。在这样的环境里生长，孩子从小就学会了防御、讨好、伪装或逃避。这样的防御方式在长大后，就会成为他的性格，他会总是用同样的方式来应对外界的人和物，因此也会产生很多问题。

② 家庭冲突

几乎每个家庭都会有矛盾，夫妻间会有争吵和冲突。虽说这是正常现象，但对孩子而言却是一种创伤体验。孩子最大的心理需求是安全感，而安全感的基础是家庭的稳定，家庭稳定的基础是父母和谐相处。对孩子而言，父亲是天，母亲也是天。如果父母有冲突，孩子的感觉就是天塌了，就会造成创伤体验。

遗憾的是很多家长并没有意识到问题的严重性，以为孩子还小，不懂事，不会记得这些，就肆无忌惮地在孩子面前争吵、打骂。其实，当这些事情发生时，孩子是有感觉的。这些感觉会被一直记着，成了情绪记忆，压抑在潜意识里，影响孩子的一生。

③ 父母离异

父爱和母爱对孩子都是必需的，谁也替代不了谁。父爱往往能给孩子带来安全感，而母爱则能给孩子带来归属感。在重要的事情上，往往需要父亲拿主意，而在小事情上，则需要母亲的体贴和呵护。对一个孩子的健康成长，父爱和母爱都是必要的。失去一方，他们就会觉得家没了，这对孩子是一个重大的缺失，他们很难理解爸爸妈妈的苦衷，他们的体验是：爸爸或妈妈不要我了。如果爸爸离开了，孩子会感觉自己失去了保护，会变得胆小、害怕、懦弱，不敢和其他小朋友争吵，因为其他小朋友有爸爸为他们撑腰，而自己没有。如果妈妈离开了，孩子会感觉以后再也没有真正关心自己、体贴自己的人了，自己以后会无依无靠。对于父母的离异，孩子往往还会产生内疚，认为都是因为自己不好，才导致爸爸或妈妈离异，因此会产生自卑感。这些因素往往会导致孩子产生心理问题。

首先，会导致孩子缺乏安全感，自卑、敏感、容易受伤。在孩子的心目中，父亲往往是强有力的，和父亲在一起，自己可以什么都不怕；母亲则最了解自己，是和自己关系最亲密的人。在健康家庭长大的孩子会有安全感和价值感，感到"我是爸爸妈妈的宝贝"。而在单亲家庭里，孩子就自然没有这份优越感。在和其他小朋友吵架的时候，会觉得自己是如此势单力薄，会产生一种无助感。

其次，孩子性格会变得偏执。有很多父母离异的来访者对我表达了自己对父母的怨恨。觉得他们非常自私，不顾及自己的感受，让自己在成长过程中承受了这么多的痛苦。他们的内心是十分矛盾，也是十分痛苦的，在憎恨父母的同时，内心又是那么地渴望父爱和母爱。因此父母离异的孩子容易做出一些极端的、出格的事情，以此引起父母和他人对自己的关注。然而这些事又会受到家长、老师、同学的不理解、批评和指责。这更会增加他们内心的怨恨。渐渐地，其性格也会变得暴躁、孤僻、冲动。

还有，离异家庭的孩子难以适应婚姻和家庭。父母是孩子人生中最重要的老师，尤其是在婚姻生活和家庭生活方面。离异家庭长大的人往往遇到的苦恼就是不能适应婚姻家庭生活。他们从小就没有从父母那学到一个健康的家庭是怎么样的，对婚姻缺乏清晰的概念，所以在婚姻中很难和另外一半相处，也不懂得如何交流。为此，他们往往也会重复父母失败的婚姻。

④ 托给他人抚养

很多来访者受伤经验是因为小时候父母太忙而将自己全托给别人照顾，比如爷爷奶奶、保姆或是托儿所。所谓“全托”，是指孩子一周都见不到爸爸或妈妈一次，完全由他人照顾。咨询中，他们都表示，当时总觉得父母会抛弃他们。有位来访者这样描述，小时候每次当妈妈，或爸爸把她交给保姆转身离去的时候，她的心是崩溃的，有绝望感。还有来访者对我说，小时候他很羡慕那些能和父母在一起生活的人，非常羡慕那些每天都可以回家和父母团聚的孩子。在他们长大后，总有一种被抛弃感。

“全托”还有一个不良后果，就是容易导致孩子长大后很难信任别人。有多个来访者告诉我，他们小时候主要是由保姆负责照顾。和保姆在一起时，会感觉保姆像妈妈一样，自己也依赖她们。但是，当和爸爸妈妈在一起时，又感觉保姆是外人，这让自己对保姆无所适从，不知道该以什么态度来对待保姆。还有来访者说，每次父母换保姆，起初他们都会难适应。长大之后，他们都有一种感觉：好东西不会长久，说不定什么时候就丢了。不能信任别人，不敢喜欢人，也不敢爱什么人。因为感觉一旦爱上了、喜欢上了，可能就会被抛弃。这也严重影响了他们的心理健康，不能维持恋爱或婚姻关系。

⑤ 对孩子过度严厉

很多家长相信“棍棒底下出孝子”的理念，对孩子过度严厉，很少表扬孩子。他们以为，如果表扬孩子，孩子就会骄傲自满，就会落后。所以，虽然心里觉得孩子不错，但却总是指出孩子有这个毛病那个缺点；如果别人表扬自己的孩子，家长还会“谦虚地”说孩子的一些缺点。如果孩子有什么缺点，家长往往会夸大其词，甚至到处对别人说。我还接触过一些家长，他们真的看不到孩子有什么优点，看到的都是缺点。

这样的家长，往往都是望子成龙，望女成凤，就怕自己的孩子不行，不能成大器。在这种心情下，他们反而不容易看到孩子的优点，只看到缺点，太期待孩子能改掉这些毛病，或担心孩子不好好学习。因而会控制不住地给孩子施加压力，威胁孩子：如果你不好好学习，你将来就会一事无成。这反而让孩子逆反，更强化了孩子的缺点。如此恶性循环，导致家长和孩子之间有很大的张力。

从孩子的角度来看，父母过度严厉的教育模式对孩子的心理健康也是有害的。在前文我们提到，孩子从一出生就开始了自我评估：我到底是一个什么样的人？而孩子的评估只能依据他人，尤其是父母。如果父母总是批评指责，孩子就会产生自卑感和无助感，甚至会自暴自弃。孩子还会内化父母对自己的评价，变成自己对自己的评价。他的自卑感、无能感就这样形成了。

还有，如果父母对待孩子过度严厉，只要孩子犯错，父母就会严厉地指责或惩罚，这会使得孩子很怕犯错。不敢犯错，自然也就不敢尝试，其勇气、信心也会受到影响。

有许多家长带孩子来咨询时，抱怨孩子厌学、有网瘾或逆反。根据家长的描述，孩子之前都是很好的，乖巧、听话，学习也好，还获得许多的奖状，但孩子突然间就变了，拒绝上学，逆反，整天玩手机。给孩子们咨询时，他们都抱怨，父母总是盯着他们学习，从来不顾及他们的其他需要。如果哪次考试成绩不理想，父母就会生气。即使父母不说什么，孩子从他们的脸色和语气就知道他们不高兴了。有个初三的学生说，每次自己考出好成绩，获得奖状，或被老师表扬后，自己都是“压力山大”，因为父母以后会提出更高的要求。渐渐地，也就不敢让自己优秀了；但如果不优秀，父母又会很不高兴，自己心里很纠结。

⑥ 偏爱其他孩子

子曰：“闻有国有家者，不患寡而患不均，不患贫而患不安。”如果大家都很贫穷，那么大家的心态是平衡的；如果发现有人很富裕而自己很贫穷，那么心理就会失去平衡，感觉不公平，心就不会安，就容易生乱。如果孩子发现父母更爱其他的兄弟姐妹，会感到不公平，就会有委屈、嫉妒和怨恨的情绪，会导致自己的自卑感。这孩子长大后，会总是感觉自己不够好，会感觉不公平，容易嫉妒他人，也容易攻击他人，产生心理问题。

⑦ 溺爱孩子

溺爱孩子其实就是在伤害孩子。养育孩子的目标是什么？不是为了让孩子一直依赖自己，让自己一直保护他、呵护他，而是让他能长大成人，有主见、能独立，为自己负责，为家人和社会作出贡献，实现他的自我价值，如果不能做到这些，那么他的人生就不算是成功的、完整的。而溺爱则无法使孩子长大独立、为自己负责，使他们更难为家人和社会作出贡献。

溺爱一般体现在两方面，其一，孩子要什么给什么，尽力满足孩子的要求；其二，替孩子做事，孩子自己什么都不用做。溺爱的结果就是，首先，孩子会形成一个信念：我要什么你们就该给我什么，如果你们不给，就是你们的问题。其次，孩子不需要努力干活，更不需要去解决一些麻烦问题，因为父母都替他们解决了，因此孩子做事和解决问题的能力就没有建立起来。能力，不是从书本上学来的，也不是别人教的，而是自己在多次的实践中，慢慢学来的。如果别人能替自己做事，人就会很自然地依赖别人，自己也就失去了锻炼的机会。同时，一个人在依赖别人的时候，会自动认为自己无能，需要别人的帮助。如果别人不帮助自己，就会有无助感，就会感到焦虑和恐慌。所以，被溺爱的孩子，长大后都会缺乏独立性，能力都比较弱。

中国古代有一个社会现象，“富不过三代”，其中主要原因就是溺爱。溺爱培养了败家子。

（2）成长过程中的创伤经验

没有人会一直一帆风顺，在成长过程中，人都会经历一些波折或磨难。如果个体能够战胜这个波折，跌倒后能爬起来，失败后能东山再起，这些磨难就会使人的内心更加强大和健康；如果不能爬起来，这些磨难或挫折就会导致个体心理出现问题。我根据自己多年的临床经验，总结了一些磨难或挫折，这些经历可能会导致个体出现心理问题。

① 校园霸凌

很多来访者产生心理创伤是因为在学校里被其他同学欺负。在学校里，尤其是那些管理比较松散的学校，学生之间彼此欺负的现象还是挺普遍的。我自己在初中期间就受过其他同学的欺负，至今还有心理阴影。当学生受别人欺负时，不但会被打骂，周围还会有其他学生在冷眼旁观，内心会充满恐惧和无助。这些经验的直接后果就是使孩子不敢上学，但又不能明说原因，成绩会直线下降，导致孩子产生自卑感和无助感。长大后，这些经验会给人留下很深的心理阴影。成年后，会胆小怕事，唯唯诺诺，惧怕别人。每当进入一个新的环境，内心总会有很深的不安感。

24岁的小宇因为抑郁症前来咨询。谈到她的成长经历时，她说自己生命的转折点是初二。在这之前，自己的学习成绩一直是优异的。但在初二期间，因为和一个男生比较要好，被老师当众批评；老师还告诉了爸爸妈妈，他们也严厉地批评她；此外，暗暗喜欢那个男生的其他女生一起排斥她、挤对她，从此她就被孤立了，成绩一落千丈。同学都不理自己，自己一个人上学下学、去洗手间，而其他同学都是一起做事，自己却很孤单。老师也不待见自己，经常有同学欺负自己，比如把粉笔灰撒在她的桌子上，把她自行车的轮胎扎破等。对这些，老师也不管。她一直以为一定是因为自己做错了什么事，同学和老师才如此对待自己。但她反复思考，始终不知道自己如何得罪了他们。她感觉很丢脸，有种很强烈的自卑感。这种自卑感一直在影响着她，导致她做什么都没有信心，感觉生活也没有意义。

② 被老师嫌弃或贬低

孩子进入学校之后，老师对孩子的影响会越来越大。在很多孩子的心目中，老师的重要性要超过父母。所以，老师对待孩子的态度会严重影响孩子的心理健康。我接触过许多来访者，他们的原生家庭很糟糕，但幸运的是碰上一位好老师，在老师的陪伴下走出人生低谷；也有来访者，他们的原生家庭没有问题，但遇到一位缺乏师德的老师，结果造成了日后的心理问题。

根据来访者的情况，我总结了几种可能会给孩子造成心理问题的行为。第一，不喜欢学生。老师往往喜欢学习好的、听话的、上课认真听讲的学生，而讨厌那些学习不好、不认真听课、调皮捣蛋的学生。这种明显的好恶态度，会使那些被老师喜欢的学生产生傲慢情绪，那些被老师嫌弃的学生会产生自卑感。这些情绪对他们以后的成长和发展都非常不利。第二，老师说很多伤人的话，比如骂学生笨、傻、无用、无能等。学生会记住老师这些骂人的话，给自己贴标签，损害自信心。第三，过度强调学习成绩、中考或高考的作用。这些会让孩子感觉，如果我学不会，或中考考不好，我这一生就完了。这种过度的压力会让孩子很容易产生挫折感和无助感。

③ 考试失败

中考和高考，这些考试，在大多数学生看来，是决定他们人生命运的“大考”。成功了，从此人生将飞黄腾达；失败了，人生将面临无尽的黑暗。面对考试，考生和家长都“压力山大”，这种心态很容易导致心理出现问题。每年中考和高考结束后，都会有很多家长带着孩子来寻求心理治疗。导致他们孩子心理崩溃的主要诱因就是高考或中考失利。在咨询中，学生们也说，在中考或高考前，他们就处在焦虑、紧张、失眠的状态，非常痛苦。考试成绩发布后，他们几乎要崩溃了，有强烈的无助感和绝望感。

究其原因，就是因家长和学校都太重视中考或高考成绩了。当老师和家长在强调考试的重要性时，会给孩子传递一个信息：只有你考了高分，你才有好的人生；如果你考试失败，你这一生也就没希望了。因此，孩子会把这次考试当成是对自己命运的一次大考。与此同时，这些孩子往往严重缺乏自信，内心觉得自己一定会失败，这辈子完了。这些思维导致孩子陷入焦虑、强迫和恐慌的状态，不能好好学习，又因此更恐慌。如此恶性循环，导致孩子的心理出现了问题。他们会认为自己就是一个彻底的失败者，以后不可能再爬起来了，自己这辈子完了。如果这些观念不改变，他们的心理问题很难解决。

④ 失恋

很多来访者因为失恋诱发了心理问题，女孩偏多一些。失恋之所以会导致他们的心理问题，是因为他们太依赖恋爱对象了。他们内心会有一种错误的观念：只有和他/她在一起，我的生命才有意义，如果没有他/她，我的生命就没有意义和价值了。因此会伤心欲绝、痛不欲生，也会自暴自弃，甚至会自杀。

那些在原生家庭中没有得到足够的爱、被忽略的人一旦进入恋爱关系，就会很容易依赖对方。在潜意识里，他/她会把对方看成自己的父母，期待对方能满足自己内心的需求，被爱、被呵护、被照顾、被认可和被肯定。一旦自己的心理需求没有得到满足，就会产生怨恨和愤怒，他们的关系也会因此受到影响。在这样的关系里，他们体验到的不只是甜蜜，更多的是痛苦。最终，他们会分手。而分手，则意味着被抛弃，这个经验，会诱发他/她出现严重的心理问题。

⑤ 职场压力

现在社会竞争非常激烈，职场压力也非常大，包括业绩的压力、人际关系的压力、升迁或被降职的压力随时都在。中新网 2017 年 8 月 25 日发布了一份有关职场精英阶层的调查报告。调查结果显示，高达 93% 的受访精英人士觉得有压力，其中 26% 的精英人士觉得压力大到无法承受；41% 的精英人士觉得压力较大，但勉强可以承受；26% 的精英人士认为压力在可承受范围内；仅有 7% 的职场精英人士表示没有压力。

压力是怎么来的？从表面看来，导致压力的因素有很多，比如指标太高难以完成，工作量太多，工作难度太大，团队合作不协调等。我认为，导致压力的真正原因不是外在的事物，比如指标、工作量、工作难度等，而是个体缺乏自信和对将来的担忧。面对工作，如果个体内心缺乏自信，自我怀疑，还要必须完成任务，就必定会产生压力。

压力产生的危害概括起来主要包括生理、情绪、认知、行为四个方面。生理上，压力过大会导致多种躯体疾病。包括高血压、冠心病、消化性溃疡、免疫性疾病、恶性肿瘤等。情绪上，在长期压力下，人会容易情绪失控，比如莫名烦躁、焦虑不安、愤怒、情绪低落，甚至抑郁。这些不良情绪又很容易使我们出现上述生理的问题。认知上，压力过大容易出现记忆力下降、注意力不集中、思维迟缓等问题。长期压力过大会导致我们否定自我，潜意识里认为自己无能，产生无助感。行为上，长期压力过大的人容易对人冷漠，与别人发生冲突，甚至封闭自己。还会衍生出其他问题，包括吸烟、嗜酒、吸毒等恶习，也容易出现自残、自杀等冲动性行为。

缓解压力的最好方法，不是降低外在指标，而是提升自信。自信提升了，压力自然也会缓解。

⑥ 婚姻问题

“家家有本难念的经”，每个家庭都会有些问题，家庭矛盾在所难免。而家庭矛盾的关键是夫妻矛盾。结婚后，夫妻双方都会对对方有很高的期待，期待对方能像父母一样满足自己的心理需求，比如安全感、归属感、爱和尊重等。事实上，对方很难满足自己的这些需求，因此就会对对方有怨恨。反之，对方对自己也会有同样的需要、同样的怨恨。如此，夫妻矛盾也就在所难免了。

“嫁鸡随鸡嫁狗随狗”的观念影响着很多人，他们把婚姻当成“终身大事”，婚姻幸福，则终生幸福；婚姻不幸福，则终生不幸福。所以，如果婚姻出现问题，丈夫会感受到很大的压力，会感觉自己是一个失败者；妻子则会感到绝望，尤其是那些比较弱势的女性。婚姻的矛盾，会诱发夫妻双方的心理问题。

为帮助他们缓解矛盾，化解冲突，需要引导他们承认并接纳对方的缺点和不足，让他们看清，这些缺点不至于导致家庭破裂(如果真有严重的缺点，就需要通过心理治疗来解决)，在大部分情况下，夫妻双方会因为一些生活琐事而引起矛盾和冲突。

⑦ 家庭破裂

在很多人心里，结婚是终身大事，而离婚则意味着人生的一个重大失败，尤其是对那些结婚多年、从没有想过会离婚的人。对这些人而言，离婚就意味着自己失去了一切，失去了丈夫/妻子、失去了家庭。这会让他们对自己失去信心，怀疑自己，对将来失去希望，自暴自弃，慢慢就会陷入抑郁状态。很多家庭在离婚前经过了多年的挣扎、多年的彼此伤害，离婚后，双方往往都是伤痕累累。

多年的婚姻和家庭生活，使夫妻双方都彼此依赖，所以一旦失去对方，她/他就会感觉天要塌了，不知道将来会怎么样，会产生焦虑、恐惧、迷茫和绝望。如果离开的一方的是家庭支柱，那么留下的一方就会感到强烈的恐惧和不安。这种体验有可能会摧毁他/她的身心健康，使之崩溃。

⑧ 失去重要的人

我有位朋友，是位非常能干的职业女性，曾经负责组织多起重大活动。但是，她每天都很焦虑，尤其担心爸爸妈妈会生病。她告诉我，她都不敢想这些。有次聊天时，我只是说了一句："生老病死乃自然规律，我们无法逃避，父母去世也是早晚会发生的事。"想不到这句话让她很受伤，她告诉我她接受不了这样的事发生。朋友的这个反应让我很担心，因为如果这样的事真的发生了，她很可能会崩溃。我发现，失去重要的人也是导致心理疾病的一个重大原因，尤其是对孩子而言。一般来说，如果孩子早年失去父亲、母亲或其他重要亲人，都会在心理上留下一些心理阴影，日后容易造成心理障碍。很多成年人，就像我的朋友，在心理上依然严重依赖自己的某个重要他人。这个"重要他人"一旦生病或是出现其他的意外，也会导致个体心理崩溃。

（3）小结

俗话说"天下不如意事，十之八九"，这些不如意的事会引起人的心理问题。我们的父母都是不完美的，我们所生长的环境、所接触到的人、所遇到的事情，都会有各种各样的问题和不足，所以我们会有心理方面的问题。在本节，我总结了一些容易引起心理创伤，而又容易被人忽略的事情。这些受伤经验都会让人失去安全感、归属感，使人感到不被爱和不被尊重。当人有这些体验的时候，人的防御机制就会自动启动，会自动地发展出一些防御模式来让自己顽强地活下去。而这些防御模式往往是无效的，个体又很难认识到这一点，会不停地重复无效的防御模式。这使得个体的学习、生活、工作、人际关系、心理健康都受到了严重的破坏。所以，我认为，个体为满足自己心理上的需求，采用了无效的防御模式。如果这些无效的防御机制不改变，心理问题也不可能得到解决。

二、导致心理问题的心理机制

根据多年的咨询经验，我发现，很多心理问题都能追溯到两个最终的根源，就是自卑感和不安全感。这两种感觉会使个体的生命和存在价值都受到致命威胁。为确保自己的存在和价值，个体的生本能会发展出独特的防御机制。而这防御机制往往又是无效的，导致了许多的心理问题。要解决心理问题，首先我们需要了解导致心理问题的根源，即自卑感和不安全感。

1. 自卑感

所谓“偏离的核心信念”就是指个体在内心深处就认定自己是不好的、没有价值的、没用的。在谈核心信念时，我也提到过，原生家庭是塑造个体核心信念的关键要素。如果个体体验到自己不受欢迎、被嫌弃、被打骂、被忽略，就会以为自己是不好的、没用的，由此就会产生偏离的核心信念，自卑感就产生了。

如果个体有自卑感，必然会认为别人不会喜欢自己，也不会真心对自己好。就如前文中提到的小丽，在她内心深处总觉得自己是没用的，不相信任何人会真的帮她。她曾对我说过：“爸爸和奶奶都是我的至亲，他们都不会对我好，其他人又怎么可能真心对我好呢？”

古希腊哲学家亚里士多德认为，“人是社会性动物”。这意味着，如果离开其他人，我们都活不下去。中国文化很看重人际关系。《论语》中讲：“有朋自远方来，不亦乐乎？”俗话也说：“在家靠父母，出门靠朋友。”现代心理学评估人心理是否健康的一个很重要标准就是看人际关系的质量。质量越高，心理越健康。如果人的核心信念是，他人是不可靠的。那么这个信念必定会使个体对别人有所防御，个体的人际关系必定受影响。这样一来，个体的安全感和归属感就不能得到满足。

吴女士因为心理抑郁前来咨询。咨询过程中，她有很多抱怨，觉得自己很努力工作，尽心尽力为别人付出，但是他人还是不理解自己，还经常指责自己。我问她：“就真的没有人向你表达过感激和欣赏吗？”她思索了一会儿，承认也有人向自己表达过欣赏和肯定，但是她觉得那都不是真心的。经过探讨，我们发现了她的思维习惯：如果有人向她表达欣赏和肯定，她会感觉这个人很虚伪；反之，如果有人指责她、批评她，她会感觉这个人对自己说实话。当然这“实话”会让她感到委屈、愤怒。她也承认自己的确很能干，工作中的很多难题几乎都是她解决的。公司里几乎所有的人都很认可她，但她就是感觉自己是不好的。她也意识到，自己的这些感觉可能有问题，但改不了。

我们一起探索了她为什么会这样。她说她父母都是老师，对她要求很高，从来没有表扬过她，只会批评和指责，这导致了她的自卑感，也使得她不能相信别人。她曾对我说过：“我的父母，我最亲近的人，都会如此伤害我，其他人，和我没有什么血缘关系，他们又怎么可能对我好呢？”

2. 恐惧

如果说自己是没有价值的，别人就会嫌弃自己，那么，等待自己的结果就只有被抛弃了。在前文谈情绪时，我提到过，人内心最深的恐惧就是感到被抛弃。为了避免这个结果，个体发展出了许多的防御，包括讨好、伪装、逃避和攻击等方式。

通常个体的防御机制都是在幼年和童年形成的，成年后还会沿用相同的防御方式来应对生活中的各种挑战。这些防御方法本身就造成了很多问题，使得个体的自我价值感和安全感愈发得不到满足，反而造成了各种各样的心理问题。

自卑感和恐惧使人感到自己的存在和价值受到了威胁，个体的死本能就会自动启动。这死本能会使个体尽一切努力，甚至不择手段，来确保自己的生存和价值。为了达到这个目的，个体会制定相应的规则和防御措施，并坚决执行。

这些规则和防御措施一般都是在早年，个体根据客观环境和外界的刺激，通过自己的观察和模仿而逐渐形成的。在成年后，个体仍然按照这套模式来应对外界刺激，不懂得变通，这就造成了更多的问题。在咨询过程中，我经常用“刻舟求剑”的典故来给来访者解释这个道理。

在前一章中，我们也分析了中间信念的内容，分别是规则、态度和应对模式。接下来，我们将分析这些内容如何影响个体的心理健康。

绝对化要求是美国心理学家艾利斯提出的不合理信念之一，是指个体以自己的意愿和标准为出发点，认为某人或某事物应该如此或必须如此。这种要求通常与“必须”“应该”“一定”等概念连在一起，如“我必须获得成功”“别人必须友好地对待我”“他就应该这样”“我必须是完美的”等等。艾利斯认为，绝对化要求都不合理信念，因为它们通常都是没有发生、不可能实现或与客观事实不符的。如果个体坚持这些绝对化要求，就是拒绝接纳客观事实，那么等待的结果就只能是痛苦。

我发现，人生中的大多数痛苦，都与绝对化要求有关，而人又很难放下自己的绝对化要求。为什么？我分析，绝对化要求其实就是中间信念的原则。这是个体所能想到的，为确保自己的生存和价值，个体所能采用的最有效或唯一有效的方式。如果不能坚持这个原则，或这个原则受到破坏，自己的存在和价值就不能得到保证，因此个体就会体验到恐惧和不安。

绝对化要求是不合理信念的，因为，首先这要求和客观事实不符。往往，个体所希望的、期待的或要求的并没有发生，而实际发生的事个体又不能接纳，或是一直在排斥的。但是，客观事实不会随着个体的意愿和期待而改变。客观上发生了什么就是什么，不管个体喜欢还是不喜欢，接纳或是不接纳。所以，面对客观事实，个体只有主动接纳或被迫接纳这两个选项。其次，这些原则是否得到遵守，与个体的生存和价值并无直接关系。因为我们的存在价值是绝对的，并不依赖于他人对我们怎么样。换句话说，别人对我好或不好，都没有关系，我还是我。

三、无效的防御措施

在成长过程中，个体还会发展出自己的独特方式来达到目标，确保自己的生存和自我价值。在前文中，我们分析了人所常用的五种应对模式，分别是真诚、讨好、伪装、逃避和攻击。这些防御模式，只有真诚是有效的，其他四种都是无效防御。所谓“无效”，就是这些措施并不能真正帮助个体达到目标，有时反而会让个体更缺乏安全感和自我价值感。

在应对外界挑战时，人往往不会只使用一种方式，而同时会用多种方式来防御。比如说，孩子在讨好父母的同时，会设法掩盖自己做的坏事，撒谎或说一些自己没有做的好事；面对威胁，如果对方力量强大，个体就会选择逃避，如果自己比对方强，或是无法逃避，个体就会选择攻击。

为了确保这些防御策略的有效实施，个体会发展出许多的方法来执行这些防御策略。弗洛伊德归纳总结了十大防御措施，分别是压抑、否认、投射、转移、反向形成、退行、合理化、理智化、认同、升华。如果把五大防御策略比喻成战略，那么这十大防御措施就是战术。接下来，我们将逐个探讨这十大防御措施。

1. 压抑

这是最为常用的一种防御模式。孩子在成长过程中，会感受到大人对自己有条件的接纳。为了自己的生存、发展，大人对自己的认可、肯定和接纳必不可少。而为了确保自己能够得到他人的认可，那些别人不喜欢、社会道德不容许的内心需求、冲动和情绪就需要被压抑下去，如此才能避免冒犯他人而被抛弃。压抑，会让人完全意识不到创伤事件发生过。这种遗忘被称为“动机性的遗忘”，是一种自我保护。如果没有压抑，这些创伤和痛苦的经验会一直留在人的意识中，人会非常痛苦，而压抑则能使人避免这些痛苦。

这些被压抑的需求、感受、冲动都是人的基本心理需求，如果不能得到满足，个体的心理健康就会受到影响。另外，这些需求可以被压抑，但这并不意味着它们会消失。它们会一直在挣扎，虽然它们不会被个体意识到，而它们的抗争却无时无刻地在影响着人。除非个体意识到它们，否则心理问题难以解决。比如，导致孩子脾气暴躁的一个重要原因就是父母特别强势，不允许孩子表达自己的意见，还经常批评、指责、打骂孩子。面对这样的父母，虽然他们心里满是委屈和愤怒，但他们只能压抑。日积月累，这些负面情绪也就成了他们脾气的一部分，因为他们内心已经压抑得太久了，心中的积怨也满了，生活中的一点挫折，都会成为压垮骆驼的那最后一根稻草。

压抑是人最习惯运用的一种防御机制，不仅在童年时期用，在少年、成年、中年甚至老年都一直在用。结果，这些被压抑的需求、情感、冲动会一直在潜意识里影响着人的信念、情绪和行为，导致人出现各种心理问题。

2. 否认

否认也是个体经常用的一个防御机制。在成长过程中，个体会遇到一些令人难以接受的现实，比如父母要离婚、父母不爱自己，或是最关心自己的人去世了。面对这些事实，孩子无法接受，就采用否认这个防御机制使自己不去面对客观事实，或就当它们没有发生，或扭曲自己在创伤情景下的想法、情感和感觉，否定自己所看到的、听到的、感觉到的，甚至还会想象一个自己喜欢的或想要的事实，以此来获取暂时的安慰。

否认和压抑相似，不同的是，压抑是“真的”忘了过去发生的事，而否定则是不承认事情真的发生了。否认往往发生在潜意识里，不在意识中。所以个体不是“故意”否认，而是真的以为事情没有发生。人常说的那种“鸵鸟心态”“掩耳盗铃”“自欺欺人”等行为，背后都有否认在作祟。

否认能暂缓个体情绪的压力，能使得个体不至于因为现实太过残酷而情绪崩溃。但是，它有一个很大的弊端，就是使个体不能面对事实。当个体不得不去面对现实的时候，比如必须面对父母真的离婚了，女朋友(或男朋友)真的和自己分手了，自己会因为缺乏心理准备而导致情绪崩溃。

3. 反向形成

个体面对权威的过分要求时，自己内心会很不情愿，但不敢反抗、不敢拒绝、不敢表达，担心得罪权威会给自己带来祸患。聪明的孩子会压抑自己内心真实的感受和想法，然后揣测权威喜欢什么，并以权威所喜欢的方式表达出来，使自己成为权威眼中的好孩子。这么做的目的就是让权威喜欢自己、接受自己。后果就是，等个体实在忍无可忍时，就爆发了，这种爆发往往是破坏性的。

很多青少年，因为厌学、逆反或沉迷于网络游戏，被家长带着来咨询。很多家长对我说，孩子本来很好的，努力学习，成绩一直很优秀，但是突然变了，不去上学了，而且也极度逆反，常发脾气。在与孩子交流时，孩子则抱怨，从小父母就要求他们学这学那，如果不从，父母就会责罚他们。他们不敢让自己优秀，又不敢不优秀。如果表现优秀了，父母会要求他们更优秀，会给他们更大的压力。有个初三学生的父母很骄傲地对我说："孩子从小就很优秀，学校里无论颁发什么样的奖品奖状等，从来没有漏掉他的。家里的墙壁上都贴满了孩子的奖状。"但现在孩子突然不上学了，他们很焦虑，也很无奈。孩子则对我说，每次得奖，或受到老师的表扬时，自己感觉到的却是压力，因为这意味着以后会有更高的要求和更大的压力。现在，他实在是受不了了，所以就干脆什么都不做了，也不上学了。

这几年来，类似的青少年来访者，我接触过很多。这也使得我开始想，孩子小时候如果太优秀、太乖，可能不是一件好事，因为这可能是孩子的反向形成。这种防御机制也是一种自我保护，使得个体更容易获得权威的认可和肯定，对自己的生存和发展显然是有好处的。但是，如果过度使用，则害处多多。首先，它使个体压抑了自己真正的需求和感受，使得自我不能自由地成长和发展；其次，他们所表现出来的形式往往不是自己所喜欢的，甚至是自己所讨厌的，但又必须得做，这会使得自己的心理遭到扭曲。久而久之，这种防御机制会使人感觉自己是分裂的。

这种防御模式不只是孩子在做，成人也会。有时是能意识到的，比如拍领导马屁，阿谀奉承。这样的人往往是很危险的，因为他们一旦有了能力，他们马上就会以另外一副面孔来对待别人。战国时期，齐桓公不听管仲的劝告，重用易牙、开方和竖刁。易牙曾杀掉孩子来讨好齐桓公，开方背弃亲人来讨好齐桓公，竖刁阉割了自己来讨好齐桓公。当齐桓公老了，没有能力了，他们就把内心多年压抑的恶毒呈现了出来，三人专权，“软禁”齐桓公，残害忠良，最后导致齐桓公悲惨地死去，齐国由盛变衰。

人会自动地压抑自己的需求来迎合权威的喜好。虽然他们脸上常带着笑容，内心却是痛苦的。我也接触过一些来访者，越是生气的时候脸上越有笑容。他们甚至恨自己为什么不能表达愤怒，究其原因，是因为他们长期的反向形成，在潜意识里已经形成了习惯。每次感到生气的时候，这个机制就会自动启动，脸上出现笑容。其实内心是愤怒的、怨恨的、痛苦的。

4. 退行

退行是指个体在遭遇挫折时，表现出其年龄不应有的幼稚行为，是一种反成熟的倒退现象。例如，已养成良好生活习惯的儿童，因母亲生了弟弟妹妹或家中突遭变故，而表现出尿床、吸吮拇指、好哭、极端依赖等婴幼儿时期的行为。退回行为不仅见于小孩，成人也会有退行的行为。比如，有位女性来访者，拥有博士学位，在一所国际高中任校长，很受学生、家长和老师的尊敬。但当她男友提出想分手，她就会像个小孩一样大哭大闹。从外表看来，她是一个很成功的人士，而此刻她则像一个没有长大的孩子。这是典型的退行。

为什么会出现退行？据我观察，当这种行为出现时，个体往往都在面临一件“天大的事情”，感到天要塌了，自己又无力应对，产生了一种强烈的无助感和恐惧感。此刻，个体就会以孩子的模式来求助，阻止坏事发生。比如这位女士，当她大哭大闹时，那一刻她的体验就像一个五岁的孩子，父母威胁要抛弃她，她拼命挣扎、哭喊。还有一位来访者，是国内某所一流大学的研究生。每次当他面临考试或要交论文时，他都会生病，如肚子疼、头疼、发烧等。这个问题很困扰他，并且已经威胁到他能否顺利毕业、拿到学位。朋友介绍他来做心理咨询。咨询中，他承认，这个问题从初中时就有了。很多次，他肚子疼得无法去上学，但父母一旦给他请假，他马上就不疼了。此时，他虽已成年，但还在用小时候的防御模式来应对当前的压力。这种防御机制会对人造成很大的危害，使人以错误的方式来应对当前的挑战。结果往往是，问题非但解决不了，反而还会恶化。

当然，并非所有的退行都是有问题的。人需要有一颗童心，比如在朋友或家人面前，可以让自己像个孩子，比如爸爸陪孩子玩游戏时，就像个孩子，比如妻子可以像孩子一样对老公撒娇。这样的退行会使得彼此之间的关系更和谐、更融洽。我们需要保持一颗童心，但必须是快乐的童心，而不是受伤的童心。如果是后者，那就是心理问题了。

5. 投射

按照弗洛伊德的解释，投射就是个体将自己不能接纳的念头、感觉、态度、意念投射到别人身上，觉得别人会有这些“恶习”，然后对别人加以谴责。这个防御机制一般都是在无意识中进行的，个体很难意识到其实是自己的问题，反而确信这是别人的问题。

投射源自一种正常的心理现象，就是人总带着主观感觉来观察世界并解读世界。换句话说，人不可能完全客观地看世界，而总是带着“有色眼镜”来看这个世界的，这个“有色眼镜”就是人的感觉。因为有不同的感觉，所以我们看到的客观世界是不同的。唐代诗人杜甫因为国家的破裂而悲痛欲绝。在这种心境下，他写下了名句：“感时花溅泪，恨别鸟惊心。”

宋代陆游的那句诗，“山重水复疑无路，柳暗花明又一村”则表达了另外一种心境。更有意思的是苏东坡和佛印的故事，佛印看苏东坡像佛陀金身，而苏东坡看佛印则像牛粪一堆。后来，苏小妹给苏东坡解释道，佛由心生，心中有佛，所见万物皆是佛；心中有粪，所见皆化为粪。这番解释让苏东坡羞愧难当。

想必读者一定接触过悲观、失望或心中充满怨气的人。其实，真正的问题不在他人，而在他们自己。他们内心有各种负面情绪，所以他们把自己的感觉投射到他人身上。同样的，我也接触过许多善良的人，他们虽然受到许多不公平的待遇，但仍然能够看到那些伤害他们的人身上的优点。这也是投射，他们在他人身上看到了自己。

在心理咨询中所常谈的移情和反移情，其实也是一种投射。我们在生活中喜欢一个人或讨厌一个人，往往都是投射。我们喜欢一个人，是因为这个人触动了我们内心的某一部分，那一部分是我们喜欢的；反之，我们讨厌一个人，是因为这人触动了我们内心中不喜欢的那部分。所以，如果一个人喜欢自己，他也容易喜欢别人；反之，讨厌自己的人也容易讨厌别人。这就是为什么，当别人赞美我们、表扬我们、欣赏我们、肯定我们的时候，我们会喜欢这个人，因为他让我们更喜欢自己；反之，当别人批评我们、责备我们、谴责我们、咒骂我们时，我们会恨这个人，因为他让我们感觉自己很不好。这一切，都是因为投射！

6. 转移

所谓转移，就是个体将对某些对象的情感、欲望或态度转移到其他对象身上。比如，如果一个人的形态、相貌、说话声音很像我的父亲，那么我会对这个人产生类似对父亲的情感。弗洛伊德所谈的转移通常是指负面转移。也就是人将压抑的负面情绪转移到一个对自己较为安全的对象身上，并借此发泄出来。比如，一个男人在公司被老板无端责骂，心中愤恨，但不敢发泄，回家后便对妻子大吼大叫；妻子不敢反抗，便责骂儿子；儿子不敢顶嘴，便对着家中小猫就是一脚。这种反应，又被称为“踢猫效应”，是人经常使用的一种防御机制。当人受到委屈，不敢对欺负自己的人表达，内心又感到压力很大，需要宣泄时，就会选择对自己没有威胁的人或东西来发泄。

我认为，人转移的情感不只是那些不能表达的，也包括能表达的。所谓“爱屋及乌、恨屋及乌”都是转移。心理咨询中经常谈的移情和反移情也是转移。有些是有意识的，有些是无意识的；有些个体是能控制的，有些是个体控制不住的。有很多来访者，在外人面前彬彬有礼，像是谦谦君子，但在自己家里，尤其是面对老婆孩子，则是完全不同的模样，会发脾气、骂人、家暴，这都是转移。

在积极情绪方面，人们也会转移。有位来访者对她的男朋友说：“如果你真的爱我，就会喜欢我的朋友和亲人。你讨厌他们，所以我认为你不够爱我。”这个姑娘是有道理的，如果这个男孩真的爱这个姑娘，他会喜欢她的家人和朋友的，这也就是所谓的“爱屋及乌”。

转移可以分为两种，一种是对象转移，就是把对某人不敢表达的情绪转移到可以表达的人或物上，“踢猫效应”就是对象转移。另外一种是情感转移，就是把对某人的情感转移到其他类似的人身上，比如感觉老师像妈妈一样照顾自己。移情是情感转移。转移是人在日常生活中经常使用的一种防御机制，对人能起到一定的保护和宣泄的作用，但如果使用不当，则会对自己或他人造成伤害。

7. 合理化

合理化，又称文饰作用，是个体无意识地用似乎合理的解释来为难以接受的情感、行为、动机辩护，使其可以接受。“酸葡萄心理”和“甜柠檬心理”都是合理化。有个寓言故事，狐狸不能接纳自己吃不到葡萄这个事实，于是，告诉自己：“这葡萄是酸的，我不要吃。”这样一来，它心里会好受一些。走了一段路后，看到有柠檬，知道是酸的，但因为自己饥渴难耐，还是勉强自己吃了。但是，吃酸柠檬这件事让它心里很不舒服，于是告诉自己：“柠檬不是酸的，而是甜的。”如此一来，它心里也会感觉好受一些。鲁迅笔下的阿 Q 是使用合理化防御机制的典型。

合理化，说到底是一种自我欺骗。当个体感觉自己的动机未能实现或行为不能符合社会规范时，会尽量搜集一些合乎自己内心需要的理由，给自己一个合理的解释，以掩饰自己的过失，减免焦虑，维护自尊。谁都不能保证自己会一帆风顺，遇到挫折失败，内心痛苦，感到难以被接纳也是正常的。此时，人采用一些合理化的方式来缓解自己内心的压力是可取的。“得意时是儒家，失意时是道家”，就是一种不错的适应生活的心态。往往这种心态使人能等待时机，以图“东山再起”，并最终获得成功。

但是，合理化若过度使用或使用不当，也能给人造成伤害。这种防御机制会常常和否认、投射等机制一同起作用，使得个体得以否认事实，并给予一个看似合理的解释，成功地欺骗了自己，同时又把问题转嫁到别人身上。结果使得个体不能面对问题，不能解决问题，还会导致问题越来越严重。当个体不得不去面对的时候，就会很容易情绪崩溃，伤害自己或他人。我发现，很多家长否认是自己的原因导致孩子出了问题，一直极力为自己辩护，说自己对孩子是多么用心、多么努力，使用的方法是多么恰当。孩子出了问题都是孩子的问题、学校的问题，或是因为孩子交结了不良的朋友。

生活中，许多人喜欢对别人评头论足，其实往往都是“酸葡萄心理”在作祟，他们不能接纳自己不如别人，就通过这种方式来贬低别人，借此获得心理上的一点平衡。

8. 理智化

理智化，就是当个体面对可能导致强烈情感的事情时，拒绝体验其中的情感，刻意让自己变得冷静和理智。他们之所以拒绝面对自己的情感，主要是因为怕自己控制不住情绪，担心自己会情绪失控或崩溃。“男儿有泪不轻弹”这句话影响了很多人，使人认为，男人哭泣、流泪、情绪失控都是软弱的表现；而如果让别人看到自己的软弱，别人就会来攻击自己。所以，无论如何，都不能让自己“流泪”，而做到这一点的最好方法，就是克制自己保持冷静和理智。

显然，这个防御机制有很多的好处。当危难来临时，需要有“男子汉”的气概使自己保持冷静和理智，以应对要来临的危机。但是，个体若过度克制，就难以体验到自己真实的情绪和情感。这对人了解自己非常不利。很多人不能让自己静下来，因为一旦静下来就会感到特别难受，然后马上选择逃避，或是用一些方式来占据自己的头脑，比如应酬、去会所、去 KTV 唱歌、玩手机、打游戏等，直到让自己累得筋疲力尽，能够倒头就睡。他们这么做，就是避免自己能够静下来。

这种防御机制会给人带来很多的危害。第一，这种防御机制压制人内在真正的需求和情感。如果人的需求和情感长期得不到满足和表达，势必在人的内心变质，造成一些负面和消极的情绪，会扭曲人的人格。在日常生活中，我们会发现很多中年人或老年人，性格怪异或孤僻，这都与长期的压抑有关。另外，研究发现，在中老年人中，男性的身体远不如女性健康，男性的寿命也低于女性。其中一个很重要的原因就是男性常压抑自己的情绪，而女性则比较能表达自己的情绪。

第二，过度使用理智化会使人失去自我。所谓“自我”，就是能感觉到我是谁，这主要是一种情感体验，而非理智概念。当我感觉到我自己的时候，想到我的身份、我的职位、我的出身、我的成就、我的梦想等等，如果体验不到其中的感觉，这些对我都毫无意义。而“意义”，也是一种情感体验，不是一个理智结论。过度使用理智化的人到头来，会感觉自己所做的一切都没有了意义，慢慢地就会抑郁。

第三，过度理智化会阻碍自己和别人的情感交流。很多女性来访者和孩子向咨询师抱怨无法和老公或父亲沟通交流，和他们只能谈事，不能谈心。可以想象，在一个家庭里，如果因为丈夫过度理智化导致彼此之间不能有情感的交流，无论是孩子、妻子甚至是他本人，都无法对这个家产生归属感。这对孩子、对家庭都会有很大的伤害。

9. 认同

认同，就是一个人对另外一个人的认同，全盘接受其观点、行为、价值观等，并把自己当成是这个人的一部分。人一般都会认同那些更有权威、更有能力、更有学识、更有智慧的人。孩子很自然地会认同自己的父母。在孩子眼里，父母什么都是对的，如果父母的某些言行让自己不舒服甚至是痛苦，那也一定是自己错了，父母一定是对的。进入青春期以后，孩子开始有了独立意识，开始意识到父母也不是什么都对，也有错的时候，因此就开始出现反叛的行为。在这个时期，孩子往往仍然需要认同一些其他的权威和价值。此时，他们会开始认同他们的老师、同伴中较有能力的人。所以，这个时期的孩子很容易拉帮结派，对“大哥”忠心耿耿。再后来，他们会迷恋他们的心中偶像，像是歌星、影星、球星等。认同这些人会让他们有种成就感和伟大感。他们会把认同对象的成功失败当成是自己的成功失败。为此，球迷往往比球员更在乎比赛的输赢(他们真的会把自己当成这个球队的一分子，而球员则只把打球当成是自己的一份工作)。

成年后，人仍然会使用这种防御机制。为了个人的成长、为了家庭的和谐、为了社会的稳定，认同是必需的，关键是个体要认同什么以及怎么认同。如果认同一些负面的、消极的、有害的人或团体，则会给个体带来极大的伤害；反之，如果能认同健康的、积极的人或团体，这对个体的发展则非常有利。健康的认同方式就是，可以认同对方的观点、行为、价值观，但是一定要保持自我，清楚地意识到自己的价值观、人生观、世界观。

10. 升华

安娜·弗洛伊德的《自我与心理防卫机制》一书认为，在所有防御措施中，唯独“升华”不管对成人还是儿童，都是正常健康的。所谓“升华”，就是个体将一些不被社会或习俗所接纳的本能的冲动，如性欲和攻击，转移到一些能被自己或社会接纳的事物上。例如：有打人冲动的人，借锻炼拳击或摔跤等方式来满足自己；借撰写评论之机表达不满。上述例子都是一种升华作用。我们经常说的“化悲痛为力量”也是一种升华。很多人在经历磨难和打击后，没有灰心丧气，反而变得更加智慧、更加坚韧、更有能力，这就是升华的作用。

11. 小结——人会很固执

以上这些防御策略都是生活中常用的。虽然很多都是无效的，但却也是个体自己“智慧的结晶”，是个体在成长过程中，在面对无数的威胁、挑战和困难中自己总结出来的，也是个体所能使用的最好防御措施。所以，即使这些措施无法真正提升自己的价值感和安全感，个体也想不到用其他的方法来应对挑战。他们只知道用这样的方式来面对困难，结果是恶性循环，加剧了自己的痛苦。

四、导致心理问题的认知偏差

1. 自动化思维的工作程序

个体的自我防御机制靠自动化思维、情绪和行为来完成。人的自动化思维就像盲目服从命令的士兵，无条件服从长官的命令。这个“长官”就是个体的防御机制。比如，面对不公正待遇时，压抑会使人自动地选择沉默或妥协；面对危险时，否认会使人不去面对现实。

在长期应对威胁、挑战和困难的过程中，我们的大脑会自动地发展出许多思维方法，就如同电脑的程序一样，会自动作出判断、分析、推理、归纳，得出结论。这些程序能够帮助个体节省很多精力，遇到问题时它就会自动启动，得出结论。但是，这套程序往往会有很多的逻辑错误，它们得出的结论也往往是错的。个体却往往不能意识到它们的错误，会习惯性地信以为真。比如有人怕黑，他们自动化思维一定是假定黑暗中有鬼，如果他们被黑暗笼罩，鬼就会来控制他们，伤害他们，因此他们才害怕。实际上，他们自己也知道没用，这是很荒唐的。但因为这种思维会引起他们的恐惧。面对恐惧，他们无能为力，只能相信。

在我们的自动化思维中，有许多认知性错误，而我们却毫无觉察，自动地信以为真，导致我们的心理出现了许多问题。在这一节中，我将详细探讨有哪些常见的认知性错误在影响我们，如何调整。心理学家贝克总结了十大认知偏差。

2. 认知偏差的类型

(1) 对号入座

所谓对号入座，就是把一些本来与自己无关的事物看成是与自己有关的，比如，遇到下雨天，有人就感觉老天在有意和自己作对；听到有人说一个人很笨，就以为别人在讽刺自己。如果不能觉察到是自己对号入座，则会导致严重的心理问题。冯女士离婚了，她心里一直感觉自己是个失败者，很丢人。某天在公司上班时，她看到几个同事在说悄悄话，她就相信他们是在背后说自己。顿时火冒三丈，上前就骂他们。她的同事们起初莫名其妙，后来就怼她了。她更怒不可遏，就动手了，结果被打了。后来领导来调查，结果还是冯女士不对，就把她开除了。冯女士接受不了这个事实，扬言要杀死他们。公司报警，她被拘留。被释放后，冯女士还是很暴躁，扬言要杀人。父母报警，强制带她去医院，结果被诊断为躁狂症。住院一个月，平静下来后，父母带着她来做咨询。

在咨询过程中，冯女士还是坚信就是同事们在背后说自己坏话。我引导她意识到，首先，她没有证据，只是凭自己的感觉。其次，她骂同事的时候，同事们都奇怪她为什么要骂。这说明，同事们并没有在背后说她的坏话。再次，即使他们在背后说自己，其实也无所谓，因为对她不会有任何伤害。在这个年代，离婚的人多了。最后，离婚，并不代表她是个失败者，因为很多成功人士也离过婚。这番分析帮助冯女士打开了心结，心情平复了。然后，冯女士先后向同事和领导发道歉的信息，公司又接纳她了。

这是一个比较极端的例子，其实对号入座在我们生活中非常普遍。我在美国求学时，听到同学们在聊天过程中说到“Stupid”这个词，就以为他们嘲笑我，心里特别难受。那一刻，我犯的一个错误就是对号入座。因为那时，在内心，我觉得自己是个笨蛋，所以一听到他人说这个词的时候，就自动地对号入座了。

所以，如果你觉得别人在说你，你首先不要让自己难受，先静下来分析一下，是不是自己对号入座了？

（2）主观臆测

主观臆测与对号入座有相似的地方。所谓主观臆测，就是个体认为自己看透了别人的心思，知道别人会怎么看自己、怎么想自己、怎么说自己。臆测的内容往往大多都是负面的，认为别人一定会笑话自己，说自己不好。我自己在美国求学期间的那个经验，就是主观臆测，是我自己以为他们在嘲笑我。这种认知偏差曾经经常困扰我，当我看到同事们在一起说悄悄话时，我心里就会嘀咕：他们是不是在说我；当他们突然哈哈大笑时，我心里就会发毛：他们是不是在嘲笑我。我很不愿意回老家，就怕村里人说我没有出息，瞧不起我。

大多数人都会经常被这种认知所影响，比如那些很要面子的人，他们往往认为别人会笑话自己、看自己热闹、背后议论自己。想到这些，他们会感到难受，坐立不安。来访者李女士，40岁左右，婚姻很不幸福，几乎不能和老公有任何情感交流，也很少有亲密举止。而且老公脾气特别暴躁，有家暴倾向。听到老公的声音，李女士就会不由自主地紧张。结果，她患了焦虑症，躯体症状很严重，浑身发麻。经过一段时间的治疗，症状没有了。前段时间，李女士和自己的一个高中同学联系上了，那个高中同学一直暗恋她。他前几年离婚了。自从他们重新联系之后，就开始互相喜欢对方。在一起时感觉特别幸福，有很多共同语言。李女士想离婚，想和高中同学在一起。但一旦想到离婚，她就浑身紧张，觉得同事都会笑话自己，家中亲戚也都会看自己的笑话。

我和李女士进行了探讨，她的同事中也有离婚的，大家都见怪不怪；再说，儿子已经考上大学，有了自己的朋友圈。儿子以前多次劝她和爸爸离婚；李女士的父母和兄弟姐妹们也很不喜欢李女士的老公，他们应该会支持她离婚的。虽然在咨询过程中，李女士也能看到这些。但是，每次想到要离婚，就感觉别人都会笑话自己，就会紧张焦虑。李女士的紧张都是受认知偏差的影响。

（3）心理过滤

在农村，筛子是一个常用的工具，一般用来筛粮食，把粮食里的沙子或其他杂物筛下去。所谓“心理过滤”，是指我们的记忆或回忆就像筛子一样，把某些记忆给筛下去，只留下某些记忆。那些乐观的人，当他们回忆过去时，他们倾向于筛掉消极的回忆，只留下积极的回忆；悲观的人则相反，回忆往事时，倾向于只回忆消极的事，而筛掉了积极的事。

试想，如果人总回忆那些不愉快的事，这对他们会有什么影响？他们能幸福吗？孙先生，50多岁，是某世界500强外企的高管，在咨询中，他不断地说自己的人生就是“悲剧人生”，反复强调在他生命中发生的几件事：高中期间父母离异；工作后有去美国参观访问的计划，被别人给顶替了；在南非做生意期间，遭遇两次打劫。当我了解了他全部的人生后，有种哭笑不得的感觉，他高考考上了一所名牌大学。毕业后被分配到一家央企，参与了与美国一家知名企业的合作谈判，谈判成功了，他也立功了，然后要随企业领导一起去美国参观考察，他很兴奋。但想不到他被另外一个领导给替代了。一怒之下，他辞职不干了，兑换了2 000美元，去南非做生意。其间，他的店被当地的黑社会打劫过两次。后来，一家世界500强企业准备到中国来开展业务，聘请他回来负责这个项目。他回来了，年薪30万美元。

在咨询过程中，孙先生不断地哭诉自己这一生有多倒霉，不断地重复父母离异、出国被替代、在南非被打劫等。这种思维导致陈先生患抑郁症，面临失去工作的危险，不得已才来寻求心理治疗。心理健康的人在回忆自己的过去时，往往会过滤掉负面的回忆，留下那些美好的回忆；反之，心理上出现问题的人在回忆自己的过去时，则会把积极的内容筛掉，而只留下负面或消极的回忆，感觉自己的童年是不幸福的。其实，无论是过滤掉幸福的内容还是过滤掉痛苦的内容，都是一种认知偏差，与事实都有距离。只是，如果我们过滤掉幸福的，我们就会感到痛苦；如果过滤掉痛苦的，我们就会感觉幸福。对此，我们的自由意识可以控制我们的思维，可以引导我们的思维去回忆什么。

（4）过度夸大/缩小

经过心理过滤后，个体会将留下的内容过度夸大或缩小。就像孙先生，当他回忆那几件伤心事时，无限放大它们的影响力，进而感觉自己的一生都是失败和痛苦的，看不到成功，感觉不到幸福。当人过度夸大的同时，会过度缩小另外一面。孙先生把他生命中的这几件伤心事过度夸大，至于他的成功事件，比如在南非做生意赚了50多万美元、被一家全球知名大公司聘请为高管等等，被过度缩小，甚至被忽略了。

有心理问题的人容易过度夸大自己的创伤、挫折和失败，而过度缩小自己的能力、成就和其他所有资源。这种认知模式导致的后果就是人对自己的生命悲观失望。他们往往会觉得自己很不幸、很倒霉，生命中没有任何可以值得欣赏的地方，而且会一直如此，看不到任何希望。这种思维很容易使人怨天尤人，使人抑郁，甚至会堕落。

（5）以偏概全

所谓以偏概全，就是个体依据一点得出一个整体的结论。比如，因为自己某次考试失败，就认定自己没有学习能力；或因为朋友给自己提出一个意见，就觉得朋友讨厌自己。人往往会把自己某个失败的经验无限放大，然后以偏概全，全盘否定自己的努力和成就，认定自己是一个彻底的失败者；或者，人会把另外一个人的缺点无限放大，然后以偏概全，全盘否定他人；又或者因为某件事不够完美，有瑕疵，就把这瑕疵无限放大，以偏概全，全盘否定。

完美主义者很容易犯这个错误。因为自己做事有一点点的瑕疵，或自己有某个小缺点，或别人有某个小毛病，就全盘否定。否定之后，自己会陷入痛苦之中。容易紧张和焦虑的人也会犯这样的错误。他们会因为有一点点危险或失败的可能，就完全放弃新的尝试，封闭自己，止步不前。

（6）非此即彼

这种认知偏差是一种二元思维，看待事物只有两个极端：要么是完美无缺，要么一无是处；看待别人也是如此，要么是完美到没有一点缺点，如果有一点瑕疵就一无是处。在他们的意识里，没有灰色地带，有缺点的人就是坏人，有缺陷的东西就是残次品。有完美倾向的人容易受这种认知偏差的影响，他们对自己要求极高，不允许自己犯错。如果发现自己犯错了，或某事做得不是很理想，就会有很强烈的挫折感，恨自己，甚至会自暴自弃。这样的人对别人的要求也极高，不允许别人犯错。这种思维定式有一个很大的优势，就是无论做什么，都会做到最好，会很受领导欣赏，也容易出成绩。但也有一个很大的劣势，就是会活得很累，很容易焦虑和紧张，人际关系往往也会很紧张。

很多来访者都有完美主义倾向，他们都很优秀，事业上很成功，是政府机关、跨国公司、大型企业、学校的中流砥柱。但是他们都很容易紧张，每天承受着很大的压力，人际关系也都比较紧张。而且，到中年后，他们的身体都开始出现问题了。

这种认知偏差使来访者否认一个事实，那就是，这世界上没有任何人、事、物或环境是完美的，都是有瑕疵、不足和有缺点的。如果不能接纳瑕疵和缺点，就是不能接纳事实真相，人就活在虚幻之中。

（7）乱贴标签

“贴标签”，就是给人或是给自己下结论，贴上标签就意味着定性了，不会改变了。这标签往往都是绝对化的，不是完美的就是残次品，不是成功者就是失败者，不是受人欢迎的就是遭人唾弃的。贴标签还有一个强烈的心理暗示，就是“你/我就这样了，不会改变了”。

在此所谈的“乱贴标签”往往指的是人给自己或别人贴上一些负面的、消极的标签，比如笨蛋、懒汉、蠢货、失败者、神经病等等。如果人一旦认同这些标签，人就会在无意识中按照这些标签来行事。有个来咨询的初二学生，他最大的问题就是很容易放弃，遇到稍微难一点的题，他就会认为自己做不出来而想放弃。经过咨询，我发现他内心认为自己是“笨蛋”，遇到难题就认为自己做不出来，就想放弃。还有一个来访者，是个大三学生，上学期有门课挂了。他就认定自己是个失败者，无论怎么努力自己注定是个失败者，因而想退学，会抑郁，而且经常想自杀。我发现，很多人会因为一个小小的挫折或失败，就给自己定性，然后贴上一个标签。人一旦认同这些负面的标签，心理就会出现问题。

（8）消极预测

对于将来要发生什么，人会自动地做预测，而这预测往往不是依据客观证据，而是依据过去的经验。如果过去的经验是积极的，那么人往往就会做出积极的预测；如果过去的经验是消极的，那么人就会做出消极的预测。大部分来访者往往都会自动地做出消极预测，这预测会让他们紧张和不安，而这不安的情绪又会使得来访者肯定自己的预测，感觉坏事一定会发生。

我发现，来访者还会找到许多“证据”来证明坏事一定会发生，而这些证据往往也是来访者假设出来的。有个来访者，是个女中学生，很怕自己会变得优秀，因为她认为一旦自己优秀了，另外两个同学就会联合起来打压她。我尝试帮她分析，这样的事完全不可能发生，她不同意，她说：“如果我优秀了，她们俩一定会知道，知道后一定会不爽，就会设法打压我，说我坏话，破坏我的名誉，破坏我的人际关系等等。”因为这些消极的预测，她非常痛苦，每天都很紧张，很焦虑，严重影响了她的学习和工作。

很多来访者都有这样一个消极的思维模式，什么都往坏处想，就怕有“万一”。我会给来访者解释，“万一”就是万分之一，是一个很低的概率，几乎等于没有。但来访者还是无法接受这 0.01% 的概率。对来访者来说，只要有一点点概率，就是 100% 的可能，就会让自己恐惧、不安和绝望。

（9）情绪化推理

宋先生因为论文被杂志社退回，自动冒出一个念头：我没有科研能力，我不可能再发表文章了；如果我不能发表文章，也就无法完成学业；如果我无法完成学业，就拿不到博士学位；如果我拿不到博士学位，在上海就找不到工作；如果我找不到工作，我和我的家人就难以生存。推理到这里，他产生了一种强烈的绝望感，感觉自己不配活在世上。当时就有一股强烈想跳楼的冲动，那一刻，一岁半的女儿哭了，哭声让宋先生清醒了过来，他感到特别后怕。于是就来做心理咨询了。宋先生所经历的这个过程，就算情绪化推理。

情绪和认知是一体两面，不可分开。体验到情绪时，必定也接受着某种信息。情绪会驱使人的思维自动分析、推理、归纳和总结。而情绪化思维和理智思维有着本质的区别。正常的逻辑思维是先寻找证据，然后从证据来分析，最后得出结论。而情绪化思维则是先有结论，然后去选择证据来证明自己的结论。比如，那些很容易焦虑的人，当他们感到焦虑时，会首先假定周边有危险，然后仔细去选择证据来证明真的有危险。容易焦虑的人会经常说一句话，“万一呢”。他们从生活的千万个可能中，找到一个会导致危险的可能。显然，一旦人的情绪控制了人的思维，人就陷入了情绪化推理的怪圈，其结果一定是“灾难化思维”。

（10）灾难化思维

人的思维不是静态的，而是动态的。美国机能主义心理学家詹姆斯发明了一个概念——“意识流”（stream of consciousness），表明人的意识如同气流一样，是不断在流动的，从来不会停下来。个体的经验意识是一个统一的整体，但是意识的内容是不断变化的。其实，这个不断变化的过程也是一个推理的过程。在推理的过程中，情绪一直伴随左右。对大多数人来说，都是情绪在驱动甚至控制着人的思维，而人却不自知，还以为自己很客观、很理性。

灾难化思维的主导者是情绪，它和逻辑推理是不同的。合理的逻辑推理一般先寻找客观证据，然后依据证据得出一个可能性的结论；而灾难化思维则是先有结论，然后再设法寻找证据来证实这个结论。当我们有某种感觉时，我们在心里已经有了一个结论了，对这个结论的肯定程度要看情绪的强烈程度。越是强烈的情绪，对结论也越肯定，也就越不容易看清问题的实质。个体也会思考，但此时的思考都是情绪化思维。一般都是这样的：首先，根据自己的感觉做出一个假设，然后去寻找证据。如果发现有一点可能，即使只有万分之一的可能，他们也会把这个可能视为可靠的证据，来证明他们所担心的事一定会发生。然后担心如果这件事发生了，又会出现什么样的后果。虽然会有无数的后果，但个体只看那最严重的后果。接着，把这个后果当成是一定会发生的事。如此类推，来访者不断地分析、推理、结论，然后再分析、再推理、再结论。在这过程中，来访者的情绪也会变得越来越强烈。最后，来访者陷入一种“灾难化思维”。最终的结论一定是灾难性的。来访者自己也往往会陷入一种惊恐或绝望的状态。

（11）小结

这些认知偏差基本上都是人的一些习惯性思维，也是人的一些思维定式。因为这些认知偏差长期影响人，所以人会习惯性地把它们当成是真理。当这些念头、想法、推理冒出来时，人对它们不加怀疑，自然地就相信了。人一旦认同了这些信念，相应的情绪和感受就会产生。往往，这些认知偏差不是单独行动，而是联合行动。例如，人经过心理过滤后，只留下少数几个负面的人生经验，然后把这些人生经验过度夸大，并由此作出一些消极预测，结果感觉自己一生都很不幸。再后来，就给自己乱贴标签，最后就是灾难化思维，让自己陷入绝望的境地。如果这些认知偏差得不到纠正，人的心理问题也很难得以解决。

五、总结

在这一章中，我们首先探讨了，心理问题是实实在在的问题，它真的能对人的身心健康、社会功能，甚至是生命安全造成重大的威胁。我通过多年的临床经验发现，原生家庭和成长过程中的创伤经验是造成心理问题的主要源头，而这些创伤经验之所以会伤人，则是因为它们使个体形成了无效的防御机制和认知性错误，是这些东西导致了人的心理问题。在我看来，无论是心理问题、心理障碍，还是心理疾病，都只是“症状”，“病因”则是心理需求得不到满足、无效的防御机制和错误性认知。只有这些东西得到纠正，心理问题才能真正得到解决。

第七章 认识心理问题

小马，高一学生，母亲带他来咨询。母亲认为小马是在装病，故意难为她，而小马则坚持自己有抑郁症，再三要求母亲带他来看心理医生。来咨询前，他们去过医院，医生给的诊断结论是抑郁症，并开了药。但是妈妈不认为他有病。在开始咨询前，妈妈要求首先与我交流。交流时，她反复强调，小马没有病，只是作，就是欠揍。

在给小马咨询的过程中，小马抱怨了自己的身世，父母没有结婚，自己是私生子，父亲有自己的家庭。他从小就受人歧视，被人欺负。虽然在物质上自己没有缺过什么，但一直没有尊严。现在他感觉很沮丧，什么也不想做，也无法集中精力学习。上课要么睡觉，要么做白日梦，有强烈的自杀念头。对妈妈，对生父，内心充满愤怒。和他们交流时，往往控制不住自己的情绪，尤其是当生父教育自己，给自己说些大道理时，他更难控制自己的愤怒。有几次骂了生父，也骂了妈妈。事后他又很后悔，但却总是控制不住自己的情绪。

小马的学习、人际关系等都受到了严重影响，他有自杀念头，也有过自杀计划。这些问题都使得小马的生命安全处在危险的境地。然而，他妈妈却因为小马身体健康，能吃能睡，也能按时去上学，就否认他的心理问题。小马有心理问题吗?

一、识别心理问题

1. 感到痛苦就是有心理问题吗?

人生不如意事，十有八九，这意味着每人心中都会有很多的痛苦。有痛苦就算是有心理问题吗？答案是否定的。如何才算有心理问题？我国精神卫生专家许又新教授提出一个非常简单而又比较准确的诊断标准：第一，心理痛苦程度；第二，社会功能受损情况；第三，时长。每个标准又简单分为三个标准，分别是轻度(1 分)、中度(2 分)和重度(3 分)。

就心理痛苦程度而言，轻度，表示有痛苦，但凭自己就可以调整；中度，需要他人帮助才能调整；而重度，则需要药物干预或专业人士的帮助才能调整。就社会功能受损情况，轻度，有影响，但没有实质影响；中度，则有了实质影响，比如影响到工作效率、人际关系的质量、家庭的稳定等，但仍然能够坚持工作、生活、维持人际关系；重度，则意味着不能正常生活、不能正常工作、不能维持正常的人际关系了。关于时长，不到三个月为轻度，三个月到一年为中度，一年以上为重度。评估求助者心理状态的方法是把分数相加。总分 1~3 分为轻度心理问题，4~6 分为中度心理问题，7 分以上为重度心理问题，也可诊断为神经症。

一般来说，3 分以下不算心理问题，属于心理亚健康。4 分以上才算心理问题或心理障碍，超过 7 分就算是心理疾病了，需要心理治疗。

2. 心理障碍是什么?

依据众多来访者对其症状的描述，我认为，心理障碍可以简单定义为:“长期被多种负面情绪所困扰，社会功能受损，认知出现偏差，有偏离的信念。”心理障碍的严重程度取决于负面情绪的强烈程度、社会功能的受损程度，以及认知和信念的偏离程度。

所谓“心理障碍”，顾名思义，在心理上有一些障碍无法克服。这些障碍包括情绪方面的、认知方面的和行为方面的。前文中提到的小芳，妈妈去世三周年时，她想到要回家看看。但一想到去妈妈的坟地，就特别难受，而且自己也不知道为什么会这么难受。此刻，小芳就遇到了情绪障碍。前文中谈到的小丽，她始终认为有人要伤害她。咨询过程中，我从各个方面来证明她是安全的，没有人要害她，她也没有患什么绝症。但她就是不信，坚持认为自己有危险，要么有人要害自己，要么自己会患绝症，要么亲人(母亲)会有什么灾难。小丽的心理疾病是认知方面的障碍。小马，每次听生父说教，或妈妈大声说话的时候，总是控制不住自己的情绪要骂他们，这让他父母特别恼火。小马有行为方面的障碍。这些障碍如果得不到纠正，他们就会活得很痛苦，会严重影响他们的社会功能，甚至会使他们有生命危险。

心理障碍是怎么产生的呢?

二、造成心理问题的原因

1. 心理需求没有得到满足

每个生命都要活着、要发展、要活出自我。为了活着，我们需要安全感；为了发展，我们需要归属感；为了活出自我，我们需要爱、尊重和自我价值感。只有这些心理需求得到满足，心理才能健康，人格才会成熟。如果不能满足，人就会启动自我防御机制来保护自己，或维护自己的权益。但遗憾的是，很多防御措施都是无效的，导致个体越来越痛苦，心理问题越来越严重。

所谓有效或无效，主要是看目标。能够帮助个体达到目标的方法、策略和措施，就是有效的；如果不能帮助个体达到目标，就是无效的。所有防御机制的目的就是为了满足生命的需求，给自己带来安全感和自我价值感。无效的防御措施不能给个体带来真正的安全感和自我价值感。个体仍然会感到不安，感到自卑，仍然继续采用无效的防御措施来保护自己，如此恶性循环，心理问题也就越来越严重。

不同的需求缺失会使得个体发展出不同的防御措施，由此产生的心理问题也会不一样。比如小丽，她缺乏安全感，总觉得他人要伤害自己，所以她的防御机制就是避免与人接触。如果有人非要和她接触，她的防御模式就会由逃避转为攻击。就是这套防御模式导致她的人际关系非常糟糕，而这糟糕的人际关系又恶化了她的安全感和自我价值感。

再比如，如果有人缺乏自我价值感，那么他们的防御机制就是要确保自己有价值。为了达到这个目的，他们采用的手段可能会包括买豪车、豪宅，穿名牌衣服，增加自己的财富，成为明星，成为高管或是努力为社会作出贡献，赢得尊重。因为有这些物质的东西或名誉，他们就会感觉自己有价值。如果失去这些东西，他们的自我价值感也会随之而崩塌。这也就是所谓的“人设崩塌”。

这些防御机制有些是有效的，比如为了确保自己的安全，努力工作、挣钱，好好保养身体，开车小心谨慎等；为提升自己的自我价值感，努力提升自己的学历、职称，助人为乐，为社会作贡献等。有些防御是无效的，偷盗、贪污、欺骗、特要面子、攻击他人等等。这些无效的防御机制非但不能增加自己的自我价值感和安全感，反而会让自己更不安、更自卑。心理问题基本上都是由无效防御机制造成的。

2. 内心的匮乏——偏离的核心信念

安全感和自我价值感是每个人内心最深的需要，也是最大的渴望。如果这两点缺失了，人一定会竭尽全力、不择手段地来争取。前文中，我谈人性需求时提到过，心理需求是主观需要，不是客观需求。安全感和自我价值感更是主观需求，也就是说，不安全感和自卑感都只是个体自己的感觉，不是客观事实。人是否有安全感，关键在于人内心是否相信自己是安全的；是否有归属感，关键是内心是否相信他人会接纳自己；自我价值感更是如此，关键在于个体是否相信自己是有价值的。

所谓偏离的核心信念，就是指人在内心深处以为自己没有价值、没人会真正在乎自己、这世界是不安全的。这些偏离的核心信念就会使个体的心理需求得不到满足。与此同时，个体的自我防御机制就会自动启动，目的是为了满足本我的需求。

3. 无望的抗争——无效的防御

为确保自己的生存和价值，个体会制定一些规则，并按照这些规则来应对外界刺激和挑战。比如，当孩子感觉自己是不安全的，内心就会自动思索如何才能让自己获得安全。他们发现如果爸爸妈妈喜欢自己，他们就安全了。那如何让爸爸妈妈喜欢自己呢？孩子会发现爸爸妈妈对自己是有要求的。如果自己乖巧、听话、懂事，他们就会喜欢。所以，孩子的本位就会制定一个原则：我必须要让自己乖巧、听话、懂事。孩子在成长过程中，会一直按照这个规则生活。如果发现自己不听话了，或忤逆了父母的意愿，他们心里会不安，会担心父母惩罚自己，甚至会抛弃自己。为了挽回父母对自己的喜欢，他们会内疚、自责、羞愧。

偏离的核心信念会使人给自己制定许多的规则，像“我绝不可以犯错”“我一定不能得罪别人”“我必须是最好的”“我绝不允许别人贬低我”“我绝不能吃亏”“我绝不能碰触任何脏东西”“我必须要时刻小心谨慎”“我不能相信任何人”等等。这些“信条”就是心理学家艾利斯所说的“绝对化要求”，也就是无论如何，我都必须要遵守，绝不能破坏。

人会无条件服从这些规则，从不怀疑它们是否有道理或有效。如果发现这些规则没有得到遵守或被破坏，人就会担心灾难发生，产生恐惧。恐惧又会导致其他的情绪，包括焦虑、不安、委屈、怨恨、愤怒、悲伤等。如果不经过他人的引导，人很难意识到自己的防御模式是无效的，因此还会继续，甚至会更努力地使用这些无效防御机制来“保护”自己，结果就让自己陷入这种恶性循环，越来越痛苦，心理问题也越来越严重。

如果一个人内心的这些“绝对化要求”太多，一定会活得很累，会总是焦虑和不安，因为这些绝对化要求随时会遭到破坏。而对个体而言，这些绝对化概念受到了破坏，就意味着灾难。想必读者听到有人抱怨自己很不自由，活得很累，是因为他们内心的绝对化概念太多、太苛刻、太负面，导致他们前怕狼后怕虎，生活中小心谨慎，战战兢兢，如履薄冰。

4. 在痛苦中挣扎——认知偏差和负面情绪

偏离的核心信念导致了消极的中间信念，消极的中间信念又扭曲了人的自动化思维，对自己、他人和事情总持有消极态度，遇到事情总会做消极解读、消极分析、消极推理，最后得出消极的结论。在前一章中，我们剖析了九大认知偏差。是这些认知偏差让人产生了各种负面情绪，使人在痛苦的深渊里挣扎。

人有一个坏习惯，就是“总是想证明自己最不想看到的事”。比如，内心缺乏安全感的人很担心有危险，他们在生活中也会总关注不安全的因素，寻找蛛丝马迹来证明自己是不安全的。再比如，完美主义者很怕自己会犯错，他们总是关注自己工作中的瑕疵，甚至会千方百计地寻找瑕疵。一旦发现有什么瑕疵，他们往往就会把瑕疵无限放大，然后给自己乱贴标签，以偏概全，全盘否定自己。如果人不允许自己犯错，他们会总关注自己有没有犯错，而又总发现自己犯错了；若人要求自己必须是优秀的，就会总担心自己不优秀；如果人决不允许他人冒犯自己，那么他们会很在意别人对自己的态度；如果人绝不允许自己碰触脏东西，那么他们会很关注身边有没有脏东西。这种思维习惯会让个体经常陷入焦虑、担忧、害怕、愤怒、委屈、怨恨等负面情绪当中。

5. 问题行为

人类的行为都是在认知和情绪的合力驱使下产生的。弗洛伊德认为，人所有的行为，包括那些看似无意识的行为，像表情、口误、举止等，都受潜意识的影响。对此观点，我深以为然。消极的认知必定会导致负面情绪，负面情绪和消极认知又会一起导致人产生问题行为。比如，缺乏安全感的人认为他人要伤害自己，这会导致他们变得焦虑和害怕。这种认知和情绪必定会使人要么逃避他人，要么攻击他人。逃避行为和攻击行为的目的都是为了防御，让自己安全。而实际上，这些行为破坏了他们的人际关系，导致他们更没有安全感。

对于消极情绪和行为，人通常会以伦理道德、社会规范、法律法规等来衡量、评判、谴责，甚至会采取强制措施以阻止这些消极行为。这些对待方式往往会让个体更缺乏安全感和自我价值，甚至会选择自暴自弃，故意伤人害命等。

三、心理障碍的本质

1. 罪恶的本质

有关人性善或人性恶的争论已经持续了数千年。认为人性本恶的理论依据是人类历史中存在很多“罪恶”，这些罪恶导致了无数的灾难，如战乱、种族屠杀、屠城等等。

人与人之间的“罪恶”也是如此，无论是伪君子之间的尔虞我诈、明争暗斗，真小人的鸡鸣狗盗、偷偷摸摸，还是强盗的拦路抢劫、杀人越货，无良商贩的欺行霸市、盗买盗卖等，莫不都是为了自身的利益。当人感觉到自身的生命安全、事业发展受到威胁，为了能让自己有更好的发展，能更安全、更富有、更有价值，也会不惜去伤害他人。这些“罪恶”都不是为了破坏而破坏，而是为了确保自己的安全和发展“不得不”破坏。

在此，所谓的“威胁”都只是个体的主观感觉，实际上或许不存在任何威胁，也或许不必用如此极端的方式来应对，或许还有其他更好的应对方法。但在那一刻，个体并没有意识到这些。他们为了确保自己的安全，只能“出此下策”。所以，我认为，没有“坏人”，只有“病人”，人性本善，问题出在错误认知和无效防御模式上。

2. 心理症状是防御措施

在心理疾病这方面，真正给人造成困扰的是人的过度反应和无效防御。比如强迫症患者，他们总是担心手不干净，因此反复洗手。在这过程中，他们担心手上有细菌会让自己生病。这个担心让他们开始焦虑，于是防御系统开始了，无论如何，不能让手脏了。如何才能让手干净呢？必须洗，而且要好好洗、反复洗，因为只有如此手才会干净。于是，他们的心理症状就来了。真正让他们痛苦的是反复洗手，而不是感觉手脏了。

其他心理症状莫不如此，无论是焦虑症、疑病症、恐惧症、被害妄想症、抑郁症等，都是因为人过度反应，采用无效防御机制导致的。所以，患者对心理问题不要过度反应，而是要先让自己带病生存一段时间，慢慢地增强自信，提升自我价值感，这样患者就会恢复身心健康。

3. 心理问题的种类

人身体上的疾病，五花八门，种类繁多，心理方面的障碍也有很多种类。经过过去一个多世纪的研究，心理学家们发现了数百种心理障碍或疾病。《美国精神障碍诊断统计手册》《国际疾病分类——精神与行为障碍分类》列出了数百种心理障碍和精神疾病。我从 2012 年至 2019 年(8 年间)，共接待过 1 832 位来访者。依据这些诊断标准，423 位被诊断为抑郁症；435 位被诊断为焦虑症、强迫症；283 人被诊断为有情绪行为障碍，如双相情感障碍、行为障碍等；还有 79 人曾被医院诊断为精神分裂；此外，还有许多其他类的来访者，包括亲子教育类的(203 例)、婚姻情感类的(159 例)、厌学类的(175 例)、职业发展类的(75 例)等等。

虽然在咨询工作中，我也是尽量按照《美国精神障碍诊断统计手册》来给来访者做诊断，但我认为，很多的诊断其实没有必要，因为它们对心理治疗影响并不大。换句话说，对焦虑症、恐惧症、疑病症、强迫症的治疗原理和策略基本是相同的，虽然在具体咨询技术方面，会有一些不同。在咨询实践中，我简单地把心理问题分为三大类：焦虑类、抑郁类、情感障碍类。心理问题也会导致的其他问题，像婚姻问题、亲子教育问题、各类瘾症等。

四、焦虑类的心理问题

1. 概述

造成焦虑类心理问题的原因其实很简单，就是个体因为缺乏安全感，便采用了无效的防御机制，结果越防御越焦虑，最终导致心理出现障碍，严重影响了心理健康和社会功能。在这类问题中，得病率最高的有广泛性焦虑症、恐惧症、强迫症、疑病症、社交焦虑症、被害妄想症等。我从网上收集到的资料显示，我国焦虑症患者(其社会功能已经受到影响) 人数之多，令人咋舌，而且大部分患者没有得到恰当的治疗。按照马斯洛的需求层次理论，安全感的需求是最大的心理需求。如果这个需求没有得到满足，人会感到害怕、不安、焦虑和恐惧。在这种状态下，人的发展就会受限。只有安全需求得到了满足，人才会考虑去满足其他的心理需求。

2. 心理问题解析

弗洛伊德把焦虑分为三类：现实焦虑、道德焦虑和神经症焦虑。所谓现实焦虑，就是指个体意识到现实生活中真实的危险而产生的焦虑。这种焦虑是健康的、必要的，我们都需要有这种焦虑，因为这些焦虑能让我们避免很多危险。所以，如果我们生活中真的有危险，我们需要感到焦虑，这种焦虑不是心理问题。

道德焦虑，就是担心自己会犯错，尤其在伦理道德方面，担心他人知道自己在道德方面的瑕疵而讨厌自己，抛弃自己。作为社会性动物，人都需要群体生活, 和谐的群体生活是必要的，否则大家都不会好。如何维持社会的和谐呢？伦理道德是维持一个社会、团体和家庭和谐的重要标准，所以每人都要遵守。如果有人违反了伦理道德，就会影响社会或家庭的和谐，会受到权威的批评、指责或惩罚，个体就会产生焦虑，这就是道德焦虑。

每人都需要有适度的道德焦虑，因为这些焦虑能使人心生敬畏之心，能约束自己的言行，能顾及他人的需求，对维护社会和谐、家庭和睦是有帮助的。但是，如果过度在意自己是否有差错、别人是否会讨厌自己，人就会变得神经质，会引发神经症焦虑。就如前文中所谈到的李女士，因为有了离婚的念头后，就产生了强烈的道德焦虑。后来焦虑泛化，她不仅担心老公会知道，担心别人会说她坏话，甚至都不敢上班，不敢和朋友聚会，把自己锁在家里不敢出门。此刻，她的道德焦虑就演变成了神经症焦虑。

神经症焦虑患者，即使在现实生活中没有遇到危险，但他们仍然感到有危险，并因此感到焦虑或害怕，比如以为自己患了绝症、有人会伤害自己、会出现灾难。同时也会采用某些极端措施来防御，比如不断地去医院检查，不敢出门，逃避所有人，一举一动都小心谨慎，稍微有些意外事情发生就会大惊小怪，惊慌失措。另外，神经症焦虑往往还会伴随着一些躯体症状，比如失眠、头痛、胸闷、腰酸背痛、肠胃出现问题等等。

3. 神经症是怎么一回事?

所谓神经症焦虑，就是客观上没有危险，而个体仍然感到焦虑。也就是说，焦虑源不在客观现实世界，而在主观世界里。这意味着，真正让他们感到焦虑的不是当前的客观世界有什么危险，而是他们根据自己过去的经验、记忆、扭曲的认知和偏离的信念，相信现在真的有危险。遗传对人的心理问题也有一定的影响，因为基因本身具有记忆性，所以我们父辈、祖辈以及祖先的某些习性会影响我们。但决定个体是否会有神经症焦虑的关键要素，还是个体的成长经验。如果人在成长过程中经历过父母关系不和、家暴、威胁、伤害、生活的社会环境恶劣、天灾人祸，人的情感记忆会牢牢记住这些创伤经验，并不时在内心深处提醒自己：我有危险，要小心，要时刻准备着应对。

4. 焦虑类心理问题的心理机制

个体早年的创伤经历会使个体产生偏离的核心信念：这世界是不安全的，他人会随时伤害我。这样的核心信念使得个体始终处在一种“一级战备”状态，他们的防御机制非常敏感，反应也非常迅速，一有风吹草动，立即风声鹤唳，草木皆兵。在这种状态下，个体的防御措施一般是逃避、防御或攻击。个体一旦受到刺激，就会情绪崩溃，陷入恐惧和焦虑状态。随之，躯体症状也会出现。同时，个体的行为也会受到影响，会做出一些不可理喻的行为，比如把自己关在家中不敢见人，不断地去医院检查身体，反复长时间地洗手洗澡，经常情绪失控，对他人大发脾气。不同的认知偏差、情绪和行为就导致了不同的心理症状。

5. 焦虑类心理问题的类型

根据我的咨询经验，比较常见的心理问题有以下几类：广泛性焦虑症、各类恐惧症(怕黑、怕蛇、怕老鼠)、强迫症(反复洗手、反复检查、反复摆东西……)、疑病症、社交焦虑、考前焦虑。接下来，我们来了解一下这些症状。

(1) 广泛性焦虑症

① 表现症状

经常焦虑不安，他们的焦虑是持续的、全面的、无明确对象或固定内容。但一般都是担心现实生活中可能会出现的问题，比如担心自己或亲戚患病、发生意外，担心经济状况，过分担心工作或社会能力。他们的这种紧张不安、担心，或烦恼与现实很不相称，其实没有必要如此担心，但是他们就是控制不住地担心。这种担心和焦虑会使他们自己难以忍受，但又无法摆脱。

② 成因

目前，病因尚不明确，可能与遗传因素、个性特点、认知过程、不良生活事件、躯体疾病均有关系。但是，依我的咨询经验，造成广泛焦虑的主要原因是原生家庭不安全，比如父母经常争吵或要离婚，或经常无缘无故地打骂孩子。有一位被广泛性焦虑症困扰的求助者告诉我，她小时候就是在两种情绪中长大的：焦虑和恐惧。当父母争吵的时候，她体验到的是恐惧；当父母和好的时候，她体验到的是焦虑，因为不知道什么时候父母又会争吵。

③ 病理

因为他们内心确定，危险就在周围，下一刻就会有坏事发生，所以他们需要时刻准备着。他们的身体总是处在紧绷状态，情绪总是紧张不安。一旦发生什么意外，比如突然有朋友来访、计划变了、不能按时完成任务了，他们就会有大难临头的感觉，就会开始焦躁不安，愤怒症状也就出现了。

(2) 各类恐惧症

① 症状

恐惧症的主要症状表现为对某些特定的对象或处境产生强烈和不必要的恐惧，而且伴有一些不能自控的躯体症状，并主动采取回避的方式来解除这种不安。患者明知恐惧情绪不合理、不必要，但却无法控制，以致其正常活动受到影响。我通过临床研究发现，女性比男性更容易被恐惧症所困扰。

按照恐惧对象，恐惧症可分为三种：社交恐惧、特定恐惧和广场恐惧。社交恐惧症具体表现为患者害怕在有人的场合或被人注意的场合出现表情尴尬、发抖、脸红、出汗、手足无措等窘态，怕引起别人的注意。因此回避诱发焦虑的社交场景，如不敢在餐馆与别人对坐吃饭，害怕与人近距离相处，尤其回避与别人谈话。

特定的恐惧症表现为患者对某一特定物体或情境产生强烈的、不合理的害怕或厌恶。典型的特定恐惧是害怕动物(如蜘蛛、蛇、老鼠等)、自然环境(如风暴、打雷)或特定的情境(如高处、密闭空间、飞行)。患者会因此产生回避行为。

所谓广场恐惧症，表现为患者不仅害怕开放的空间，而且担心在人群聚集的地方难以很快离去，或无法获得求援。场所恐惧性情境的关键特征是，如果没有即刻可用的出口就会感到恐惧，因此会极力回避这些场景，或一定需要家人或朋友陪同。

② 病因

那些性格内向、胆小、害羞、幼稚的人容易被恐惧症所困扰。此外，个体在生活中的经历会使人致病，例如，被某种动物咬过，就会对某种动物产生恐惧；听说某种东西特危险，就会对这些事物产生恐惧。有位来访者特别害怕水，原因是他有一个朋友溺水而亡。

③ 病理

恐惧症是典型的条件反射，是个体自我防御的一种方式。在潜意识深处，有一些深刻的情感记忆，人一旦碰触到这些东西或场景，内在的防御机制就自动启动，整个人瞬间进入一种高度戒备的状态，产生强烈的恐惧情绪，躯体高度紧张，竭尽全力避免接触自己恐惧的物品或场所。

（3）强迫症

① 症状

所谓强迫症，就是患者感到自己被“强迫”着去反复思考和做一些无意义的事，这给患者造成极大的困扰，而患者又无法摆脱这些想法和行为。强迫症可分为强迫思维和强迫行为两部分。所谓强迫思维，就是头脑里有许多强迫观念，反复数数，反复思考一件无意义的事情，无休止地推理一件事情，如门、窗、水龙头、煤气等是不是没有关好，自己是不是碰到脏东西了……大多时候，患者自己也清楚没有必要思考这些事，这些事情没有意义，但就是控制不住自己去想。大多数患者不仅去想，还会有强迫行为，比如反复地洗手，反复回家锁门，晚上睡觉反复起来检查是否关好水龙头、煤气或窗户。这些行为让他们很痛苦，但他们就是控制不住自己。

② 病因

关于强迫症的病因，目前在学术界尚无定论，但可以确定的是，强迫症与遗传、性格特征、心理社会等因素有关。我总结咨询经验发现，造成强迫症的关键因素是原生家庭和成长经验。强迫症患者大多有一段来自原生家庭的特殊经历。比如，王先生，总担心门没有锁上，会反复地去检查。即使在上班的路上，马上要迟到了，他还是要下车返回家再检查一遍。结果导致他上班经常迟到，也因此无法保持一份稳定的工作。他很是苦恼，也知道自己患了强迫症，就来寻求帮助。通过咨询我找到原因，小时候他贪玩，没有关门就到其他小朋友家去玩了，结果，家中失窃，丢了很多钱和一些重要的物品。父母回家后非常生气，狠狠地打了他一顿。从此以后，王先生就总担心门没锁。

③ 病理

强迫症是一种焦虑类心理问题，患者内心有强烈的焦虑，往往担心某种特定问题，以为问题如果不解决就会导致灾难。比如王先生，童年的那个惨痛经历让他“学到”门必须要锁好，否则就会大难临头。为此，他会把几乎所有的精力都用来关注门有没有锁好。那些反复洗手的患者也是如此，他们很关注自己的手有没有碰到脏东西，认为如果碰到了，又没洗干净，就会导致自己身患重病，就会死亡。所以他们总是处在一种焦虑状态，总觉得自己的手碰到脏东西了。洗手的时候，又总是感觉没有洗干净。

强迫观念也是如此。来访者莉莉，总担心会有灾难发生，每天要把所有的可能想一遍才能心安。但是，想一遍，至少要花费她两个小时的时间。如果不想，她心里就会很恐慌。但即使想了，这种心安也只能持续很短一段时间。这让莉莉非常痛苦。咨询中我们探索她的病因，莉莉的父母从农村来到大城市生活，起初居无定所，生活很拮据，又经常被当地居民欺负。根据莉莉的描述，她的妈妈似乎有焦虑症，整天都不敢出门，每天都心惊胆战，怕这怕那。在这个环境里长大，莉莉自然也被焦虑所困扰，这导致她患了焦虑症。

其他强迫症患者的心理机制也是如此，有什么症状就说明他们内心恐惧什么，这些强迫症状是患者的防御措施。但是，这些防御措施都是无效的，并不能真正帮助他们缓解焦虑和恐惧。

（4）疑病症

① 症状

疑病症又称疑病性神经症，基本特征是患者持续存在先占观念，认为自己患了某种或多种严重的疾病，反复就医。尽管医学检查显示健康，医生反复解释他们没有相关疾病，但仍然不能打消患者的顾虑，他们常伴有焦虑或抑郁。患者往往会过分关心自身健康和身体的任何轻微变化，并做出与实际健康状况不相符的疑病性解释。

疼痛是最常见的症状，就部位而言，以头、颈、背、胸部居多。躯体不适症状可涉及不同器官。常伴有焦虑、恐惧和神经功能障碍症状。患者不相信各种阴性检查结果和医生的解释保证，仍坚持自己的疑病观念，继续到各医院反复要求检查和治疗。由于患者的注意力大部分或全部都集中于健康问题，以至于明显影响到日常的学习、工作、生活和人际交往。本病多在50岁以前发病，为慢性波动病程，男女均可发生。

② 病因

致病原因，我根据自己的临床经验，总结了以下这些原因。首先，原生家庭。如果原生家庭里缺乏安全感，比如父母过度重视身体健康，过度讲究卫生，孩子长大后就容易被疑病症所困扰。其次，性格。我发现那些被疑病症困扰的人往往都比较孤僻、固执、内向、敏感。这意味着有这类性格的人容易患疑病症。再次，医生的不恰当言论。比如暗示可能会有大病，需要手术等，过多的医学仪器检查，不必要的过分治疗，不必要的手术等等都可能促进疑病观念的产生。

③ 病理

对疑病患者来说，他们内心感觉自己不安全，而最大的威胁是疾病，认为如果自己一旦得病，就是灾难，只有确保自己健康，不得病，才能确保自己安全。因为他们如此关注自己的健康，所以就会很在意身体的感觉。一旦感到哪里不舒服，就会立即做好最坏的假设：我是不是得了某种绝症？我发现，往往是患者越害怕什么病，越容易以为自己真的得了这病。这种认知偏差导致患者焦虑和恐惧，会引发躯体症状，这种躯体感觉更让患者确定自己有病。这种认知和情绪会促使患者不断地去医院检查身体。当检查结果为正常，或医生告诉自己没有问题时，患者非但不会感到轻松，而是更加害怕：我的确感到疼痛，如果不是这个病，那到底是什么病？这种不确定性会使患者更加焦虑、更加害怕。

（5）小结

除了以上这几种病症，还有许多其他焦虑类心理问题，比如社交焦虑、考试焦虑等。他们的致病原因和病理都很类似，只是表现症状不同。限于篇幅，就不在此一一分析。

五、抑郁类的心理问题

在我的来访者中，抑郁症患者占了很大一部分。

1. 抑郁症是什么病?

抑郁症是一种疾病，根据许又新教授的诊断标准，抑郁症有六个主要表现：兴趣减退甚至丧失，对前途悲观失望，无助感，感到精神疲惫，自我评价下降，感到生活或生命本身没有意义。此外，抑郁症患者通常还具有以下一些症状：精力减退；食欲改变；睡眠更多或更少；焦虑；注意力下降；犹豫不决；躁动；感到一无是处、内疚或绝望；有自残或自杀的念头。抑郁症的最坏后果是导致自杀行为，这是目前 15~29 岁人群的第二大死亡原因。

很多人不理解患抑郁症的亲人或朋友，总是指责、怪罪，觉得他们就是懒惰、懈怠、自私。岂不知，他们是真的无能为力。有位来访者描述自己的感受是“心理瘫痪”，就像一个瘫痪的人，真的站不起来。抑郁症患者的感受也是如此。我曾去看望一位患抑郁症的朋友。离开时，她愿意送我去火车站。为了鼓励她走出家门，我接受她的送行。到了火车站后，她却无法走出汽车，家人越敦促她，她越抗拒，我也想帮助她走出汽车，但是越拽她，她越退缩。因为开车时间到了，我不得不进站了，她始终无法走出汽车。在火车上，我打电话安慰她，她大声哭着对我说：“我实在走不出来啊。”类似的来访者还有很多，有的是实在起不来床、走不出家门，有的是实在控制不住自己悲伤的情绪。这个经验让我意识到，抑郁症患者不是不愿意，而实在是无能为力，他们是真的“心理瘫痪”了。

2. 抑郁症是怎么得的?

任何一种疾病都是由多种原因造成的，抑郁也不例外。一般来说，造成抑郁的原因有三大类：遗传因素、环境因素和社会文化因素。

（1）遗传因素

科学家们首先研究了是否有遗传因素。一个普遍的现象就是，如果父母有抑郁，其子女也很可能会有抑郁。同卵双胞胎比异卵双胞胎有更高的心理疾病相同性，也就是说，同卵双胞胎患同样疾病的比例比异卵双胞胎要高出许多。科学家们得出的结论是，抑郁症有大约 30% ~ 40% 的遗传因素。①

（2）环境和心理因素

科学家们研究发现，造成抑郁症的原因中，有大约 60% ~ 80% 是环境因素。环境因素包括以下几方面：创伤事件、生活压力、习得性无助、消极思维。

创伤事件。我发现，患抑郁症的来访者基本上都有一个很不平凡的成长经历，比如早年失去亲人、父母离异、身体多病或有残疾、遇到过重大事故或灾难等。心理学家们发现，创伤事件对个体的影响不能以事件本身来衡量，而应以个体的经验为标准。同一件事，比如被家暴，有的人可能无所谓，而对有的人则可能是一个严重的创伤经验。

生活压力。新冠疫情期间，有多个来访者前来求助。他们都去过医

① Bierut, L. J., Heath, A. C., Bucholz, K. K., Dinwiddie, S. H., Madden, P. A., Statham, D. J., Dunne, M., & Martin, N. G, Major depressive disorder in a community-based twin sample: Are there different genetic and environmental contribution of depressed women?, *Archives of General Psychiatry*, 1999, 56 (6), pp. 557 - 563.

院，都被诊断为中度或重度抑郁。去年，他们有的是企业高管，有的是某知名饭店的老板，有的是旅游公司的负责人。因为疫情，他们都失业了，失去了收入，房贷、车贷、供孩子上学、给老人看病等负担仍在。“压力山大”，又无力解决，开始难受、失眠，并出现各种躯体症状。去医院检查，结果被诊断为抑郁症。显然，导致他们心理出现问题的主要原因就是生活压力。

习得性无助。如果一个人经历的挫折太多，则会很容易发展出一种“习得性无助感”。这个概念是美国心理学家塞利格曼提出的。他在研究动物时发现，如果他把狗关在笼子里，只要蜂音器一响，就给狗施加难以忍受的电击。狗关在笼子里逃避不了电击，于是在笼子里狂奔，惊恐哀叫。多次实验后，只要蜂音器一响，狗就趴在地上，惊恐哀叫。后来实验者在给电击前，把笼门打开，此时狗不但不逃，而且不等电击出现，就倒地呻吟和颤抖。它本来可以主动逃避，却绝望地等待痛苦的来临，这就是“习得性无助”。

为什么它们会这样？塞利格曼的解释是，因为它们已经知道，无论做什么，都是无用的。既然是无用的，那就什么也不做了，等着忍受痛苦吧。人也很容易发展出“习得性无助”。如果一个人经历太多的挫折，尤其是经过努力后仍然失败，在其内心就会形成一个信念：无论我做什么都避免不了失败，做什么都没用，既然没有用，我为什么还要努力？

消极思维。我发现，抑郁症患者的思维是消极的。无论他们做什么，都想到了最坏处。然后以此推理，结论也一定是“灾难性的”。如果人在内心认定等待自己的一定是灾难，而且自己无论做什么都摆脱不了这个灾难，就会产生无助感，然后放弃努力。人的这种思维模式就是在成长过程中不断习得的。这种思维也会成为人内心深处的一个信念，并且人会以此信念来解读他们生命中发生的一切。结果他们会认为自己的生命是悲观的、没有希望的，除了痛苦和灾难，没有别的。

（3）养育和教育因素

首先，很多错误的观念影响了家长的养育和教育模式。第一，“望子成龙”和“望女成凤”的观念使得很多家长从小就逼迫孩子拼命学习，压制了孩子爱玩的天性；“不能输在起跑线上”的观念让很多家长认为，如果孩子没有考上有名的小学、中学，孩子的一生就完了，会注定是个失败者。这些观念都会严重影响孩子的自我评估，使得他们从小就被迫压抑自己，自卑、自贬，对将来悲观失望。

第二，很多中国家长不尊重孩子，只按照自己的意愿去培育孩子，而忽略孩子的情绪、意愿和兴趣爱好。这种养育模式会使得孩子失去自我，不知道自己喜欢什么、想要什么、能做什么。自己所做的一切都是按照父母的要求来做的，是为父母做的。如果父母的要求不是孩子想要的，那么孩子就会很容易感觉自己的生活没有意义。我发现，现在很多孩子，尤其是初中生或高中生，感觉自己活得没意思，其原因就在这里。这样的孩子很容易患抑郁症。

第三，很多家长相信“谦受益，满招损”和“棍棒底下出孝子”等观念，他们很少表扬孩子，不断地批评和指责。他们以为，如果表扬孩子，孩子就会骄傲，就会落后；如果批评孩子，孩子就能知错，就能进步。在这种养育模式下长大的孩子觉得自己没有任何优点，只有缺点和毛病，而且无论自己怎么做，总做不好。渐渐地，就会产生自卑感和无助感。

（4）社会和文化因素

社会和文化因素也是导致人患抑郁症的重要原因。当前国内许多社会问题会导致人患抑郁症。我归纳总结了下列几个问题：

第一，婚姻问题。当前，中国的离婚率愈来愈高。根据国家民政部门2016年的统计，中国前十大城市的平均离婚率为35%。心理研究发现，婚姻问题又是很容易导致人患抑郁症的。我接待的大部分患抑郁症的来访者都有婚姻问题，尤其是女性。她们在家庭里忍受种种不公平的对待，包括丈夫的不忠、家暴、冷暴力，以及被丈夫家族中其他成员欺负，但没有勇气提出离婚。这种家庭和生活环境使得来访者患了抑郁症。我还发现，那些离过婚的人都会有一种挫折感，女人的挫折感更严重。她们会感觉自己的人生遇到了重大失败，感到孤独、寂寞，并会对自己的未来开始悲观失望，渐渐地就会出现抑郁症状。

第二，社会风气。自改革开放以来，中国经济高速发展，但发展并不均衡，造成了很多的社会问题，如拜金主义、人情淡漠、贫富不均、高房价、看病难、上学贵等等。这些社会问题使得生活在社会底层的人产生了严重的挫折感、无力感和无助感。很多来访者都有房、有车，生活无忧，但是无论是参加同学聚会，还是和朋友一起聚餐，都感觉别人比自己强，感觉自己很无能，有严重的挫败感。有很多来访者就因为自己买不起别墅而感觉自己活得很失败；也有来访者因为自己没有考上一本大学而感觉自己是彻底的失败者。还有很多来访者，眼看着房价越来越高，而自己的工资还在原地踏步，这让他们对自己感到灰心失望。此外，还有很多其他类似的因素，导致他们患上了抑郁症。

第三，人情淡漠。人是“社会性动物”，离开他人，谁都无法生存。如果人际关系出了问题，心理也会出现问题。人的痛苦，尤其心理痛苦，绝大部分都与人际关系有关。中国社会就是一个人情社会，中国传统文化非常重视人际关系和人伦道德。但遗憾的是，种种因素使得中国传统的人伦道德受到严重破坏。父母儿女、兄弟姐妹之间，为了争家产，彼此大打出手，把对方告上法庭，彼此之间形同陌路的例子屡见不鲜；碰瓷、讹诈、欺骗等现象多有发生；老人在马路上摔倒，周围的人都不敢扶等等。人若失去了对别人的信任，也就失去了安全感。人也会变得很脆弱，也就容易患抑郁症了。

3. 导致人抑郁的心理机制

虽然导致人抑郁的外在原因很多，但我认为，主要原因是人的信念和思维方式受到破坏，一味地否定自己，看不到任何希望，因而出现悲观、消极、绝望的情绪。换言之，创伤刺激、挫折、他人对自己的批评和指责等，都使人觉得自己没有价值、什么也不是、什么也做不好，是个失败者，而且这种状态可能永远都不会改变！这些信念使人看什么都是负面的、消极的、没有希望的。既然内心已经认定自己是没有希望的，那也就没有勇气和精力使自己振作起来，也就让自己放任自流了，放弃了一切的努力和挣扎，自暴自弃。

但是，人内心更深层次的真我不会接纳这个结果，还在内心不断地抗争：我不是这样的、我不是无用的、我不甘心。这两股力量在人内心产生了强大的张力，使个体非常痛苦。这也导致抑郁的人虽然把自己关在家里，躺在床上，但是他们并不轻松，而是压力巨大。这也导致了抑郁症患者的一个症状，就是易被激惹。

因为抑郁症患者内心有种强烈的绝望感，又很痛苦，容易产生自杀念头，认为“结束自己的生命是一种解脱”，“自己活在世上是多余的”，最终发展成自杀行为。这是抑郁症最危险的症状。

4. 抑郁症的临床表现

抑郁症的主要表现为显著而持久的情感低落，抑郁悲观。轻者闷闷不乐、无愉快感、兴趣减退，重者痛不欲生、悲观绝望、度日如年、生不如死。一般而言，患者会有晨重夜轻的节律变化。患者往往会降低自我评价，有无用感、无望感、无助感和无价值感，常伴有自责自罪，严重者出现罪恶妄想和疑病妄想，部分患者可出现幻觉。

他们的思维联想速度缓慢，反应迟钝，思路闭塞，自觉“脑子好像是生了锈的机器”，“脑子像涂了一层糨糊一样”。言语减少，语速明显减慢，声音低沉，对答困难，严重者无法顺利进行交流。行为缓慢，生活被动，疏懒，不想做事，不愿和周围人接触交往，常独坐一旁，或整日卧床，闭门独居，疏远亲友，回避社交。严重时连吃、喝等生理需要和个人卫生都不顾，蓬头垢面、不修边幅，甚至发展为不语、不动、不食。大部分抑郁患者还伴有焦虑，有坐立不安、搓手顿足等症状。严重的患者常伴有自杀的观念或行为。

5. 小结

综上分析，造成抑郁的主要原因是个体内心产生无助感并因此放弃希望、放弃努力，而内心又不能接纳自己的现状。如果个体内在的无助感不能被打破，个体就难以从抑郁状态中走出来。为此，要帮助那些陷入抑郁状态中的人，关键是，帮助他们重建自信，重燃对将来的希望。

六、双向情感障碍

1. 什么是双向情感障碍?

据调查，大约 1.5% 的中国人患有双向情感障碍，也称双相心境(情感)障碍。所谓双向，是指有躁狂或轻躁狂发作，又有抑郁发作。躁狂和抑郁会交替或循环出现，也会以混合方式同时出现。发作后，个体会表现得一切正常，看不出有什么心理问题，但受到刺激又会发作。大多数病人有反复发作倾向。

2. 表现症状

按照症状发作特点，可以分为抑郁发作、躁狂发作和混合发作。

（1）抑郁发作

与抑郁症相比，双相抑郁有如下特点：起病较急，病程较短，反复发作较频繁。情绪更不稳定、更易激惹、精神运动性激越、思维拥挤、睡眠增加、注意力不集中、更多的自杀观念和共病焦虑及物质滥用。

（2）躁狂发作

躁狂发作时，有的患者心境高涨，自我感觉良好，思维奔逸，反应敏捷，思潮汹涌，兴高采烈，得意扬扬，有很多的计划和目标，具有一定的感染力；有的患者尽管心境高涨，但情绪不稳，变幻莫测，目空一切，自命不凡，盛气凌人，不可一世。时而欢乐愉悦，时而激动暴怒。部分患者则易愤怒、易激惹，甚至可出现破坏及攻击行为。

躁狂发作时，活动增多，精力旺盛，不知疲倦，兴趣广泛，动作迅速，忙忙碌碌，爱管闲事，但往往虎头蛇尾，随心所欲，不计后果。常挥霍无度，哗众取宠，专横跋扈，喜欢对别人颐指气使。

躁狂发作临床表现较轻者称为轻躁狂，患者可连续数天心境高涨，精力充沛，自我感觉良好，注意力不集中，社交活动增多，性欲增强，睡眠减少。有时表现为易激惹，自负自傲，行为较莽撞，但不伴有幻觉、妄想等精神病性症状。对患者社会功能有轻度的影响，部分患者有时达不到影响社会功能的程度，一般人常不易觉察。

（3）混合发作

混合发作指躁狂症状和抑郁症状在一次发作中同时出现，患者会突然从躁狂发作的状态转为抑郁发作，几小时后又躁狂发作，如此反复重复。但这种混合状态一般持续时间较短，多数会较快转入躁狂发作或抑郁发作。混合发作时躁狂症状和抑郁症状均不典型，容易被误诊为分裂心境障碍或精神分裂症。

3. 致病原因

病因未明，但多数学者认为，双向情感障碍是由遗传、家庭和社会环境等诸多因素造成的。家系调查和双生子研究发现，双相障碍在家族中往往不是单独存在的，而是多人存在的，即使家族成员没有生活在一起。调查还发现，血缘关系越近，患病率越高。与单相抑郁症相比，双相障碍患者的家系传递与遗传因素的关系更密切。这个发现使得学者相信，双相障碍会通过基因遗传。

此外，不良的生活事件和环境应激事件可以诱发情感障碍，如失业、失恋、家庭关系不好、长期高度紧张等。遗传因素可能导致一种易感素质，而具有这种易感素质的人在一定的环境因素促发下会发病。研究还发现，女性更容易抑郁发作，而男性更容易有躁狂发作。

4. 双向情感障碍的心理机制

双向情感障碍的症状显示了患者内心有两股力量在博弈：无能感和万能感。当患者抑郁发作的时候，无能感占了上风，个体会被无用感、无助感、无价值感和自暴自弃所控制，因此呈现出抑郁症状。但是，患者内在的真我是不甘心的，会积攒能量反抗，要改变这个局面。过一段时间，患者内在的那种不甘心足够强大了，万能感占据了上风，就将无助感、无用感和无价值感给压制了，进而控制了患者的思维、情绪和行为，患者就开始躁狂发作。

躁狂发作时，患者会体验到兴奋或愤怒，能体验到哪种情绪取决于个体是否能完全压制住那种无助感和无用感。如果能，个体就会认为自己是有能力的、有价值的，甚至比其他人都更有能力，因此就会体验到兴奋；

如果不能，在想提升自己的同时，还体验到那种无用感、无价值感，患者就会“气急败坏”，那么呈现出来的就是愤怒、攻击性和破坏性。

5. 小结

双向情感障碍的关键症结是无能感，也就是在内心对自己彻底的否定。万能感的产生，则是因为内在本我不接纳自己无能的事实而采取了防御措施。如果无能感能够被化解，个体能从内心相信自己，自然也就不会陷入抑郁，与此同时，因为有了自信，安全感也会得到提升，躁狂的症状也会有所缓解。

七、其他心理问题

除了以上所说的这些心理问题，还会有许多其他问题在困扰着我们，而我们往往却不认为它们是心理问题，比如婚姻问题、亲子教育问题、学生厌学、过度害羞、脾气暴躁等。人们往往只是从伦理道德、风俗习惯、法律法规等角度来评判和谴责那些不被接纳的情绪和行为，并从道德说教的角度来要求人不该怎么做，该怎么做，但效果往往不佳。其实，真正导致这些问题的不是人品，不是道德，也不是法律，而是心理问题。当然，要彻底解决这些心理问题，也必须从心理角度入手。接下来，我们将详细探讨那些最经常困扰我们的问题。

1. 婚姻导致的问题

导致离婚的原因有很多，像是外遇、家暴、性格不合、没有共同语言、家族问题、经济问题等。

这些年来，我接待过许多婚姻出现问题的夫妇。起初，双方都相互指责，而且是公说公有理，婆说婆有理。往往，他们都对，都没有诬告别人，他们说的都是实情。只是，他们没有意识到自身的问题。比如，一个严重自卑和缺乏安全感的妻子，会很担心丈夫有外遇，因而会对丈夫控制得很严。而她的控制又让丈夫很不自由，丈夫会极力挣扎，避免回家。而丈夫越不回家，妻子越不安，越指责，丈夫会越烦，最终影响了他们的婚姻关系。再比如，如果丈夫从小就看到父亲家暴母亲，打骂孩子。长大后，他也会如此对待他的妻子和孩子，导致整个家庭都很痛苦。

我根据自己的临床经验发现，绝大部分的婚姻问题源自心理问题，包括缺乏安全感、有自卑感、心理不成熟、有未治愈的创伤经验等等，如果这些心理问题得不到治愈，婚姻问题比较难解决。

2. 亲子教育导致的问题

在当前中国，亲子教育也是一个很严重的问题。因为亲子教育的失误，导致很多孩子被各种心理问题所困扰，包括厌学、网瘾、抑郁、焦虑等。面对这些问题，家长和老师们几乎无计可施。而导致学生出现问题的主要原因有：挫折经验、人际关系紧张、家庭问题。

导致孩子产生挫折经验的主要原因出在养育和培养方法上。很多家长信奉“棍棒底下出孝子”的理念，对孩子更多的是批评和指责，很少表扬和肯定，这会导致孩子有自卑感。如果孩子的考试成绩不理想或是有退步，迎来的往往是说教、批评、指责、惩罚。这些养育模式会让孩子很怕失败。感觉自己一旦失败了，比如成绩下滑了，或作业没有做好，就容易自暴自弃。

挫折经验会加剧孩子的自卑感。自卑的人在人际交往方面也很容易出现问题，要么封闭自己，不和人交往；要么依赖他人，使自己很容易受伤。紧张的人际关系会使得孩子更自卑，失去安全感，总害怕他人会讨厌自己。在这些压力之下，孩子往往会选择上网打游戏来逃避现实。这又引起了另外一个问题，就是网瘾。打游戏其实只是人选择逃避的一个方法，因为在游戏中，人能够体验到在生活中体验不到的驾驭感和成就感。

我还发现，家庭问题也是导致孩子出现心理问题的一个重要原因。孩子是非常敏感的，他们能灵敏地觉察到父母的关系是否和谐。如果父母关系不和谐，尤其是发生冲突时，孩子们就会失去安全感，也会有自卑感。孩子的消极心理状态如果长时间得不到改变，很可能就会出现焦虑、抑郁、强迫、厌学、网瘾等心理问题。如果家长或学校不能觉察到孩子的问题，仍然逼迫孩子学习，孩子则很可能会产生自杀或自残的念头。

3. 各类瘾症问题

瘾症，包括酗酒、吸毒、赌博、性变态、网瘾等，也是困扰人群的重大问题。我没有找到相关的调查数据，只依据个人的咨询经验，发现有很大比例的人会被某种瘾症所困扰。

人为什么会上瘾呢？

我认为，导致人上瘾的原因主要有两个，一个是通过某些特定行为，人能发泄内心的压力，另外一个是人能通过瘾症行为获得某些快感和成就感。让人上瘾，有生理方面的因素，也有心理方面的因素，但心理方面的因素是主要的。生理方面，身体会对让自己上瘾的某些物质产生依赖，如酒精、尼古丁、毒品等。身体的系统已经习惯了这些物质，如果缺乏了，身体会感到不适应，会难受。比如，吸烟上瘾的人如果长时间不吸烟，他们的身体会难受；酗酒者、吸毒者也是如此，长时间不喝酒、不吸毒，身体会难受得很。所以，戒酒、戒烟、戒毒，必须要熬过身体难受这一关。

心理方面，人对瘾症产生了依赖。当人感到有压力时，自动就想要缓解压力，若对某种物质或行为上瘾，就会自动想到要靠这物质或这行为来缓解压力。比如，面对压力，酗酒者就自动想到要喝酒；吸烟上瘾的人，自动想到要吸烟；赌博成瘾的人自动想到去赌博；有网瘾者，就自动想到去上网。上瘾者此刻会产生一种强大的心理暗示：如果你做了、喝了、赌了或吸了，你的问题将会迎刃而解，同时你还会体验到巨大的快乐；如果你不这样，你会一直痛苦，无穷无尽。这些心理暗示会让瘾症患者相信，要解决问题，只能如此，也必须如此，除此之外，别无他法。

当瘾症患者吸食某种物质或做瘾症行为时，马上会有一种压力释放感，同时还会感到某种快乐，比如喝酒喝到一定程度时，人会体验到一种飘飘欲仙的感觉；吸食毒品后，人会感到像是升天堂一样的快乐；赌博下注时，他们会体验到一种英雄气概；玩游戏时，他们会体验到某种成就感。这些美妙的感觉，是上瘾者所渴望的，他们在现实生活中体验不到这些感觉，只能在这些瘾症中才能体验到。

我发现，要帮助人从瘾症中解脱出来，单纯要求他们不喝酒、不吸烟、不吸毒、不赌博或不上网是不够的，还需要帮助他们提升自己的生存能力、增强社会支持系统、改善和家人朋友的关系，帮助他们以健康的方式缓解压力，让他们在现实生活中也能体验到成就感和价值感，只有如此，才能帮助他们慢慢地摆脱瘾症的困扰。

八、精神分裂症

1. 精神分裂是什么病?

据研究，全世界大约有 1% 的人患精神疾病，而精神疾病最典型的表现就是“精神分裂”，顾名思义，就是人的精神处于分裂状态。这种“分裂”状态不是我们日常生活中所感受到的心理冲突，而是一个人的主观世界和现实世界发生了“分裂”，患者的精神没有生活在现实世界里，而是生活在他们想象的主观世界里。

2. 精神疾病是怎么产生的?

精神分裂症是一种很复杂的精神疾病，发病原因有多种。目前可以确定的致病原因有遗传和环境，遗传因素导致的分裂症占比高达 80%，当然环境因素也很重要。

(1) 遗传因素

精神病性研究显示，精神分裂症患者的亲属的患病率约比一般居民高 6.2 倍，且与患者的血缘关系越近，患病率越高。一对夫妻中如果有一位患精神病，其子女患病的概率可高达 14%，如果夫妻双方都患精神分裂症，其子女患病的概率高达 50%；如果一对夫妻的兄弟姐妹中有患精神分裂的，其子女患病概率是一般人群的 3 倍。调查表明，同卵双胞胎精神分裂症的同病率为 50%，而异卵双胞胎同病率为 10%。

以上这些研究都显示，遗传因素在精神分裂症的发病中起了重要作用。但遗传因素到底是单独起作用，还是和其他致病因素共同作用? 目前仍不清楚。多数学者认为，精神分裂症既有基因遗传机制的参与，又有遗传异质性的存在。遗传因素在精神分裂症的发生中起着一种素质作用，素质是潜在的发病因素，在环境因素作用下，可以使其活化，从潜在因素转变为临床症状。

(2) 环境因素

环境因素主要包括生物学因素和心理社会因素两种。

20 世纪 70 年代以来，神经免疫学研究发现慢性病毒或潜伏性神经病毒可引起某些中枢神经系统疾病，并可导致痴呆或其他精神疾病。这引起了学者对病毒感染学说的兴趣。有研究发现，母亲在怀孕期间，患过流感或其他病毒感染，胎儿成年后发生精神分裂症的可能性明显高于对照组。其原因可能是病毒感染导致胎儿脑部发育障碍，引起皮层神经细胞结构紊乱，致使成年后发生精神分裂症。

心理学家们还发现，心理社会因素与精神分裂症之间有着密切的联系。在中国，随着社会经济高速发展，人们的生活和工作节奏加快，社会压力和精神压力增大，精神分裂症的发病率已经有明显上升的趋势。

当人面对社会或精神压力的时候，身体和心理会自然作出反应。反应的强烈程度要取决于个体如何解读这些压力。如果个体把这些压力视为要来临的灾难，就会出现应激反应。每个人的抵抗能力是不一样的。有人抵抗能力很强，能够应对压力；而有的人则比较脆弱，稍微有些压力就会崩溃。

3. 发病过程

首先，个体心理比较脆弱，容易产生强烈的情绪反应；其次，个体在成长过程中承受了太多、太大的压力和创伤，思维模式变得消极和负面；再次，在遇到强烈刺激，比如生活或工作中遇到重大挫折，导致精神崩溃。有研究发现，失学、失恋、失业、离婚、人际冲突、意外事故都很容易诱发精神分裂症。在我接触过的精神分裂者中，约 90% 的患者都是由于社会心理因素发病的。

4. 心理问题和精神疾病的区别

在心理治疗领域，心理疾病通常分为一般心理问题、严重心理问题、神经症和精神疾病。前三者属于心理问题，属于健康心理咨询的工作范围，而精神疾病则是疾病，属于精神科医生的工作范围。

我依据自己的咨询经验发现，精神疾病和心理疾病之间并没有明显的界限。这些年来，有许多被医院诊断为精神分裂症的来访者在家人陪伴下向我寻求帮助。开始他们的精神疾病症状很明显，有妄想、幻听、幻觉等精神症状，也缺乏自知力。所以，医院的诊断是准确的。根据家人们的描述，他们家族中没有任何人有类似的症状，所以基本可以排除遗传因素。

根据家人的描述，来访者小时候非常聪明、乖巧，学习也好。到初中时开始出现问题，比如逆反、厌学、对游戏上瘾等。家人很着急，也很生气，觉得孩子变坏了，想尽办法纠正他们，包括严厉批评、打骂、表达对孩子的失望等。但是，孩子的问题却是越来越严重，情绪越来越不稳定，行为也越来越离谱。家长们实在无奈了，带孩子去医院，结果被诊断为精神分裂。

根据他们的描述，我分析了一些诱发孩子得病的共同因素，包括父母关系不和、父母对孩子过度严厉、学习压力过大、受到校园暴力的迫害、中考或高考失利、失恋等。

基于这些经验，我认为，精神疾病(不包括遗传的)产生的过程是这样的：首先，原生家庭的不和谐以及错误的养育模式，导致孩子产生了一般的心理问题，比如胆怯、容易紧张和焦虑等；其次，一些外在的压力，比如学校的压力、挫折、创伤经验等，使孩子开始产生严重心理问题；再次，心理问题没有得到重视，或家长以错误的方法帮助孩子解决问题，结果导致问题越来越严重；最后，孩子精神崩溃，产生了精神疾病。所以，心理问题和精神问题，不是两个不同的问题，而是同一个问题，只是严重程度不同，他们之间可能没有明显的界线。就如下图所示：

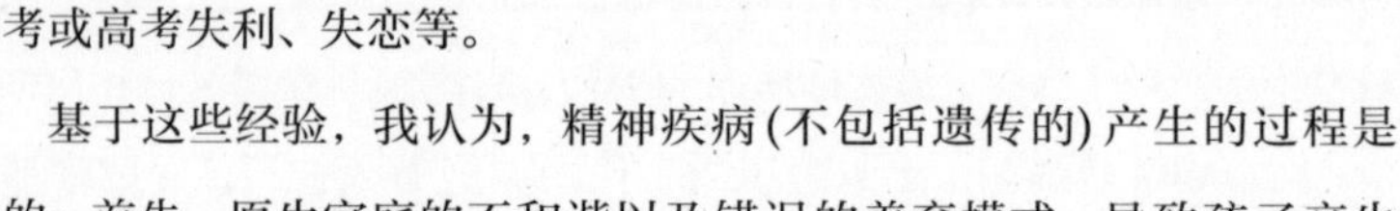

九、结论

在本章中，我们探讨了心理问题是怎么产生的。我首先谈了心理问题的种类：因为自卑感和缺乏安全感而导致的焦虑类症状；因为长期的挣扎和不断的挫折而导致的抑郁类症状；还有因为过度的恐惧或遗传方面的原因而导致的精神方面的症状。在本章，我还分析了导致心理问题的心理机制，主要是因为个体的心理需求没有得到满足，人的防御机制便会设法来满足这些需求。但不幸的是，个体所采用的防御措施往往是无效的，结果心理的需求更匮乏了，心理问题也就因此产生了。

从下一章开始，我们将讨论如何帮助患者认识到自己的心理问题，如何做认知调整，如何恢复心理健康。

第八章 打开心灵的钥匙

小时候我经常和街上的小朋友一起演电影里的情节，分成两派，相互扔石头来“攻击”对方。某天，我不小心打碎了邻居大爷家的窗户玻璃。我很害怕，赶紧跑回家去躲避。邻居发现窗户破了，又不知道是谁打碎的，就在街上大骂。父亲看见我慌忙跑进家，就直接问我：“是不是你把邻居家的窗户打破的？”我不敢撒谎，就战战兢兢地承认了。父亲没有责骂我，而是回到屋里，打开锁着的抽屉，拿出 5 元钱(那个时候，5 元钱是一笔大数目)，带着我到街上去，向邻居认错，父亲主动提出要赔偿。邻居大爷本来很暴怒，听父亲一说，也听到我的认错，他的怒火马上就消了，而且笑了，蹲下来拍着我的肩膀说：“没关系，以后小心一些就是。”父亲要出钱赔偿，邻居大爷怎么也不收。父亲再三替我道歉，然后我们就回家了。事后，我还是担心邻居大爷会生气，但是每次看到他时，他总是对我笑呵呵的，还说一些关心的话。当时我就纳闷，明明是我打碎了他家的玻璃，他又没有让父亲赔偿，他怎么就不生我的气呢？

最近这几年我才明白了，父亲主动提出赔偿，并要求我向大爷陪不是，让邻居大爷感到自己被理解了。被理解了，其他事也都是小事了。我发现，虽然导致心理问题的因素很多，但归纳起来，主要就是个体感到自己不被理解、不被肯定、不被接纳、不被欣赏。所以，要帮助求助者走出心理困扰，最重要的就是让他们感到自己被理解、被肯定、被接纳和被欣赏。有了这些体验，求助者也能体验到自己的自我价值，同时，安全感和归属感也就都有了。从本章开始，我将探讨如何帮助求助者从心理困境中走出来。

一、案例展示

1. 抑郁的王女士

王女士，40 岁左右，被抑郁症困扰了 20 多年，寻遍了全市所有知名的心理专家，但效果一直不理想。经朋友介绍，来我处咨询。首次咨询用了两个多小时，她哭诉了自己悲惨的成长经历，王女士说她小时候在东北老家，由爷爷和奶奶带大，那段时间是她人生中最美好的时光，爷爷奶奶都很疼爱她。6 岁，她开始上学了。爸爸妈妈把她接到城里，和他们一起生活。按照王女士的倾诉，来到城里是地狱生活的开始。妈妈很不喜欢她，只喜欢小她三岁的妹妹。妹妹一直和妈妈生活在一起。

王女士哭诉道，妈妈对她不是打就是骂，而且是无缘无故的。她说，小时候她从来没有穿过裙子，因为腿上总是青一块紫一块的，夏天也必须穿长袖衣服，因为胳膊上也是伤。同学们都嘲笑她古怪，有的同学甚至说她变态，但没有办法。至于后背和臀部更是如此。有好东西，妈妈总是给妹妹吃。只有妹妹吃剩下了，或是要发霉了，才给她吃。爸爸对她虽好，但非常懦弱，不敢保护她，有时候还必须听从妈妈的指令来打她。

高考失利后，王女士绝望了，精神崩溃，在医院住了大约三个月。出院后，她妈妈扬言没有这个女儿。王女士就离开家，找到一份工作，租房住。后来遇到老公，他比王女士大十多岁，有很多不良习惯，如赌博、酗酒等。虽然心中不情愿，但是王女士需要有人接纳自己，就答应嫁给他了。婚姻很不幸福，于是王女士抑郁了。

2. 王女士的咨询

王女士有很强的倾诉欲望，同时又比较偏执，所以在给她咨询时，我所能运用的技术只是关注、聆听、重述、情绪反馈和表达同理，很难进一步进行心理干预。连续咨询了两次，基本都是她在倾诉，我没有机会进行什么心理干预。第三次来咨询时，她的状态明显好转，表情轻松一些了，也开始有笑容了。她描述了一种自己从未有过的感觉：

> 我一直感觉暗无天日，感觉自己像是被锁在一个很硬、很厚的壳里。我在里面难受得很，但我不敢打开这个壳，也打不开这个壳。这一段时间，我突然感觉这个壳有了一道缝，有些微弱的光照射进来了，我期待这个缝会越来越大。

接下来，我和王女士一起探讨了她的这些感觉。暗无天日的感觉来自一直被母亲虐待，被父亲、妹妹、老公忽视的经历。对王女士而言，这个世界是不安全的，他人是不可靠的，所以她的生命体验一直是恐惧、无助、无能、暗无天日。为了确保自己的安全，王女士建构了一层厚厚的铠甲，也就是她的防御机制。她不相信任何人，觉得没有人会真心对自己好。

通过这两次咨询，她感觉有人理解自己了，有人真的愿意无私地帮助自己(她的咨询费是按公益价格收取的)；与此同时，她也感觉到了温暖、价值感、力量感，看到了希望。这些新的感觉，就是那道微弱的光线。

3. 咨询的回顾

王女士的变化让我感到有些意外，因为在前两次的咨询中，我基本上没有做什么干预，所以也没期待会有什么结果。第二次咨询结束时，我对自己说："这是公益咨询，不去追求咨询效果，只是全心陪伴她就好。"想不到王女士看到了希望，她的咨询从此有了很大的改变，状态逐渐好转。一个疗程下来(五次咨询，每次两个小时)，王女士表示自己可以工作了，计划去找工作了，是我鼓励了她。

她的咨询仍然继续，同时，鉴于她的经济状况和心理状态的改善，我建议咨询频率改为每两周一次；如果状态持续好转，改为一月一次。现在咨询仍在以每月一次的频率持续，但她的心理状态很稳定，她的婚姻关系也大为改善。只是仍然不能接纳她妈妈，拒绝去养老院看她。

反思这个个案，自始至终，我并没有采取很多心理干预措施，大多只是倾听和同理。这个个案给我一个启发：其实，帮助来访者走出心理困扰的关键因素不是心理干预的技术，而是对来访者的理解、无条件地接纳和支持。这意味着，同理心可能是所有心理咨询技术中最重要的技术。

4. 同理心是咨询有效的关键

偏离的核心信念是心理问题的源头，而造成偏离信念的关键因素是个体体验到自己被嫌弃、否定和抛弃，从而也否定了自己的存在价值，也就失去了安全感。个体的无效防御机制往往使得个体更缺乏安全感、更体验不到自己的价值，如此恶性循环，最终导致了心理问题。咨询师对来访者的同理能让来访者感到他们是被在乎的、被理解的、被接纳的以及被欣赏的。这些体验能触动来访者的内心，动摇他们偏离的核心信念。核心信念的改变必定会导致中间信念的改变，他们整个人也就会因此发生改变。

在咨询中，王女士感受到自己被积极关注、被聆听、被理解、被接纳，她体验到自己是有价值的。她自己说，她以前从来没有过这种感觉，她看到了希望，对自己也越来越有信心。当她找到工作后，这份信心和自我价值感就更强了，与此同时，她的婚姻也出现了转机，整个状态都不一样了。

二、培育心灵花园

在心理咨询过程中，我感觉自己就像一个园丁，来访者就像一棵受伤的花卉，我在小心呵护、培育、陪伴这枝花卉成长。若要花卉茁壮成长，松软的土壤、适当的水分、养料、适宜的温度和充足的阳光等，缺一不可，而且都必须恰到好处。土壤要松软，里面的石头、砖、瓦等硬东西都要捡出去，土块要打碎；浇水，不同品种的花卉需要的水分和养料是不一样的，必须要“因材浇水、施肥”；每种花卉对温度、阳光、通风等都有特定要求，园丁必须要根据花卉的需要来培育，否则就会出问题。之后就是陪伴和等待，等待生根、发芽、开花、结果。

面对来访者，咨询师需要了解他们的伤痛是什么(心理诊断和评估)、是如何受的伤(评估来访者的负面情绪、认知偏差、偏离信念)、是怎么受的伤(来访者的原生家庭、成长经历、创伤体验)，最后决定如何帮助他们疗伤(心理咨询计划)，以及如何帮助他们成长(成长计划)。

1. 个体成长的环境

为帮助读者更好地理解成长环境对人的影响，我拿庄稼来做比喻。人成长的环境，包括原生家庭、家族、幼儿园和小学等，就像是田地。显然，田地的质量与庄稼的成长质量密切相关。好的田地能生长出好的庄稼；质量差的田地，其庄稼的质量一定也会差。好的田地必须具备三大要素：土质松软、土地肥沃以及土壤湿润。

（1）土质松软

要让一个孩子能健康成长，首先，土地必须是松软的。也就是说，这个孩子成长的环境必须是宽松的，孩子能被允许任性和犯错的。在这样的环境里长大的人，会变得宽容、随和、有主见，抗挫折力比较强，不容易受伤。相反，如果成长环境苛刻，比如家庭太过僵化，缺乏灵活性，父母管教太过严厉，不允许孩子犯错、任性等，在这样的环境里长大的孩子，容易发展出僵化的思维模式，偏执、墨守成规。这样的人很容易出现心理问题，像是强迫症、洁癖、焦虑症等等。

（2）土壤湿润

土壤需是湿润的。湿润土壤里的水分，是生命生长的因素。心理的水分是什么？我认为，就是对孩子无条件地接纳。当人感到自己能被无条件接纳，就像人干渴时有了水分。被接纳，也就有归属感，是每一个人所必需的，在内心深处，每一个人都渴望自己能够被无条件接纳。要让庄稼健康成长，充足的水分是必需的。同样，若想让孩子在心理上能健康成长，对孩子无条件地接纳也是必需的。如果一个家庭不能做到无条件接纳孩子，那么孩子的潜能就不能得到充分发挥，价值就不能得到充分体现，就如同庄稼一直缺水，就不可能有丰收。

（3）土壤肥沃

土壤还需要是肥沃的，也就是有养料的。人心理上的养料就是被肯定、被鼓励、被欣赏。在贫瘠的土地上，庄稼是不会茁壮成长的，丰收更不会有。在家里，如果缺乏了“养料”，也就是说，父母从来不肯定、不鼓励、不欣赏孩子，那么孩子长大一定会缺乏自信，他们的能力会受限，发展水平也会受限，也难以有所成就。人的优良品质，比如自信心、自我价值感、自我效能感、探索精神、创新精神，主要是靠原生家庭的这些养料培养出来的。

（4）修理庄稼

如果庄稼长势不好，首先需要找原因，或是土壤不够松软，或是缺少水分，或是缺乏肥料，缺什么就补什么。如果真能找到“病根”，并能“对症下药”，那么庄稼的长势一定能好起来的。人也是一样。如果人的身体生病了，需要找医生，发现病因，才能对症下药；如果心理生病了，那就需要找心理医生，寻找“心病的病根”，对症下药，如此才能使人的心理恢复健康。

2. 心理咨询的步骤

帮助来访者解决心理问题，采用的步骤和园丁养花也有类似之处。

（1）第一步：耕地

耕地，让土质松软，剔除土壤中的石头、砖瓦或其他硬东西。在此，僵硬的东西就是指个体思维中的“绝对化要求”，个体要求自己必须要怎样或不能怎样，对他人也会有很高的要求。如果这些绝对化要求太多、太苛刻，就如同庄稼在僵硬的土壤里，很难自由成长。心理出现问题的人大都是因为有太多的绝对化要求。这些观念如果不被打破，人很难好起来。

所谓僵化观念，主要包括两方面的内容。一是那些有关自我否定的观念，比如我不行、我很笨、我无能等，另外一些就是人为确保自己的安全和价值而给自己设定的规则。这些规则就是那些绝对化概念，包括我必须、我一定、我应该等等。这个规则一旦被打破，个体就会体验到很大的焦虑和不安。如果这些观念不被打破，个体就很难从心理问题中走出来。

所谓打破，就是帮助个体明白偏离信念是错的，自己其实是有价值的、是好的、是有能力的；那些规则其实也不必严格遵守，不那么完美、有点瑕疵、犯点错误也是被允许的。打破这些观念之后，个体就会体验到安全感，也会活得自由一些。

（2）第二步：浇水

在这个比喻里，水，指的是归属感和爱。所谓归属感，就是感觉自己是在家里，可以无拘无束、自由自在地生活，没有担忧和害怕，可以放心地做自己，即使自己有什么不足，可能会犯错误，也无所谓。

如何才能让来访者有归属感？首先，咨询师要向来访者表达深度的理解。无论来访者犯过什么错误，做过什么坏事，都是值得被理解的，都情有可原。然后，对来访者表达无条件地接纳。也就是说，无论来访者有什么缺点和毛病，都不妨碍咨询师对来访者的认可和肯定。通过咨询师对来访者的这些理解和接纳，来访者能感受到归属和爱。这感觉就像是水对于庄稼，满足了，就会生机勃勃；如果缺了，就会枯萎凋零。人也是如此，有了归属感，才会有活力，有希望。

（3）第三步：施肥

在此比喻中，肥料是指个体在成长发展过程中所需要的鼓励、肯定和支持。如果缺少肥料，庄稼很难茁壮成长，也很难结出饱满的果实。人也一样，如果缺失了家长和老师的鼓励、肯定和支持，很难茁壮成长，也很难有自信、勇气和毅力，也就很难有成就。

3. 小结

来访者对咨询师来说，就像庄稼对于农民、果实对于果农、花卉对于园丁一样，咨询师需要了解他们，知道他们的需求，懂得如何去培育他们，耐心去陪伴他们成长。为了帮助来访者摆脱心理困扰，理论知识很重要，咨询技能也很重要，但最重要的是同理，也就是理解和接纳。接下来，我们将探索咨询师的同理心。

三、同理心

1. 概念解释

同理心，这个词翻译自英文 Empathy，是指一种站在他人的角度，理解他人的感受、动机和行为。同理，不是以自己的感受来替代对方的感受，而是切实体验到对方的感受，产生共鸣。心理学家阿德勒对同理心的描述是："所谓同理，就是咨询师穿上来访者的鞋子(站在来访者的立场)，来观察并感受来访者的体验。"这需要咨询师从来访者的角度去思考问题，而不是从自己的角度去思考问题。罗杰斯是这样论述同理心的："就是准确并带有情绪和意义地感知他人心中的感受，似乎你就是来访者，但绝不能丢掉'似乎'这个前提。"这句话的意思是，当你同理来访者时，你似乎就是那个来访者，能以来访者的心去看问题、理解问题、感受问题、解决问题，但你不能陷入来访者的困扰当中。

2. 案例展示：同理心的使用

前文中提到的小马同学，当他妈妈首次带着他来咨询时，小马很抗拒，有愤怒、无助、悲伤和绝望等情绪。但随着咨询的进行，咨询师对他的关注、聆听和同理心，让小马放下了防御和抗拒，打开了心灵，把压抑在内心多年的委屈、不满、愤怒、怨恨等情绪都表达了出来。咨询师向他表达了同理心和共情。下面是咨询师和小马的一段对话：

小　马：你能理解吗？我在亲生父亲的家里，当客人来了，我被当成是父亲的侄孙；看着母亲被继父打骂，母亲酗酒；在学校里，我被老师鄙视，受同学欺负，那是什么感受？

咨询师：虽然我没有你那样的经历，也无法体验到你的感受，但我知道，那种感受一定非常难过。被当成生父的侄孙，我想象不出那会怎样刺痛你；看到母亲被继父家暴，而自己又无能为力，我想象不出那是多么地无助；被老师鄙视，被同学欺负，我能想象到你有多难受，因为我上初中的时候，也被某个老师鄙视过，也被同学欺负过。

小　马：（开始哽噎，然后大声地哭泣）……

咨询师：（默默地坐在小马同学的身边，用一只胳膊搂抱着他的肩膀）这些年你真的受苦了，我想象不到你是怎么走过来的。

小　马：其实，我知道我妈妈是爱我的，她很能舍得为我花钱，我妈妈也挺能挣钱；所以我的生活一直都比较富裕。吃得好、穿得好，所以才这么胖！

咨询师：（轻轻地拍了他一下）你是有点胖，不过你长得还是挺帅气的，我猜想一定有小姑娘喜欢你。

小　马：没有，谁会喜欢我呢（但嘴角露出一丝笑意）……

小马尽情地倾诉了两个多小时。咨询结束的时候，他对我说，他似乎从来没有感到这么轻松过，也从来没有意识到，自己原来是帅的、聪明的、好的。我给他制定了两个疗程的治疗计划，要求他每周日来咨询。他很爽快和高兴地答应了。咨询后，他的情绪平复多了，对咨询师、对妈妈的态度也缓和了，他妈妈非常高兴，表示这出乎她的意料。

两个疗程还没有结束，小马的状态就完全变了，在学校里变成优秀学生，开始满怀信心地准备2020年的高考。

事后，我自己评估这次咨询，发现这次咨询成功的关键是同理心。同理心是心理咨询的核心技术，是咨访关系的基础。如果咨询师对来访者的同理心到位，来访者就能感到被理解、被接纳，就能体验到安全感和价值感，就能放下那些无效防御机制，心理问题就能得到解决。如果咨询师的同理心不能到位，那么咨访关系就会受到影响，咨询效果也会受影响。

3. 如何对他人表达同理心？

同理心的基础是价值中立和真诚。"价值中立"，是指咨询师对来访者的感受、想法、动机乃至行为不作任何价值判断，始终保持客观中立，不把自己的价值观和喜好强加给对方，而是帮助来访者作出自己的判断和抉择。对于来访者的任何判断和抉择，咨询师都要尊重，不评价、不指责、不干涉。

咨询师在来访者面前要不虚伪、不摆架子、不自以为是、不做作、不敷衍；对于来访者的问题，知之为知之，不知为不知。咨询师的这种真诚，能帮助来访者放下防御，坦诚面对自己的心理困扰，只有如此，来访者才能走出心理困扰。

而要做到价值中立和真实，需要咨询师本身就具有一定程度的安全感和自我价值感。"价值中立"，意味着无论你如何评价我都无所谓，我的价值由我不由别人；"真诚"，则意味着你喜欢或是不喜欢，我都能真实地表达我自己，而且无论你喜欢或是不喜欢，对我的安全和自我价值没有影响。

从这个角度来说，内心缺乏安全感和自我价值感的人是做不到价值中立和真诚的，因为他们会依赖别人来确保自己的安全感和自我价值感，会

不由自主地讨好、逃避或者攻击他人。

还有，每人从小就会被父母、长辈、学校不断地灌输一
德的价值观，在成长过程中，个体会将之内化并完全认同，
的价值观。往往，这些价值观会深入个体内心深处，成为
当别人的观点或行为与自己的价值观有冲突时，个体就会不
别人是错的。为了能做到价值中立，个体也必须要意识到自
尤其当来访者的价值观和自己的价值观有冲突时，咨询师必
意识到，并且能够做到放下自己的价值观，而尊重来访者的

只有做到以上这些，咨询师才能真正以同理心接待来访
能真正感到被理解、被接纳，转变才能真正开始。

四、同理心有多重要?

1. 同理心能使人放下防御

心理问题，从表面上看来五花八门，种类繁多，造成心
也各不相同。但有一个共同点，那就是来访者感觉自己被忽
被贬低和被否定。这些经验都会让来访者感觉到自己的生命
值，而内心的真我又不接受这个结果，就会调动防御机制来
值。而防御的策略往往首先是封闭自己，把自己保护起来，
“适当的”应对方法，如逃避或是攻击等。

为此，要帮助来访者解决心理困扰，就要让来访者放下
己，也相信他人。然而，如何才能使来访者放下防御？只有
安全感，相信自己不会被嫌弃、被贬低、被否定，相信咨询
的委屈和创伤，能理解自己的感受、动机和行为，才有可能
如何让来访者体验到这些？要靠咨询师的同理心！

2. 同理心能使人接纳自己

被心理问题所困扰的人往往内心不能接纳自己，觉得自己是笨的、丑的、傻的、无用的，因而内心会嫌弃自己、排斥自己、拒绝自己。对自己的这种拒绝和排斥使得个体内心产生分裂和冲突，内心会很痛苦，从而也导致了各种心理问题。若要解决心理问题，个体必须得无条件接纳自己，即使自己是不完美的。

而如何帮助来访者无条件接纳自己?

当人体验到被关注、被理解、被接纳的时候，这会让他们意识到自己原来是可爱的、是宝贵的、是有价值的，因而也就能够理解自己、接纳自己，心理问题才能解决。咨询师恰当的同理心就能使得来访者体验到被理解、被接纳，使他们接纳自己。

3. 同理心能激发人的潜能

当来访者能够理解并接纳自己时，他们也会重新认识自己，会重新体验和评价自己内心的感受，会愿意接纳真实的自己。此刻，以前那些被压抑的、被排斥的经验和能量就会被唤醒，而且往往都是正向的、积极的。

从本质上说，每个人都有着几乎无限的潜能，而潜能的激发又取决于个体的心态。换句话说，只有当人相信自己真的能行，他才会真的动用自己的聪明才智，他的潜能才能被激发出来。

五、了解同理心

1. 同理心的级别

美国心理学家卡克夫认为，同理心可分为两层：初级同理心和高级同

理心。初级同理心，就是通过沟通，知道来访者的感受、想法和行为。这种同理心的目的是帮助咨询师获取需要的信息和资料，并对有关问题加以澄清。这种同理心一般是借着心理咨询中的重述技术来完成，基本是重述来访者已经表述出来的内容。

高级同理心，咨询师不仅能准确地表达出来访者所表达的内容，还要能体验到来访者还没有表达出来的，或没有意识到但却真实存在的一些内心感受、潜意识动机和内心深层次的需求。卡克夫认为，借着高级同理心，咨询师能进入来访者的内心世界，充分体验来访者的体验，充分理解来访者的动机和行为；同时，咨询师又能清楚地意识到，这些感受和想法都是来访者的，不是自己的。这意味着咨询师可以在两个内心世界“来去自由”。

2. 同理心的五个层次

卡克夫还由浅至深地将同理心划分为五个层次：其一，咨询师不能准确了解来访者所要表达的意思和情感，所以咨询师和来访者没有真正的交流。其二，咨询师能够在一定程度上理解来访者，但却不能抓住要点，会忽略一些关键的情感因素。其三，咨询师基本上能够理解来访者，能够和来访者交流，但仅限于表面层次。其四，咨询师能够准确理解来访者内心的感受、所要表达的信息，并能够给予准确的反馈。在这个层面，咨询师能够和来访者有一些深层次的沟通和交流。来访者能够感受到咨询师理解自己。其五，咨询师能够发现并感受到来访者自己还没有意识到的情感、感受、动机。换句话说，在这个层次，咨询师比来访者更了解自己。

在卡克夫看来，第一和第二层次的同理心对咨访关系是破坏性的；从第三层次开始，才算得上是初级同理心；第四和第五层次是高级同理心。这样的同理心本身就有治疗作用。

3. 正确理解同理心

（1）对同理心的误解

① 同理心就是同意

所谓同理心，就是对来访者的内心感受、想法、动机的深刻理解和尊重；而所谓同意，则是指接受对方的想法、观点和做法。在倾诉过程中，来访者内心会有一个冲动，或许来访者自身都没有意识到，那就是试图要说服咨询师，相信他们是无辜的、是对的、是受害者，他们的痛苦都是由别人造成的，他们期待咨询师能够和自己站在同一战线，共同谴责迫害者。这种“说服”是强有力的，不但有着充足的理由，也带着强烈的情绪。

作为咨询师，如果不时刻提醒自己，会很容易被说服，同理心也就变成了同意。一旦如此，咨询师就会陷入来访者的“陷阱”，也就无法从一个客观角度帮助来访者看清问题，也就难以帮助来访者了。为此，同理心则是将心比心，以理解来帮助来访者理解自己，以尊重来帮助来访者尊重自己，如此来访者才能完全接纳自己。

② 同理心和同情

所谓同情，是人从自己的角度、以自己的感受来理解对方，自己认为对方会很苦，因此对对方产生一种可怜之心，这是一种居高临下、恩赐似的情感。这种情感往往会使人有一种优越感，而让对方感觉自己更可怜、更不行、更无助、更需要他人的怜悯。而同理心，不是从自身的角度，而是从对方的角度来理解对方的感受、想法和动机，完全从对方的角度来看问题，会和来访者产生共鸣。为此，作为心理咨询师，切忌有救世主心态，在咨询过程中，不能流露出悲天悯人的态度。

③ 同理心是移情

所谓移情，是指个人把自己内心对某人、某事、某物、某种境遇的情感转移到其他相类似或相关的人、事、物或境遇上。比如，如果咨询师的长相或声音与来访者的母亲相似，那么来访者就会很容易将对母亲的情感投射到咨询师身上，这种感情就是移情。移情和同理心的区别是，前者对对方的情感是主观的，甚至带有偏见或特定情绪，而后者则是客观、平等、中立、公正的情绪反应。所以，在咨询过程中，咨询师需要留意自己对来访者是抱有真的同理心，不是移情。

④ 同理心一定要热情

所谓热情，一般是指人对他人表现出欢迎、欣赏、喜欢。热情往往是以自己为基础，而不是他人。比如，一个很热情的人对他人会很热情，而有的人则不喜欢别人对自己太热情，但热情的人往往不易觉察，只是按照自己的性情和喜好对他人表达情感。面对热情，很多人反而会提高警惕，加强防御，有的甚至望而生畏。显然热情不是同理心。同理心往往是冷静的、理性的、温情的情绪反应。

（2）正确理解同理心

① 平等是同理心的基础

咨询师与来访者的咨访关系与医生和病人的医患关系是有区别的。其中最大的区别就是，医患关系是权威关系，而咨访关系是平等的。平等是彼此能够相互理解、相互尊重的保证。如果咨访关系变成了权威关系，那么来访者就不会以主人翁的精神和态度来面对自己的心理困扰，仍然期待他人来接纳自己、肯定自己，不能让自己真正好起来。

② 同理心须是真诚的

所谓真诚，就是坦诚面对自己的情绪，也坦然面对他人的情绪，不管自己或对方是什么情绪，都无条件接纳。咨询师不逃避、不压抑、不伪装自己的情绪，接纳自己的情绪，并以适当的方式来表达自己对来访者的负面情绪。当然，要确保表达情绪时，不会让来访者受伤，也不会破坏咨访关系。

③ 同理心是全面的

人际交流是多方位的，包括言语交流和肢体语言交流。言语交流包括说话的内容、措辞、语气、语调等，肢体语言则包括面部表情、眼神、坐姿、手势等。这一切都应该协调一致，传达同理心的信息。如果信息不一致，比如咨询师对来访者说很在意他，但是却在不断地看表，或是有一些其他的小动作，这会让来访者感觉咨询师其实并不在乎自己。这意味着咨询师在咨询过程中，要全面地自我觉察，既要觉察自己的情绪、念头，又要觉察自己的用词、语气和语调，还要觉察自己的肢体语言。

（3）小结

同理的目的在于帮助来访者敞开心胸，放下防御，正视自己的脆弱和伤痛，发现自己内在的偏离信念、无效防御机制和认知性错误，然后有效调整。而要做到这一点，咨询师就必须对来访者有同理心。罗杰斯认为，好的咨询师需要具有一种特殊的感应能力，能准确地感受到当事人的个人经验，并能体会到当事人所表达的内容，能进入来访者的内心世界，帮助来访者了解自己，甚至在下意识里，就对来访者的情况一目了然。

六、表达同理心的障碍

真正的同理心，意味着咨询师必须要放下个人的道德标准、价值判断、不恰当的反移情、救世主情绪和不恰当的同病相怜，因为这些都有可能妨碍咨询师有效表达同理心。

1. 价值判断

在成长过程中，每人都会从原生家庭、学校或社会上接收到价值观念和道德判断，并且会将之内化，成为自己的价值判断。咨询师也不例外，他们都会有自己的价值判断。如果不加留意，就会以自己的价值判断来衡量来访者的言语、行为、动机或情绪。

一旦来访者感受到被判断，马上就会封闭自己。“人之初，性本善；性相近，习相远。”人性本善，所有人的本性都是善的和好的，没有人会故意选择做坏事，每人都希望自己能做好事、善事，都希望自己能够为家人、亲人、朋友作贡献。但是，很多人从一出生就被抛弃、被嫌弃、被伤害，这些经验会扭曲人的本性。为了自保，人会不择手段。人间的恶，其实是因为人的无效防御机制。作恶者的初衷并不是要害人，从这个角度来说，来访者的价值判断、防御措施是值得被理解的。在内心深处，每人都希望自己是好的、是善的，因此渴望自己能够被理解、被接纳。有时候，人也能意识到自己的行为是恶的，但还是希望他人能够接纳自己。

如果咨询师因为来访者的某些消极行为，比如贪污、伤人、害人等而拒绝接纳这个人，来访者就会自暴自弃，或用更加极端的手段来防御，这反而会让问题越来越严重。如果咨询师能够放下自己的价值判断，不管来访者做过什么或想做什么，都能从内心肯定来访者的初衷是善的、本意是好的。来访者就会感到自己被理解、被接纳，也能理解和接纳自己。这反而会促使来访者“浪子回头”。

2. 不恰当的反移情

不恰当的反移情包括过度喜欢来访者和过度讨厌来访者。如果咨询师能够控制住自己的这些情绪，加以调整，就没有问题。如果不能，这些不恰当的反移情会蒙蔽咨询师的眼睛，使他们看不清来访者的真实情况，也不能真正对来访者表达同理心。

3. 救世主情结

所谓救世主情结，就是咨询师有种“使命感”：我要拯救受苦的来访者，解决他们的心理问题，把他们从痛苦中摆脱出来。这种情结看起来很高尚，实际上危害很多。首先，这情结把咨询师推到救世主的位置上，所以咨询师无意识中会以救世主的姿态出现，会居高临下、自以为是、好为人师，会把咨询变成对来访者的教导、教训，甚至会斥责来访者，美其名曰“我是为你好”，而实际上却是为了自己的成功。

怀着这种情结，咨询师还会要求来访者虚心受教、对咨询师感恩，如果来访者不能这么做，咨询师就会判断来访者不懂事、不道德，是该受谴责的。显然，这种救世主情结会阻碍咨询师表达同理心。

若咨询进展不顺利，咨询师就会焦虑、不安，担心自己会失败；如果咨询失败，咨询师就会有很强的挫折感，甚至会否定自己。很多新手咨询师面对新个案时，都会很焦虑。究其原因，就是救世主情节起了反作用。

咨询师需要明白，心理咨询的效果主要不取决于咨询师，而是主要取决于来访者自己。心理咨询只是为来访者提供一个机会来正视自己的问题，借着咨询师对自己的理解、接纳、指导、鼓励来解决自己的心理问题。在这个过程中，咨询师的角色就像是教练、陪伴者，主角是来访者本人。为此，如果咨询师把自己当成救世主，认为是自己治好了来访者，那么咨询师就大错特错了。

4. 同病相怜

所谓同病相怜，就是指当一个人看到别人受苦，就会产生怜悯的心，渴望去帮助他们，解除他们的痛苦。我认为，同病相怜其实是一种投射，就是个体把自己所经历过的痛苦投射到眼前别人身上。在个体心里，眼前这个人其实就是当年那个受苦的自己。个体内心真正渴望帮助的其实不是眼前这个人，而是当年的自己。在心理咨询中，同病相怜是把双刃剑，既能帮助咨询师很快体验到来访者的感受，建立咨访关系，也有可能扰乱咨询师去体验来访者的感受。

“如人饮水，冷暖自知”，如果人从来没有吃过苦、没有挨过饿、没有被人鄙视过，那么他们很难体验到这些吃苦、挨饿、被鄙视的经验，也就很难理解来访者。所以，作为一个优秀的咨询师，丰富的人生阅历是很有必要的。咨询师本人痛苦的经验都会成为一种资源，能够帮助咨询师更好地去理解来访者的创伤体验。

有同病相怜情结的咨询师大都有过创伤体验，来访者的创伤经历有可能会触发咨询师的创伤感受。如果把握不好，咨询师有可能会被自己的创伤体验所埋没，导致自己不能客观、理性地帮助来访者理解自己的体验。这意味着，咨询师在帮助他人之前，需要先处理自己的创伤体验，至少有能力来控制自己的体验。我在汶川地震期间，在灾区为一个咨询师志愿者做过督导。她在帮助一个灾民时，自己的创伤体验被唤醒，导致她和她要帮助的灾民都很受伤。那个灾民也是女性，年龄与她相仿，家人都在地震中遇难了。而在此之前，这位咨询师的家人也在一次车祸中遇难了，她是唯一的幸存者。据其他咨询师报告，这位咨询师想以自己的经验去同理这位灾民，但是却触发了自己的情绪。她的痛苦程度甚至超过了那个灾民，咨询不得不停止。

岳晓东教授认为，有同病相怜情结的咨询师会有四个特点。其一，角色混淆，咨询过程中，会混淆谁是咨询师谁是来访者。其二，舍我其谁，当咨询师发现自己也有相同的经历或是体验时，会产生一些想法：“我是最能理解来访者的人了，因为我也经历过同样的痛苦。”这些想法会让咨询师自以为是，从而不能意识到来访者真正的感受。其三，一味迎合，咨询师为了使来访者相信自己有能力，而对来访者的话一味迎合，甚至编造出一些自己没有过的创伤经验。其四，以己度人，完全按照自己的体验来揣度来访者的感受、想法和冲动，结果会导致失误，会让来访者觉得咨询师很虚伪。

总之，不恰当的同病相怜对咨访关系是有害的，它会误导来访者真正的感受，会让来访者对自己产生依赖或抗拒。有同病相怜情结的咨询师可能有某些未化解的内心冲突或创伤体验。

七、同理心技能

在人际交流中，说话的方式往往比说话的内容更重要。同样一句话，以不同的用词、语气、态度说出来，效果会完全不一样。有的会让人欣然接受，而有的则会让人很受伤。同理心在助人过程中很重要，但必须要恰当表达，否则反而会使求助者感到受伤。

为了能恰当地表达同理心，下列几种助人技术是必需的，它们分别是：关注、聆听、问问题、重述、情绪反馈和表达同理心。下面分别简要介绍这几种技术。

1. 关注和聆听

所谓关注技术，是指咨询师全心全意关注来访者，目的是让来访者体验到咨询师真的很在乎他们，愿意陪伴他们、聆听他们、帮助他们。这种关注会给来访者很大的心理支持，增强他们面对问题的勇气和信心。从咨询师这个角度来说，有效的咨询必须要与来访者建立情感上的连接。只有当咨询师能全心关注来访者，才能觉察到来访者的情绪，来访者感到被关注后，才能对咨询师敞开心扉。如此，这种情感上的连接才有可能建立。

具体技术如下：以45度左右的角度面向来访者，上身前倾，有目光交流，但不能死盯着来访者看，目光要柔和、坦诚、坚定。主动聆听，对来访者的倾诉要及时做出恰当的回应，包括点头、口中或鼻中发出声音、露出表情等。这回应一定要与来访者倾诉的内容相协调。比如，当来访者讲述自己的一段成功经验时，咨询师脸上需要有笑容；当来访者描述自己被忽略的痛苦经验时，咨询师的表情和眼神需要严肃和悲悯。

这些技术在向来访者传递一个信息：我很在乎你，我愿意聆听你。这个信息会让来访者感到自己被重视、被尊重，这种感觉会有助于来访者放下防御，愿意把自己内心压抑的情感、冲动、情绪等释放出来。毕竟，“人是社会性动物”，每个人都希望自己能够被理解、被接纳。与此同时，这些技术也能帮助咨询师全心地聆听来访者的倾诉。

咨询师的聆听有两种，“主动聆听”和“被动聆听”。所谓主动聆听，就是指咨询师不仅能听到来访者表达出来的内容，也能听到来访者没有表达出来的内容。在聆听的过程中，咨询师还能通过眼神、表情、言语、肢体动作向来访者传递信息：我听到了，我也能理解你。只有被主动聆听了，来访者才能真正感到自己被理解、被接纳、被支持，咨询才能继续下去。如果咨询师不能做到主动聆听，那就是“被动聆听”，咨询师看起来是在聆听来访者，但并没有听到来访者的情感、情绪、言外之意，导致回应不及时或不恰当。来访者就会感觉自己没有被听到，会感到压抑、威胁，会有抗拒。

导致咨询师被动聆听的原因有多个，包括不能体验到来访者的体验，不能放下对某些想法、情绪、行为的判断，或自己本身心烦意乱。很多新手咨询师在咨询时，因为过度焦虑，担心咨询会失败，所以当来访者在倾诉时，自己却不断地在想，我该如何回应？该问什么问题？来访者会不会对我不满？这些念头和想法都会干扰咨询师的主动聆听。

2. 问问题

（1）会问问题很重要

很多人以为，心理咨询与做思想工作类似，就是给人一番说教，指出来访者的心理问题，然后给他们一些方法去帮助他们改正。很多咨询师会犯类似的错误，就是讲太多的道理。而实际上，心理咨询和讲课有着本质的区别。讲课，是讲师按照自己提前备好的课件，按照自己的思路，一步一步给学生解释。学生必须跟着老师的思路走。而心理咨询则不一样，虽然心理咨询师需要提前做一些准备，但却不能备课，因为不知道来访者会谈什么内容。所以，在咨询过程中，首先咨询师要跟着来访者的思路走，然后再慢慢地引导来访者深入探索自己，而这个引导，就是通过问问题来实现的。如果问题问得好，就像一个老司机，无论在什么复杂的路段，都能得心应手地驾驭车辆，反之，如果不会问问题，则就像新手司机，慌乱无措，还容易出车祸。

（2）了解人性才会问问题

问问题的技术决定着心理咨询的走向。面对来访者，咨询师就像司机，在一个陌生的城市开车。他们需要做到以下四点：其一，了解这个城市；其二，知道目的地是什么；其三，心中需要有一个路线图；其四，拥有熟练的驾驶技术。只有确定了这四点后才可以上路。

在这个比喻中，陌生的城市就是新的来访者。虽然每个人都是独特的，但人性是相通的。只要我们能够了解人性，对面前的来访者，我们就不会太陌生。心理问题虽然五花八门，但万变不离其宗。如果咨询师了解人性，也就了解心理问题，问问题自然也就不是问题了。就像司机在城市里开车，如果他们了解这个城市，也知道自己的目的地，就很容易找到最恰当的路线。在行车过程中，无论遇到什么路口，都会知道自己该直行、该往左拐还是该往右拐。而且提前就会做好准备。

（3）问问题的难处

新手咨询师在开始咨询时，会面对一个问题，就是不知道该问什么问题。这种感觉，就像是在繁忙的马路上开车迷路了，不知道该怎么走，又不能停下来。在这种状态下，人往往就会选择乱走。咨询师在这种状态下，往往乱问问题，结果就是，瞎子领瞎子，都坠入沟里了。

（4）问问题的线路

心理咨询中的问问题是一门“技术话”，需要经过学习和练习。咨询师需要明确：自己为什么要问问题？为什么要问这个问题而不是其他问题？我总结了下列几个步骤。

① 收集信息

了解情况，收集信息。了解是什么问题导致了来访者的心理困扰，比如问：“发生了什么事？”这样的问题是一种邀请，邀请来访者打开自己，倾诉自己内心压抑的情绪。当人受了委屈和创伤，人都渴望能有人聆听自己，人都渴望倾诉。在倾诉过程中，来访者内心的压力能够得以释放。如果咨询师能够专注地聆听，来访者就能够感到自己被理解了。这种感受本身就是一种很有效的治愈。

借着倾听来访者的倾诉，咨询师同时还能收集到必要的信息，了解导致来访者受伤的外界原因，同时，咨询师和来访者的咨访关系也建立起来了。

② 探索情绪

根据来访者的倾诉，深入探索情绪，帮助来访者整理自己的思路，帮助他们更好地了解自己。例如可以问来访者：“那件事为什么会让你有那么大的情绪？为什么你会那么在意？这个环境中是什么让你受不了？”借着这些问题，我们可以探知来访者对这些事情的解读，以及为什么会做这样的解读。

这些探索是基于一个心理学原理，就是如果一件事能够引起个体的情绪，那么这事对个体一定有意义。情绪越强烈，意义越大。比如，如果有人从报纸上看到有人被杀，凶手在逃。如果这事是发生在国外，我们只会把它当成是一则普通新闻。如果这事发生在国内，发生在省内，我们就会有些情绪。如果是发生在本市，我们会更有情绪。为什么同样的案件，发生在不同的地区，我们的情绪会有区别呢？主要看这事与我(个体)有多大关系。发生在国外，与我无关，所以没有情绪；发生在国内，或许与我有关；发生的地点与我距离越近，关系越大，我的情绪也就越大。所以，任何事情，如果引发了来访者的情绪，那么这事一定与来访者有关，这是咨询师和来访者需要共同探讨的。

在这种情况下，可以问来访者："为什么他这么说(或这么做)会让你这么生气(或担心、害怕、沮丧、懊悔)？这事对你到底意味着什么？"

③ 探索认知

在探索出来访者的解读之后，咨询师要和来访者一起来评估这样的解读是否合理。咨询师可以问来访者："他这么说你，你觉得你的人格受到侮辱，所以你才这么生气。我们一起来看看，他这么说你，你的人格真的受到侮辱了吗？"如果来访者回答："是的，我的人格受到侮辱了。"那么，就进一步问来访者："你的人格是怎么受到的侮辱？"这样对话的目标，是让来访者看到，他们的人格其实并没有受辱。既然如此，他们也就没有必要这样生气。

这样的探索是基于一种心理学发现，就是凡引起个体负面情绪的思维，往往都是认知偏差。负面情绪由三个要素组成：认为危险要来，自己无力应对，又无人来援助自己。在此，就需要和来访者探索，其一，威胁是否真的存在；其二，自己是否真的无力应对；其三，自己是否真的没有资源可以利用。深入探索就会发现，每个假设都可能是假的。待发现事实真相并不像自己想象或感受的那样，焦虑或害怕自然也就化解了。再比如，抑郁、无奈等情绪，都是因为个体以为自己是个失败者，不可能再成功，自己的生命没有了意义和价值。这些认知都可能是错误的。这些认知方面的错误如果得到纠正，情绪自然也就会好转。

④ 探索惯性防御摸索

根据来访者的情绪和认知，发现来访者惯性防御模式，帮助来访者更深入地了解自己。咨询师可以问来访者："当这样的事发生时，你是不是总会习惯性地这么想？当有人这么说你时，你是不是都会有这样的反应？"

这么做是基于心理学的一个原理，就是真正造成个体痛苦的不是事件本身，而是个体对事件的解读。如果认知模式和解读风格不改变，心理问题永远解决不了。通过当前这个事件，咨询师帮助来访者发现自己的习惯性消极思维和无效防御模式，然后挑战、改变、探索新的有效防御模式。

⑤ 探索深层信念

探索深层次原因，包括来访者的原生家庭和核心信念，并借此帮助来访者对自己产生深度的领悟。咨询师可以问来访者："能否和我谈谈你的原生家庭？你父母的关系怎么样？设想一下，一个孩子生活在这样的家庭环境里，他会有什么样的感受？"

为了能改变来访者的消极思维方式，需要了解它们是怎么形成的。如果不了解，改变会很困难。个体的认知模式是在成长过程中逐渐形成的，这与原生家庭、成长经历、接受的教育等密不可分。如果不了解这些，就不能了解个体的认知模式。所以咨询师要和来访者一起探讨来访者的原生家庭和成长经历，这个探索的目的不是为了了解他们小时候的事情，而是为了发现他们的认知模式是怎么形成的。同时也要让来访者意识到，很多消极思维模式，比如自卑感、不安全感、绝对化要求等，其实是错的，是需要被调整的。

⑥ 探讨认知调整计划

和来访者一起探索认知偏差，制定计划纠正认知偏差，调整负面情绪，改变有害行为等。咨询师可以问："我们探讨了你的原生家庭、成长经历，所以你有这些感受也是正常的。但是，你觉得它们符合客观事实吗？”(封闭式问题，预设来访者会给予否定回答)然后继续问：“你觉得真实的你是什么样的？”

这个思路，就像是开车时的导航仪，能够让来访者更加了解自己，逐渐知道如何从心理困境中走出来。在咨询过程中，咨询师不要直接给来访者答案，而是以问问题的形式，帮助来访者去探索答案。这样一来，效果会好很多。

(5) 问题的种类

问题主要分为两种，开放式的问题和封闭式问题。在心理咨询中，尽量多问开放式问题。所谓开放式问题，就是来访者不会简单地回答是与不是，而是借着回答问题，讲述事情发生的经过，自己的想法或一连串的感受。所以，问开放式问题是一个邀请，邀请来访者探索自己的内心世界。借着回答一个个开放式问题，帮助来访者打开一扇扇心门。

除了开放式问题，咨询师也需要问一些封闭式问题。所谓封闭式问题，就是指在回答这些问题时，可以用一个字或简单的一句话来回答。比如：“你今天感觉好吗？”回答是“好”或是“不好”。这类问题一般都是用来确定某些信息，或澄清信息。

3. 重述

(1) 概念解释

所谓重述，就是用自己的话把来访者刚刚表达的内容重复一遍，不是鹦鹉学舌那样重复来访者的原话，而是用自己的话，把来访者所表述的主要内容表达出来。虽然重述的重点是在事情上，但一定是与来访者有关的事，尤其是那些会引起来访者情绪的事。作为咨询师，在聆听时，要刻意留意那些引起来访者情绪的事件。

(2) 重述的作用

恰当的重述，能够帮助咨询师准确地知道是什么事在困扰着来访者。恰当的重述会让来访者意识到，他们被听到了，咨询师能理解他们。同时，重述还像一面镜子，能准确地把来访者所经历的事反映出来。常言道："当局者迷，旁观者清。"看别人的问题时，人往往都会看得很清楚，该怎么做也很明白，而碰到涉及自己的问题时就糊涂了，也不知道该怎么做了。当来访者倾诉的时候，是作为一个当局者，难以看清事情真相。而通过咨询师的重述，来访者能够从旁观者的角度看到自己，也就容易看清自己。

(3) 重述的步骤

恰当的重述需要咨询师具备良好的归纳和总结的能力。换句话说，在听了来访者的倾诉后，咨询师需要有能力抓住关键点，然后以最简洁的语言表达出来。因为来访者的倾诉往往会包含大量的内容，咨询师很难全部重述出来。所以在重述时，需要有顺序和侧重点。根据我自己的习惯，重述可以按照情绪 ABC 的理论来进行。首先重述事件(A)，然后重述结果(C)，最后解读(B)。从解读入手，深入来访者的潜意识，探索其防御模式、核心信念和早期的创伤事件等。

① 事件(A)

人往往会认为，自己的痛苦和烦恼是由别人的过错或不良的环境造成的。因此，要缓解自己的痛苦，他人或环境必须改变。在倾诉时，一般都会控诉他人的问题，讲述事情发生的经过以及这些事情给自己造成的痛苦。

在倾诉时，个体往往会带着情绪，以批判的心态来倾诉这事，这样的情绪和批判会蒙蔽来访者的眼睛，让他们看不到事实真相，更看不到自己的缺失。"当局者迷，旁观者清"，就是这个道理。

咨询师如果能平静地把来访者倾诉的客观事实描述出来。这个重述，就像是镜子，帮助来访者从旁观者的角度，去聆听自己倾诉的事件。这样，来访者就比较容易看到事实真相了，也就容易客观地反思自己了。

② 结果(C)

在梳理了事件的来龙去脉之后，咨询师可以重述来访者的反应，也就是来访者的情绪和行为。比如咨询师可以说："你老公又喝醉了，你特别生气，就骂他了。"在倾诉时，来访者的焦点往往是对方的问题行为，而不会注意到自己的反应。实际上，自身的反应往往进一步刺激对方，重述来访者的反应，能帮助来访者看清自己的反应，使他们意识到自己的反应是如何刺激了对方。

人际关系通常都是互动，是相互刺激，相互反应，如此恶性循环(或者良性循环)。丈夫喝醉酒这个行为，刺激了妻子，妻子的反应是生气和骂人。而这个反应又刺激了丈夫，导致丈夫也感到受伤、生气，又会更加刺激妻子，如此恶性循环，导致夫妻矛盾升级、激化。这个重述，会帮助来访者看到自己的反应给对方造成的刺激，能改变他们的防御方式。

要改变来访者的应对模式，他们的认知和解读需要得到调整。换句话说，人的行为反应都会受思维和情绪的驱动。如果思维不改变，情绪也不会改变，那么人的行为也难以改变。所以，要改变人的惯性应对方式，必须首先改变他们的认知模式。所以，接下来，咨询师要继续帮助求助者探索他们的认知模式。

③ 解读(B)

在重述了来访者的反应和其后果后，咨询师就和来访者一起探索为什么来访者对此事件会有那么强烈的情绪反应？这件事对来访者到底意味着什么？这个探索背后的理论是，如果某事件会激起来访者的情绪反应，那么在心理上，来访者一定认为此事与自己有关。在日常生活中，大多数人通常不会从这个角度来思考问题，而是只让自己停留在刺激和反应(A和C)的层面，很少关注自己对A的想法。而实际上，外界的刺激或事件本身只是诱发因素，而真正让个体感到受伤的是个体自己的认知和解读。如果这个情况不改变，个体的痛苦就会一直存在。

一般来说，人有负面情绪是因为期待落空，而之所以有期待，是因为内心的匮乏，包括缺乏安全感和自我价值感。要真正缓解自己的痛苦，关键不是如何去改变他人或环境，而是提升自己的自我价值感和安全感，如此，你就不会对他人或环境有太高的期待，失望也会减弱，你的痛苦也会减弱。

（4）案例展示

① 案情简介

王女士被医院诊断为抑郁症，在朋友的陪伴下前来寻求帮助。在首次咨询中，王女士哭诉了很多委屈，包括小时候在原生家庭中的委屈，结婚后受到丈夫家族的欺负，以及孩子的问题。听了她的哭诉之后，我认为王女士所面临的最紧迫问题就是婚姻问题，这个问题也是诱发她抑郁症的病因。所以我决定从婚姻问题开始着手进行心理干预和调整。接下来，是我和王女士的一段对话：

咨询师：请告诉我，那天，你和你老公之间到底发生了什么事？

王女士：那天，都晚上11点多了，他又醉醺醺地回到家。看到他那个样子，我就气不打一处来……后来他打了我。你看，我胳膊上现在还有淤青呢（说着，她挽起衣袖给我看，的确有块淤青），还有我腿上，身上，好多处呢。（继续哭泣）

咨询师：是啊，他经常喝醉了，你很担心他的身体，又担心他喝多了回家闹事。你对他说过多次，他也答应你不再喝酒了。但是他就是屡教不改。那天，他又喝多了，你很生气，就开始责骂他。起初他并不在意，后来他也恼怒了，开始骂你，还打你。

王女士：是的，他答应过我不再喝酒，结果又喝多了。

咨询师：你说，那天你骂了他很久，他都没有反应。后来你说了什么让他开始恼怒了？

王女士：我哪能记得？反正我说了很多。

咨询师：那天你说的哪些话刺激到他了，才导致他动手打你？你说过，他很少动手。这意味着你一定说了一些对他有刺激的话。知道这些很重要，否则你就很难避免再次刺激到他，你们还会有这些冲突。

王女士：我想想……我好像是说他很没用，跟他爸爸一样。因为他爸爸也经常喝醉酒，然后就回家闹事。他和他爸爸关系很差。

咨询师：这说明他很在意别人拿他和他爸爸比较，他很不希望成为他爸爸那样的人。

王女士：应该是的，看来我以后得注意。

咨询师：还有一件事你需要思考，就是每次你看到老公喝多了，你都会有很强烈的情绪反应，说了一些过分的话刺激到他了，结果引起了你们的冲突。为什么你对他喝酒有这么强烈的反应？

王女士：（思索了一会）可能与我父亲有关。

咨询师：怎么说？

王女士：我小时候，我爸爸也酗酒。经常喝醉了，回家打我妈，打我弟弟，他倒很少打我。

咨询师：这意味着，每次你看到你老公喝多了回家，就会有一种条件反射，感到害怕，然后你就生气，就会口不择言。

王女士：我想可能就是这样。

② 案例解释

在以上这段对话中，我运用了重述技术，首先帮助王女士看清了事情发生的经过：老公喝多了，她很生气，说了一些过分的话，刺激到丈夫了，结果导致了冲突。看清这一点之后，王女士就冷静多了。在此之前，王女士一直只把自己看成是一个无辜的受害者，丈夫蛮横无理。她现在意识到自己也有责任。然后，我还是用重述的技术，引导王女士看到自己是如何刺激到丈夫的，丈夫又为何会受到这刺激。这个引导，帮助王女士更理解她丈夫了。最后，我帮助王女士从认知的角度了解自己，为什么自己会对老公喝酒有那么强烈的反应？这个问题，就开始带领王女士往心理深处走，去看看自己的内心有哪些情结、哪些心理阴影、哪些创伤经验。心理治疗也就由此开始了。

4. 情绪反馈

所谓情绪反馈，就是咨询师以陈述的方式说出来访者的情绪。通过情绪反馈，咨询师可以帮助来访者更深入地体验情感。

（1）情绪反馈的目的

古话说，“人贵有自知之明”。但如何才算是自知之明？我认为，只有当人了解了自己的情绪、情感、内心的信念，才能真正了解自己。我发现，很多人对自己的情绪不敏感，已经被情绪困扰了，但对自己的情绪仍然毫无觉察。我分析，这是因为他们小的时候不被允许宣泄情绪，在成长过程中，一直把负面情绪当成是坏的，一味地排斥、压抑和否认，导致自己也不了解自己的情绪了。而情绪又是生命的重要动力，它向人传递有关自己生死存亡的重要信息，又会驱动人避苦求乐。如果人不和自己的情绪相连接，那么人就不可能真正了解自己。要了解自己，改善自己，了解自己的情绪则是必须的。情绪反馈的咨询技术，其目标就是帮助来访者了解自己的情绪。

（2）如何进行情绪反馈？

情绪反馈一般是在重述的基础上进行的，就是把来访者在经历事件的过程中所体验到的情绪，用简练准确的语言表达出来。往往，当来访者倾诉某些事的时候，他们的注意力只注意到事件的过程，而忽略自己的体验。然而，真正影响来访者的往往不是事件，而是这个事件给来访者带来的体验。通过情绪反馈，来访者能更清楚地了解这个事件对自己的影响，从而也就更清楚地了解自己了。

在这些情绪中，有的是来访者表达出来的情绪，而有的则是来访者还没有意识到的，或没有表达出来的情绪，有的甚至是来访者否认的情绪。比如，有位来访者讲述了父亲是用侮辱性的语言责骂她，我问她："你怨恨爸爸吗？"来访者否认了："我没有怨恨他，我知道他是爱我的；是为了我好才那么骂我的。"我对来访者说："我承认，你爸爸是爱你的。但是，他爱你的那种方式，谁都受不了。如果我是你，我父亲那么骂我，我会怨恨他的。"听了我的话，来访者哭了。她承认，自己在内心深处，其实她是怨恨爸爸的，但是她不敢表达出来。

（3）情绪反馈的要点

情绪反馈是咨询师能否恰当表达同理心的关键要素。为了能做好情绪反馈，咨询师需要做到以下几点：

第一，恰当的情绪反馈需要以恰当的重述为铺垫。来访者的情绪往往由某些事件诱发，所以要了解情绪，需要首先了解诱发因素。当然，重述的重点就是引起来访者情绪的关键点。比如，在听了康先生对母亲的抱怨后，我说："你因为不放心母亲，挂念母亲，想回家看看她。但是她一看到你就开始抱怨，说你这儿也不好那儿也不好。这让你感到很委屈。"在此，我先重述了引起康先生情绪的事件，然后再由这个事件引出他的情绪。

第二，感同身受的能力。当来访者在倾诉时，咨询师需要能够体验到来访者的感受。这要求咨询师能站在来访者的角度去体验事情的经历，去感受来访者在经历这些事件时所体验到的任何感受。我发现，很多咨询师，尤其是新手咨询师，往往没有站在来访者的角度去体验来访者的真实感受，而是把自己当成专家来分析、推理或猜测来访者有什么感受。显然，这就会使咨询师不能真正体验到来访者的感受，情绪反馈也就不可能准确。

第三，准确捕捉情绪的能力。每种情绪所表达的信息都是独特的，咨询师能否准确捕捉到来访者所体验到的情绪，对情绪反馈的质量是很重要的。比如，紧张、害怕、焦虑、担忧、恐惧等，虽然都属于焦虑类的情绪，但所表达的内容是不一样的，每种都有其特殊的内容。来访者感受到什么样的情绪，这就看咨询师是否能准确把握了。比如，当来访者描述小时候妈妈责罚自己的时候，他们体验到的情绪是什么？是紧张、害怕，还是焦虑？来访者自己可能从来没有想过自己的情绪，那么咨询师就需要用情绪反馈的技术帮助来访者意识到自己的情绪。这对帮助来访者了解自己很重要。

第四，不判断，无条件接纳来访者的所有感受。在成长过程中，每个人都会形成比较固定的价值判断，并认为判断是普世性的，别人也一定要遵守。所以，当来访者的感受、价值判断、行为企图与我们的价值判断有冲突时，我们往往会不由自主地想去纠正来访者，或诱导来访者去改变。来访者对此也会很敏感，觉察到咨询师的这个意图后，就会产生抗拒。比如，如果咨询师内心认为厌学是坏事，那么当来访者表达自己不想去上学的时候，咨询师可能就会自动想办法来劝导来访者打消这个念头。此刻，来访者会敏感地觉察到咨询师的这个意图，就会产生抗拒。

要做到“价值中立”，咨询师必须明白，来访者所有的感受、情绪、企图都是防御，目的都是为了确保自己的安全感和价值感，所以都是值得被理解的。咨询师需要去理解他们的一切，不判断，也不去尝试纠正，而是要引导他们看到自己情绪和行为的来龙去脉以及后果。让他们自己去选择，为自己的生命负责。

第五，将来访者的情绪给正常化和普遍化。德国有句谚语：“痛苦与人分享，痛苦减半；幸福与人分享，幸福加倍。”让人痛苦的一个重要因素就是感到自己很孤单，没有人能够理解自己，也没有人能帮助自己。这种孤单感往往比事件本身更让人痛苦。人在痛苦中，还会有一个习惯，就是认为自己的痛苦是最大的，自己是最倒霉的那一个人，没有人能理解自己。这种感觉会让人更痛苦。如果咨询师能够帮助来访者意识到，他们虽然痛苦，但还有很多人和他一样痛苦。这个意识会让他们感到自己不孤单，会减轻他们的焦虑。2020 年上半年，一些公司企业处在停工停业状态，我们公司也不例外。如果是在其他时间，我会非常焦虑。而此刻，我悠闲地在家写作，没有焦虑。我之所以能如此，只是因为我知道，很多人也这样。

所谓把情绪正常化和普遍化，就是告诉来访者，你在经历那些事时，有那些感受是很正常的，任何人都会有那些感受。而且，很多人都会有这些经历，只是他们不知道而已。在咨询中，我会经常和来访者有这样的对话：

咨询师：你这么痛苦，别人知道吗？

来访者：不知道！

咨询师：为什么别人不知道？

来访者：我不会让别人看出我的痛苦。我会在别人面前掩饰我自己。

咨询师：如果别人有痛苦，你觉得别人会不会也掩饰自己？

来访者：应该会的。

咨询师：所以，其他人也会痛苦，只是你从外面没有看出来；就像别人也没有从你的外表看出你的痛苦。我相信那句古话，“家家有本难念的经”，每人都有痛苦，只是你看不到而已。

这番对话会很有用，会让他们意识到，原来他们是正常的，其他人也会如此。这样，来访者就能认识、理解并接纳自己的情绪了，心理痛苦也能得到缓解。

八、做好心理咨询的几个小诀窍

1. 要像电影评委一样聆听和关注

面对来访者的倾诉，咨询师需要像电影评委看电影一样聆听来访者。咨询师需要观察到来访者的每一个细节，包括他们的表情、肢体动作、穿着等；还要听到他们所说的一切，包括没有说出的言外之意、潜台词；还要感受到来访者所表达的，或没有表达出来的感受。与此同时，咨询师还需要留意自己的感受、自己头脑中冒出的念头和想法，还需要分析、推理、判断，还需要考虑该如何才能既准确地表达自己的想说的，又不至于让来访者受到刺激。

2. 不要陷入来访者的情绪中

来访者在倾诉时，在潜意识里，他们是在拉“盟友”，要说服咨询师相信：他们很委屈，他们是无辜的，都是他人的错，咨询师要和他们站在同一战线，共同谴责那些伤害他们的人。来访者的说服力往往是很强的，又带有强烈的情绪，缺乏经验的咨询师会很容易被来访者说服，陷入来访者的情绪中。一旦如此，咨询师就会和来访者一样，陷入“当局者迷”的状态，也就看不清问题所在了。

3. 不要在事件层面停留太久

来访者来寻求帮助，往往都是因为他们被许多强烈的负面情绪所困扰，而引起这些情绪的往往是来访者所遇到的事情，比如家庭或工作方面的挫折和失败，他人对自己的伤害等等。所以，当来访者倾诉事情时，往往会“怨天尤人”。他们会坚信，自己之所以这么痛苦，都是因为其他人；他们还相信，只有其他人改变了，自己才能好起来。所以，倾诉往往会成为一种控诉。

在学习成为咨询师的过程中，咨询师明白倾听很重要，所以很留意自己是否无条件地关注和主动聆听，“不敢”打断来访者的倾诉。这样一来，来访者会在事情的层面无休无止地倾诉，咨询师则被来访者“牵着鼻子走”，难以深入下去。结果会让来访者感觉，心理咨询只不过就是倾诉而已，并不能解决实际的问题，因而咨询难以继续。

4. 不要轻易支招或提建议

面对来访者的困扰，咨询师会有一种冲动，就是急着帮来访者解决问题，给来访者支招、出主意、提建议，但这并不是来访者真正需要的。换句话说，这些招数、主意、建议，他们以前一定都想到过了，但是无效，他们因此感到无助，这才来求助。其实，真正导致他们遇到这些问题的原因不是他们不知道该怎么做，而是知道自己该怎么做却做不到。因为真正困扰他们的其实不是表面上的问题，也不是他人的问题，而是自己的心理问题。

5. 透过现象看本质

个体往往会认为是他人或环境的问题导致了自己的问题，因为自己无法改变他人或环境，也就感觉自己的问题无解，因而陷入无尽的烦恼和绝望之中。其实，真正给人造成困扰的不是别人、不是环境，而是自己对外界事物的看法、评价、态度。要真正改变人的心理困扰，不是要改变外界，而是要改变内心。为此，在心理咨询过程中，咨询师和来访者不能只是探讨事件，而要深入下去。

所以，在听了一段时间的倾诉之后(大约 40 分钟)，咨询师需要引导来访者往内看。通过来访者的情绪，看到他们对事情的解读，然后再看他们内心深处的信念、防御机制和应对模式。然后，尝试着引导来访者改变认知，如此情绪和行为也会改变，心理问题也就能够得到解决。

九、总结

人感到痛苦往往都是因为感到自己不被理解、不被接纳，觉得他人会伤害自己，自己需要防御，因而封闭自己或攻击他人。然而，这些防御措施只会让自己更痛苦。心理问题也就这么产生了。要帮助人从痛苦中获得解脱，首先要帮他们放下防御，接纳他人，接纳自己。而要帮人放下防御，恰当的同理心是必需的!

因此，咨询师需要放下自己的价值判断，对来访者全神贯注、用心聆听、深度理解、完全接纳。在感受到咨询师对自己的接纳之后，来访者也会理解自己、接纳自己，如此心理问题才会得到解决。

第九章 认识真正的自己

来访者王先生因为贪污被查，被判刑 5 年。出狱后，发现妻子带着孩子去了国外，杳无音讯，父母对自己很失望。在被查之前，他以为自己很了解自己，出狱后，他发现自己什么都不是了。王先生也很困惑：我现在到底是谁?

一、我们认识自己吗?

1. 自我人生的层次

每人对自己都会有所了解，但了解自己的层次是有区别的，从浅到深，自我认识的层次有以下几个：

（1）对自我基本信息的认识

最基本的自我了解包括知道自己的姓名、出身(家庭、家族、出生地)、学校、工作、家庭、社会地位等。这是最浅的自我认识，任何一个智力健全的人都会知道。

(2) 对自我身份的认识

在成长过程中，人对自我身份的认同会随着境遇的改变而改变。童年时期，个体会很认同自己是家庭的一分子，是爸爸妈妈的孩子。如果父母身份高贵，自己的身份自然也高贵；如果父母身份低微，自己的身份也是低微的。进入青春期之后，“我是父母的一部分”已经不能满足孩子的需求，孩子还想知道“我是谁”。从发展心理学的角度来说，这个时期的重要心理任务就是身份认同。

中国家长习惯包办，照顾孩子无微不至，替孩子做所有决定，要求孩子听话，不能任性。这种教育模式不允许孩子有自己的决定，自我身份认同感也就难以建立起来。孩子成年后，就不容易确定我到底是谁。他们对自我身份和自我价值的认同，都是依据“身外之物”和一般社会标准。

(3) 对自我价值的认识

人都会有一个自我评估：我到底是一个什么样的人？这个评估的标准通常是依据自身的基本情况、身外之物以及社会地位。换句话说，人一般都会依据自己的出身、社会地位、所拥有的财富等来判断自己的存在价值。如果出身高贵，社会地位高，财富多，就是有价值，否则就没有价值。很多人之所以如此忙碌，不是为了生存，而是为了提升自己的社会地位和财富状况。很多人把自己人生的目标定位为挣大钱，却很少有人想挣钱的真正目的是什么？其实，人生的目标就是提升自己的存在价值。

我出身农民家庭，小时候我一直认为，农民就是最下层的人群，因此不想一辈子做农民，梦想着自己长大了能做工人。那个时候，感觉工人比农民更有地位、更受人尊敬。这个渴望也成了我努力学习的动力。

工作后，我拼命工作、讨好领导，希望自己能够得到升迁，因为在我心目中，更高的职位比较低的职位更有价值。我也想努力赚钱，因为资产也能决定自身价值。到中年以后，我的自我价值观有了很多变化，我不再那么在意自己的出身、社会地位和资产，而更看重自己能为国家、为社会、为家庭作出多少贡献，我也很在意自己在专业领域里的成就。所以就努力工作，但目的和前几年不一样了，主要不是为了赚钱，而是为了能更好地助人、培养人，为了能在学术领域有所成就，因为这样，我会感觉自己的生命更有价值、更有意义。

（4）对自己生命本质的认识

这是一种深度的自我了解，这种自我认识不依据自身的基本情况，也不依据任何身外之物，使人能直接看到自己生来有价值。这种认定，不只是理智上的认识，更是内心深处的肯定。这种肯定是独立的，也是简单的。不管自己的外在如何变化，这种内心的肯定不变。若人的内心有这种认识和认定，就能做到宠辱不惊，无论面对什么样的危机，都能镇定自若。

2. 人痛苦的真正原因

反省人生中的痛苦，人无非就是担心会失去生命、财产、亲人、地位、声誉等，因而产生了各种的焦虑类情绪。人之所以会担心失去这些东西，是因为内心以为，如果失去这些，自己的存在价值也将失去，因此才会产生恐惧和愤怒等情绪。而实际上，人的存在价值不是因为人有这些东西，而是因为“人生来有价值”。这些身外之物只是我们存在价值的体现和证据，而非基础。换句话说，人的存在价值不是基于任何身外之物，不基于出身、不基于地位、不基于能力，也不基于个人的人格品质！所以，人没有必要担心自己会失去存在价值，因为不可能失去。如果人因为担心失去这些身外之物而焦虑不安，这意味着他们没有真正认识自己。

二、心外无物

1. 我们人都戴着有色眼镜看世界

明代著名哲学家王阳明有句格言：“心外无物、心外无事、心外无理。”所谓“心外无物”，是指一切都是人心，你所看到的、听到的、摸到的一切，都是你的心接收到的。如果你不知道某物的存在，某物对你来说就是不存在的。当然，它客观上是存在的，但与你无关。

人之所以有喜怒哀乐，都是因为自己看到了那些以为对自己有益或是有害的事物。如果从来没有看到，或是根本不在意，也就不会产生那些情绪。我有很多这样的经验，有时候自以为自己做得不错，但后来才知道，别人其实对自己很不满，而我却完全没有觉察，甚至还有点沾沾自喜。假如我知道他们对我不满，我的心情一定是低落的。有时候，觉得自己做得很不好，以为别人会对自己不满，心里很难过，有挫折感，但收到的反馈却是非常好。如果早知道他们有这样的反应，我也就不会那么难过了。这些经验让我明白一个道理：别人骂你也好，崇拜你也好，如果你不知道或不介意，你的心情不会受到影响；如果你知道别人会怎么看你，你的心情就会受到影响，而这和客观事实没有关系。

2. 看法影响了心情

古罗马哲学家埃皮克提图有句名言：“不是事物本身，而是人对事物的解读给自己造成了困扰。”意思是，人的喜怒哀乐不取决于外界事物，也不取决于其他人，而是取决于人对这些事情的看法和解读。比如，有人对你笑，如果你的解读是别人喜欢我，那么你就会高兴；反之，如果你的解读是别人在嘲笑我，那么你的心情就会变得很糟糕。决定你情绪的不是这个人对你的笑，而是你对笑的解读。基于这个理论，美国心理学家阿尔伯特·艾利斯创立了合理情绪疗法。

艾利斯认为，心理问题其实是情绪问题，而引起情绪困扰的并不是外界发生的事件，而是人们对事件的态度、看法、评价等认知内容。情绪出问题，主要是因为这些认知内容出了问题，如果认知内容调整了，情绪问题自然也就解决了。

艾利斯将他的理论归纳为 A－B－C－D－E 理论。其中，A(activating event)是事件本身，比如某件事成功或失败，有人骂你或赞美你等；B(belief)，就是个体对事物的解读，就是个体如何解读这个成功或失败，如何解读别人的咒骂或欣赏；C(consequences)是结果，就是人的情绪。

按照艾利斯的理论，造成人情绪的不是事件本身，而是人如何来看待这个事件。比如，某学生某次考试发挥失常，成绩很不理想。如果他因此以为自己不够聪明，以后考试可能永远好不起来了，他的情绪就会变得很糟糕。相反，如果他相信“失败是成功之母”，相信自己能从这次考试失败中吸取经验，将来会考好的。那么，他就会有积极的情绪。

合理情绪疗法的核心点是 D(disputing)，认清那些让自己产生负面情绪的认知偏差，然后加以调整。调整后，就会产生新的情绪，比如，别人骂你时，你之所以生气是因为你感觉自己的人格尊严受损了，这是认知偏差。如果你明白，你的人格尊严并未受损，反而让别人认识到骂你的人是在无理取闹。他骂你，伤害的不是你，而是他自己。如果能意识到这些，那么面对侮辱，你的情绪反应也不至于太过强烈。反之，如果你能容忍他对你的侮辱，你的人格还会更有尊严。这个认知调整就会使你的情绪得以调整，不再愤怒，而是平静，甚至是自豪。这个新的情绪，就是 E(effect)。

在咨询中，我会经常提出一个假设："假如有人无端骂了另外一个人，那个被骂的人有两种反应，其一，很愤怒，和这人对骂，两人吵架；其二，冷笑了一声，或只是平静地看了那人一眼，一言不发就离开了。你觉得哪种方式更高明？"来访者的回答是一致的，喜欢第二种。但来访者往往说他们做不到以第二种方式应对。我会给他们解释道："采用第一种反应方式，是以为自己受损了，以为骂回来就能得到自己的尊严；其实，人这么做反而降低了自己的尊严。而采用第二种反应方式，是因为看透了，这个人的侮辱其实不会伤到自己，只会让他更丢人现眼，所以也不需要和这样的人生气。"

3. 人痛苦是因为不了解自己

人到痛苦的时候，往往都会怨天尤人，认为是别人的问题、家庭的问题或是环境的问题导致了自己的痛苦。而这种怨天尤人的结果只有一个，就是让自己更痛苦。要消除痛苦，人往往认为别人、环境或自己的命运必须改变。而实际上，就如我们上文分析的，人痛苦其实是跟自己过不去，都是自己对这些事物的解读、看法和想法等，给自己带来了痛苦。要化解人的痛苦必须从自身入手，不是去改变别人、改变环境、改变命运，而是改变自己的心态以及对事物的解读模式。

三、认知调整

既然使人痛苦的主要原因不是他人的伤害，不是生命中的不幸事件，也不是恶劣的客观环境，而是个体自己的解读，那么要缓解痛苦，重点也不是改变他人或环境，而是改变自己。所谓改变自己，并非勉强自己认错，压抑自己负面情绪，强迫改变自己的某些行为，而是改变自己的认知以及对他人和客观世界的解读。认知改变了，情绪自然也会改变。接下来，我将介绍如何帮助求助者调整认知。

1. 第一步：同理心到位

认知调整必须在同理心到位的基础上进行。如果来访者感觉自己还没有被充分理解，就被咨询师贸然进行认知调整，来访者会感觉咨询师不理解自己，想改变自己。内心就会产生抗拒，拒绝改变。有位新手咨询师小吴，前来寻求心理咨询督导。她想帮助她表弟平复情绪，但不成功，小吴很沮丧。小吴的表弟是个高三学生，这几天难以控制自己的情绪，和奶奶(小吴的姥姥)发生了冲突，老人家很伤心，向她诉苦，感觉孙子很不理解自己的好心，感到委屈。小吴和表弟关系一直不错，就主动找表弟，想说服表弟对奶奶好点。谈话中，表弟抱怨了奶奶很多事，包括多管闲事、唠叨，还有些矫揉造作，这让他很烦。小吴说奶奶多么爱他、多么不容易，都是全心为他好。而他不但不领情，还对奶奶发脾气，还没有等小吴说完，表弟就愤怒了，对着她大喊大叫，说她多管闲事、自以为是，叫她滚，不想再见到她。小吴懵了。表弟从来没有对她发过脾气，这次是怎么了？回想一下，小吴也没有发现自己做错什么。很困扰，就来寻求督导。

我指出了她的误区，就是没有同理表弟。实事求是地说，他奶奶的一些言行的确让表弟不耐烦了，虽然奶奶是怀着好心。表弟心里感到别扭、有委屈，想和表姐吐槽，无非就是希望自己能被理解和接纳。但想不到却遭到表姐的批评和指责。说到这里，小吴辩解道，她没有批评和指责表弟。只是希望表弟能够明白奶奶的一片苦心，希望表弟能够对奶奶有所感恩。我提醒小吴，虽然她没有明确指责表弟，但是这种说法，让表弟感受到的就是批评和指责。

我建议小吴换位思考，按照表弟的描述来设想姥姥也这样对待她，她会是什么感受。思考了一会儿，小吴说："是有些不舒服。""好！"我继续道，“再设想你是表弟，心里有委屈，正好表姐来找自己谈话，也抱怨了奶奶几句。想不到表姐却给了自己一番说教，暗示自己不孝，要求自己要孝顺奶奶，对奶奶感恩。你听了会是什么感觉。”小吴的脸红了，说：“我也会生气。”

我继续说道：“假如你不是直接就要求他去理解奶奶，而是对他说：‘表弟，我能理解你的心情，如果姥姥那样对我，我也会烦。只是，她已经是老人了，不懂得怎么关心人。虽然她那么做让你烦，但毕竟她没有恶意，她想对你好。别生姥姥的气了，以后尝试着去理解她老人家吧。’如果你这么说，体验一下，表弟还会对你发火吗？”“当然不会了！”小吴如释重负地对我说，“我知道该怎么和表弟说了。”

第二天，小吴高兴地告诉我，她和表弟沟通过了，向他道了歉，然后表达了同理心，最后希望表弟能理解奶奶。表弟感动得哭了。我祝贺了小吴。

同理心到位，是心理咨询能够有效进行的前提条件。

2. 第二步：提炼情绪

同理心的落脚点是情绪。在倾听时，咨询师不仅要听到事情的来龙去脉，更要了解事件使得来访者产生了哪些情绪，然后以重述和情绪反馈的方式，帮助来访者意识到自己的情绪。

每种特定的情绪，就如同每种特定的疼痛感，都会给我们传递一种特定的信息。所以，通过来访者体验到的某种特殊情绪，我们可以推理他们内在的哪些心理需求没有得到满足。

在确定了情绪之后，我们需要引导来访者探索事件和自己情绪之间的关系。人习惯于把自己的负面情绪归结于外在原因，例如我生气，就是因为别人骂我，我生气很正常。至于为什么一定要生气，则鲜有人问。别人骂我，我就应该生气吗？其实，别人骂我，我不一定非要生气。我是否要生气，主要看我如何解读别人的话。如果我认为别人是因为担心我而骂我，我就不但不会生气，还会感激；如果我认为别人是在贬低我，我就会很生气。另外，我是否要生气还取决于我的内心是否强大。如果我内心很强大，那么即使别人想通过骂我来贬低我，我也不会在乎；如果我内心很脆弱，我就会非常受伤。

为此，在明确了来访者所体验到的情绪之后，咨询师需要引导来访者思考这些问题：面对这些外部刺激事件，我为什么会有这些情绪？我内心是怎么想的？通过这些问题来探索困扰来访者的消极思维和认知偏差，因为这才是导致来访者痛苦的主要原因。

3. 第三步：发现思维定式

所谓自动化思维，就是面对刺激事件，人头脑里自动冒出的念头和想法，也是人对所遇事物的解读。这些念头、想法和解读决定了人会产生什么样的情绪。自动化思维并不在意识层面，而是在表意识下面，因此很容易被人忽略。

为了帮助来访者觉察到自己的自动化思维，我一般会如此问来访者："为什么他那么说你，你会那么生气？""你是怎么理解他说你的？""当他那么说你的时候，有哪些念头冒出来了？"

这样的问题会引导来访者改变思维方向，从关注自己的感受、评价事件、批评他人而转到关注自己的念头和想法。自动化思维并不在意识的深处，所以只要来访者静下来，就能觉察到这些念头和想法。在此需要注意，当来访者谈自己的念头和想法时，往往会成为一种控诉，咨询师不能让这种控诉持续太久。之后需要引导来访者深入思考："自己如何解读对方的言行？为何这些解读会让自己如此受伤？"如果来访者不能觉察到这些(很多来访者不能准确觉察到自己的解读)，就可以用下列问题引导来访者思考：

“你是不是觉得他看不起你，所以你才那么受伤？”

“他骂你，是不是让你觉得自己什么也不是，所以你才那么受伤？”

问这些问题的一个关键点是，引导来访者往内去看，而不是往外看。

4. 第四步：识别认知偏差

(1) 寻找不合理证据

情绪化的人通常很容易完全认同自己的感觉，然后被自己的情绪所驱使，说出或做出伤人害己的言语或行为。在咨询中，我经常会对来访者说：“我能理解你的感受，你的感受的确很真实，也很正常。任何人遇到这样的事，都会有这样的感受。但是，感受虽然是真的，但感受未必符合客观事实。当你觉得自己很糟糕、很危险、没希望了或没人爱我了，实际上未必如此。你的这些感觉都是过去的经验造成的，是扭曲的，所以不要相信自己的这些感觉，因为它们已经被扭曲了。你自己到底是一个什么样的人，不要问自己的感觉，而是要看客观事实，要找证据！”

如何寻找证据？如果一个人是自卑的，我会首先和来访者探讨自卑的含义。“自卑感”其实是一个自相矛盾的感觉。“自卑”，顾名思义，就是贬低自己。如果自己真的不好，你认为自己就是这么不好，那么这不是自卑，而是一种自知之明，因为你了解自己。所以，当你认为自己有自卑感时，其实潜台词是“实际的我比我感觉到的我要好”。

从这一点，我会引导来访者回顾他们的一生，去寻找那些成功的经验，比如小学时获得什么奖状，老师是否表扬过自己，有没有拿过奖学金，工作上业绩如何，有没有帮助过什么人等等。大部分来访者很快就会想到很多这样的经验。这些经验都被人的心理过滤掉了，平常只是待在人的前意识里。我会告诉来访者，这些经验就是“证据”，证明你是有能力的、优秀的、有价值的等等。往往谈到这一点时，来访者会两眼放光，惊讶地问：“我真的是这么好吗？”我会肯定地告诉他们，他们就是这么优秀。

我还会提醒他们，虽然那些自卑感不会因此消失，还会冒出来干预生活，干预思维，扰乱情绪，还会逼迫他们相信这些感觉所告诉他们的信息都是真的。要挺住！不能被这些感觉所动摇，要坚定地相信自己是好的。

如果有人缺乏安全感，我也会引导来访者不要只是相信自己的感觉，而是要寻找证据并验证这些证据。如果他们担心会出事，我则会引导他们客观理性地分析事情发生的概率有多大。如果很大，当然需要采取措施，如果很小，比如只是“万一”，那么忽略它。

此时，我会以给来访者解释：世界上没有绝对的事，任何事情都有可能，但很多事发生的概率太低了，你完全没有必要去担心。你在外面乘凉，你不会担心会有陨石打到自己，就是因为发生的概率太低，你完全可以当它不存在。还有，我们出门旅行、工作、探亲访友，都有可能发生意外，但我们都不会考虑这些，该出门时就出门。如果我们因此就不出门了，那么我们就真的会发生意外了。所以，虽然有可能，但因为发生的概率很低，我们可以当它不存在。

然后，我会和来访者一起探讨他们担忧的事情发生的概率有多大，如果只是“万一”，就不需要顾虑了。绝大部分情况是，来访者担心的都是“万一”发生怎么办？虽然理智上知道不必要担心，但来访者还是顾虑“万一”发生该怎么办。此时，我会引导他们换个想法。如果说是万一会发生，这意味着有99.99%的概率是不会发生的。

有的来访者担心别人会伤害自己。对于这种情况，我会引导来访者去分析别人伤害他们的动机、机会、能力等等。此刻，来访者往往不能清楚说明别人为什么要伤害他们，或怎么能够伤害到他们。经过这番分析，来访者会意识到，可能都是自己瞎想了，其实没有人会伤害自己。

我还会采用一个假设：“假如你的一个朋友对你说同样的事，有着同样的担心，你会怎么看？”他们会很快地说：“这些想法都是很荒唐的，或是不大可能发生的。”我曾对一位访客说：“假如你的一个朋友对你说这些事，你会觉得怎么样？”她马上回答说：“这些想法都很荒唐。但这事轮到我身上，就感觉会是真的。”

“当局者迷，旁观者清”，为什么会这样？关键是情绪。如果这事发生在别人身上，自己不会有很多的关心，也就不会有很强烈的情绪，所以也就能看清事实的真相。而如果这事发生在自己的身上，就会产生很多的情绪，而这些情绪则会影响自己的思维，使得自己看不清事实真相，只是凭自己的感觉来判断到底是怎么一回事。结果就会很容易出现偏差。这也是中国那句古话所说的，“关心则乱”。

（2）甄别认知偏差

在找到“证据”证明来访者并不像他们认为的那么卑贱、无能、失败、危险、被人嫌弃或没希望之后，还要发现是哪些认知偏差导致了他们的这些感觉。我发现，绝大部分来访者都是被认知偏差所影响而自己却不自知。一旦来访者意识到影响自己的认知偏差，情绪很快就会得到化解。

王女士，40 岁左右，事业和家庭都很令人羡慕，但她内心很不幸福。很多朋友都不解，她自己也很困惑。咨询过程中，我们发现了问题的根源：她父亲脾气很暴躁，总是骂她，贬低她。虽然她一直很优秀，从小学、初中、高中、大学到工作，都很出色。但父亲还是不停地骂她。内心深处，她很渴望得到父亲的肯定和认可，而父亲却总是否定她。她对父亲有很强烈的怨恨，不和父亲交流，也很少回到父母家里。对此，父亲对她很不满，每次回家，父亲总会指责她。王女士也看不清父亲，觉得他也一无是处，对妈妈、哥哥和自己都不好，脾气暴躁，不体贴人，做父亲和丈夫都不够格。

咨询过程中，我引导来访者看清自己和父亲。她觉得父亲不爱她、总是贬低她，导致她也总是否定自己。所以，一路走来，无论她取得什么成就，总感觉没有什么价值；而如果她有一点点小错误，或一点点失败，就感觉自己像个彻底的失败者，会产生强烈的挫折和无助感。这是典型的“过度缩小和过度夸大”，对自己的成就过度缩小，而对自己的失败过度夸大。这个认知偏差导致了另外一个认知偏差，就是“以偏概全”，以自己的一个小小失败来全盘否定自己。回顾自己的一生，王女士感觉自己这一生很痛苦，是个失败者。这些感觉是受到了“心理过滤”的影响，把自己成功的经验都给过滤掉了，剩下都是失败的经验。然后再把失败的经验无限放大，最后以偏概全。最后得出的结论就是：我是个失败者。我告诉王女士：“如果你内心得出的是这样一个结论，你能幸福吗？”

另外，王女士觉得父亲一无是处，就是一个不负责任的丈夫和父亲，很无能，内心很排斥他。我问：“难道父亲就没有一点优点吗？”王女士思索了一会儿，发现父亲其实是有很多优点的，他人很耿直，也因此得罪过很多人，导致他的事业不顺。他很聪明，是当年县里的高考状元，考上名牌大学。这在当地引起轰动。父亲以优异的成绩从大学毕业，在工厂里很能干，很多领导都喜欢他。但因为他很耿直，所以一直难以升迁。此时，王女士还想起了许多童年美好的记忆：父亲带着她和哥哥在公园里玩，出去旅游，给他们讲故事，给她辅导作业，教她写毛笔字等等。谈到这里，她哭了，说了一句：“其实爸爸还是挺爱我的。”

我分析道：“爸爸性格耿直，不善于表扬人，更不会表扬自己的孩子。中国传统文化就是这么教育的，也不能怨他。另外，爸爸在工作上被人打压，心中有气，在家里难以控制自己的脾气，尤其是发现你们犯错的时候，更是如此。虽然这么做很不对，但也可以理解。”

王女士流泪了。我继续道："这么看来，爸爸只有一个缺点，就是经常对你们发脾气，总是批评你们。"她点了点头。我继续分析道："就因为爸爸这个缺点，你全盘否定了他，觉得他是个不够格的丈夫和爸爸。这个结论是不是有问题？"

停了一会儿，我继续道："这也是一种认知偏差，叫'一叶障目'。"

这次咨询之后，王女士明显感觉好了许多。类似的临床经验还有很多。我发现，如果能够帮助来访者意识到自己的思维模式和认知偏差，这对来访者调整认知很有帮助。

5. 第五步：不要跟着感觉走

通过前面几个步骤，来访者可以意识到，困扰他们的这些感觉都是来自过去的创伤，并不是来自现在。换句话说，这些感觉告诉个体的信息也都是虚假的，不是真实的。所以，我们的主观意念就不能跟着我们的感觉走，甚至必须要对自己的感觉说"不"。

这很不容易！20 世纪 80 年代，歌手苏芮的《跟着感觉走》风靡全国，这首歌唱出了年轻人的心声。生活中，绝大部分人都是在跟着自己的感觉走。这本没有错，我们需要相信我们的感觉。但是，我们的感觉并不一定是真理，而且会很容易出现偏差。就如同我们前面所介绍的来访者，无论是自卑的、缺乏安全感的、无助的，还是绝望的，他们的感觉都是扭曲的，不能相信。来访者之所以会被这些心理问题所困扰，主要是因为他们太相信这些感觉了。

一个心理健康、积极乐观的人看待外界事物的态度往往是积极的；反之，一个内心充满不满、怨恨、愤怒、焦虑的人看待外界事物的态度往往是消极的。那些刻骨铭心的创伤经验会控制我们的眼睛、耳朵和思维，会让我们相信过去的那些创伤经历现在还在重演，而且相信将来也会一直重演。人的内心是否强大，关键就在于人能在多大程度上对这些错误的感觉说“不”。

6. 第六步：“三不政策”

虽然来访者意识到了情绪的不合理性，但这并不意味着他们的情绪会消失或缓解，那些可怕的念头仍然会时常冒出来。如果它们冒上来，该如何处理？对此，我会采用“三不”政策来应对：不排斥、不压抑、不跟随。不要排斥它们，因为人越排斥自己的感觉，感觉反而会越频繁地出现；越压抑自己的感觉，感觉会越强烈。当感觉到它们要来了，要把它们当成朋友一样来欢迎。

很多人很推崇森田疗法的“顺其自然，为所当为”，但很多人误解了这个技术，把“顺其自然”当成是感觉来了，就顺着感觉走，结果症状得不到解决。我的理解是：当感觉来了，我们当然不能排斥，也不要压抑，而要接纳它们，允许它们存在并影响着我们，这些感觉可以让我们很不舒服。但是，这并不意味着我们就要按着这个感觉的思路去想、去分析、去推理、去行动。

根据我的咨询经验，不跟随是最关键的一步，同时也是最困难的一步。很多来访者描述自己的经验，就像身在激流的河流中，稍不小心就会被情绪的激流卷走和淹没；或像身在飓风之中，稍有不慎就会被飓风卷走。为了避免自己不至于被飓风或洪水冲走，我需要帮助来访者找到一块磐石，使他们在面对极端的消极思维和强烈的负面情绪时，能够稳定得住。那么，这磐石是什么？

7. 第七步：重新认识自己

咨询到这个阶段，需要引导来访者重新评估自身的情况和周围的环境。对那些被自卑所困扰的来访者，我会和他们一起探索他们过去成功的经验，包括上学期间取得过优异的成绩、帮助过别人、工作中取得过优秀的成绩等等。这些，都能证明他们是聪明的、能干的、优秀的、有价值的，这些都是真实的。而那些自卑的感觉却是错误的，是假的，是来自小时候父母的错误评价，是来自来访者从过去的失败经验中得到的错误结论。

在这个时刻，我还会和来访者探讨一个问题：成功或失败，哪个更能显示出一个人的真实水平？大部分的来访者都能正确地回答这个问题：是成功经验。但是他们却不能解释清楚为什么是成功经验更能显示出一个人的真实水平。其实原理很简单，要成功，所有必需的条件都需要具备。能力、水平、素质、知识等都是必需的。而只要缺少一个条件，就会导致失败。人的水平、能力、素质是人要获得成功的必要条件，当然除此之外可能还需要一些其他的必要条件。人如果以前获得过成功，至少可以说明，他们在那个时刻是具备这种能力和素质的。接着，我会向来访者强调，人的能力不会轻易消失，就如同游泳、骑自行车、打球等技能，即使多年不用，人仍然会，只是有点生疏，经过锻炼，很快又会上手的。我的结论是：你以前成功过，你以后仍然可以；你以前能，以后也能。关键是，你是否相信你自己能！

对那些缺乏安全感的来访者，我会引导他们去重新评估当前的境遇，去评估他们日常所接触的人，接着评估他们究竟有多危险，又有什么能够真正伤害到他们。如果现实生活中真的有危险，或是有人真的会伤害到他们，我就会和来访者一起探索应对这些危险的最佳策略是什么。在此，我会引导来访者去行动，而不是在那里担心、焦虑、害怕。我发现，人一旦行动起来，他们的焦虑程度就会大大地降低。在咨询过程中，我发现，真正能够给人带来安全感的不是外在的安全环境，也不是能保护我们的人，而是自信。

大部分时候，来访者的焦虑、害怕都是虚幻的，或只是来访者自己内心的一种感觉。这种感觉或是来自小时候原生家庭的一些冲突，或是来自自己被抛弃、被恐吓的经验，或是来自过去其他的一些创伤。处理这些创伤经验，咨询师还可以用“刻舟求剑”或“惊弓之鸟”的比喻给他们解释：这只是过去的创伤经验给你留下的感觉，是假的。真实的情况是：你现在是安全的。在咨询过程中，我会帮助来访者反复确定这个信念。然后，引导来访者在体验到焦虑、恐惧，或其他不安时，提醒自己：这些不安全感都是假的，其实自己是安全的。

我还会用一些比喻来帮助来访者去体验这种安全感。我会把那些正向的信念比喻成磐石，而那些消极的或错误的情绪和信念则如同狂风暴雨。你无法控制风雨，能做的就是在风雨中坚定不移，不要离开这块磐石。

如果情绪太过强烈，就让自己暂停手上的工作，找个僻静的地方，然后，深呼吸，将自己全部的意识都集中于自己的呼吸，感受空气经过鼻孔，慢慢地经过呼吸道充满自己体内，去感受那种被充满的感觉，然后再慢慢地呼出来。我再三强调，做深呼吸时，一定要全神贯注于自己的呼吸，去感受身体的感觉。同时，要“观察”自己的思维过程和情绪流动，如此几分钟之后，这些负面思维和情绪就会过去了，自己也就会恢复平静。

在这过程中，会有很多的念头冒出来。几乎每个念头都会对自己有超强的吸引力，吸引着来访者去想、去研究，然后依此来推理、联想，最后得出结论。在这个情绪化推理过程中，负面的情绪和偏离的信念相互影响、相互强化、逐渐升级，很快地就把人带入到极度的焦虑、恐惧、悲伤、绝望中了。我发现，这些念头就如同鱼饵，而人的大脑则像一条饥饿的鱼，很想去咬它。一旦咬了，就被钩住了，为此，要识别出这些“鱼饵”并克制自己，因为一旦咬住了就很难摆脱了。

四、总结

在本章中，我简单阐述了认知调整的基本原理和基本步骤。心理问题主要是由错误的观念和偏离的信念造成的。如果能够把它们纠正过来，心理问题也就迎刃而解了。但是，因为这些观念和信念与人内心的情感、情绪、感觉密切相连。很多时候，来访者能够明白其中的道理，也能意识到自己的想法不对，但就是无法放下。为了帮助来访者真正改变这些错误的观念和偏离的信念，摆脱这些困扰自己的情绪和情感，仅仅靠认知调整是不够的。人过去所受的创伤需要治愈，没有满足的需求需要满足。这就要求心理咨询师还必须要采用一些其他的策略才行。在下一章中，我们将探索如何疗愈人过去的创伤，如何满足人的成长需求。

第十章 拥抱内在的小孩

张女士，是位外企公司的高管，各方面都非常优秀。但她经常莫名其妙地感到悲伤、委屈和怨恨。在咨询过程中，我们分析出，这些情绪都源自她的童年。她有一个姐姐和一个妹妹，母亲喜欢姐姐，父亲喜欢妹妹。小时候家庭困难，唯独把她送回农村老家，由外公外婆抚养，而姐姐和妹妹却留在父母身边。她感觉很不公平，但无能为力。成年后，她通过自身的努力，使自己的生活比姐姐和妹妹都优越得多。但小时候给她留下的那些伤痛一直伴随着她。她很想和家人建立密切关系，只是一旦和他们在一起，那些负面情绪就会冒出来，她控制不住自己，几乎每次都是不欢而散。张女士很苦恼，很想摆脱这些情绪，能够与父母和姐妹亲近。

一、过去的伤，今日的痛

1. 今日的痛源自过去的伤

心理问题的产生不是一蹴而就的，而是一个长期的过程。很多来访者都感觉自己很倒霉，做什么都不顺，没人对自己好，自己遇到的都是坏人。他们抱怨道："为什么我会这么倒霉？我的命这么不好？老天不公！"问题的根源不是别人、环境或命运，而是自身。他们早年在不良的环境中长大，受过很多创伤，导致认知模式出现问题。而这消极的认知模式又导致他们遇到了更多的挫折和伤害，恶性循环。

要帮助他们解决心理问题，认知模式必需要改变。而要改变认知模式，过去的创伤经验需要得到治愈。

2. 案例展示

王女士，59岁，是一位已经退休的中学老师。她被多种心理问题困扰，有焦虑、疑病、严重失眠等症状，很痛苦。她的医生建议她来做心理咨询，她就来了。在咨询中，王女士抱怨自己每天都有很多的担忧和顾虑。本来心情好好的，和朋友聊天、看电视或听音乐，如果听到某人得癌症了，她立刻就会很恐慌，不由自主地想："我会不会也得癌症了？"如果身体哪里有不舒服，也会立刻想："我是不是得癌症了？"三天两头往医院跑，检查身体，检查结果都是好的，但她还是不放心，每天都提心吊胆。王女士自己也很困惑，她是一名中学老师，还是市优秀英语教师，教了30多年书，很多学生都考上了北大、清华等中国一流大学。她现在退休了，退休金也很高。老公是一名高级工程师，还在工作，工资待遇都很好。两个孩子也都已成家，都有很好的工作，不需要自己为他们操心。为什么还这么容易担心？

有朋友对她说："你就是怕死。""我真的怕死吗？"她问自己。有时候自己静下心想想，王女士觉得自己也不怕死。生老病死是人生的规律，觉得自己也能看得开；再者，自己现在还不到六十，依据现在人的寿命，王女士觉得自己活到九十岁应该不成问题。所以即使是死，也是三十多年以后的事，自己现在干嘛在乎？从现实生活中，王女士找不到任何可以让自己害怕和恐惧的原因。

咨询中，我询问他小时候的经历，王女士不以为然，认为那和自己现在的困扰没有关系。我解释道："现在，显然你的理智和你的感觉产生了冲突。理智上，你能明白其实没有什么事情会让你恐惧和害怕。但是，你内心就是害怕。这种害怕不是因为现在你有什么危险，而是你小时候的一些创伤经验给你留下了心理阴影，导致你总有这些感觉。"在心理治疗计划中，我把重点放在对王女士的这个创伤经历进行处理上。引导她再回到当时的场景，在催眠中引导她再来看自己，来安慰自己，保护自己和家人。经过两次咨询之后，王女士就能够相对平静地回忆那个经历，第五次咨询后，王女士再回忆当初那个经历时，内心的恐惧明显缓解了许多。与此同时，她发现自己也不再会害怕生病了。第六次咨询时，王女士提出，她觉得自己好了，想停一段时间，日后当她感觉有需要时，再来联系我。我欣然同意了她的想法。

二、情感记忆

1. 记忆的种类

心理学家发现，人的记忆有许多种，主要可分为四类，分别是：情景记忆、情绪记忆、抽象记忆和动作记忆。情景记忆，是以事物的具体形象为主的记忆类型。我们所记得的过去发生的事，都属于形象记忆或情景记忆。情绪记忆，主要是指当事件发生时我们所体验到的情绪、感受、经验等。抽象记忆，主要以文字、概念、逻辑关系为主要对象，我们所掌握的知识、思想、观点等，都属于抽象记忆。动作记忆，是以各种动作、姿势、习惯和技能为主的记忆。我们所有的技能，包括走路、说话、做家务、骑自行车、开车等，都属于动作记忆。

情绪记忆一般伴随着情景记忆而发生。人生命中所经历的几乎每件事，都会引发人的某种情绪。情景记忆记住事件，情绪记忆记住感受。人的心理、情绪、情感、性格、品行等等，都受我们情绪记忆的影响。一般来说，情绪记忆比情景记忆要长久得多，也深刻得多。这意味着，事情过去了，人会渐渐忘却所发生的事件，但事件给人留下的感觉，却仍然会记忆犹新。

人的情绪记忆会影响人的思维判断、性格和行为模式。而这种影响往往在无意识中进行。比如说，人小时候被人打过。挨打的时候，产生了强烈的恐惧。时间过去多年，他们可能忘记了当初被打的事情，但是心里总是会紧张不安，不敢见人。这些情绪和反应都是情绪记忆的结果。也就是说，是情绪记忆在控制着他们的思维和行为，命令他们该如何解读隐藏在记忆深处的这些人和事，该如何去回应，应该采取什么措施等。此刻，个体的理性完全被情绪所控制，而个体还自以为自己很理性，理解得很对，做法也很对。

2. 情感记忆的特征

（1）情感记忆历久弥新

在人的成长过程中会发生很多事，有些是小事，很快就被忘记了；有些是大事，个体会记住一段时间；有些事情是刻骨铭心的，一辈子都忘不掉。事件发生时个体体验到的情绪越强烈，对这件事的记忆也就越长久，对个体的影响也越深远。这些刻骨铭心的经验，就如同石匠将标记或文字刻在石头上一样，随着时间的流逝，这块石头可能会被沙土、青苔、树叶掩盖住，从表面上看不出来，但是石头上刻的字却仍然在那里。一场风或一场雨，就会使这些字露出来。

情绪记忆，就像这些雕刻在石头上的文字或标记，会被压抑在心底，或被生活中其他繁忙的事物所掩盖，人意识不到。一旦遇到风雨，也就是刺激事件，这些经验就会显露出来，把人带回到事件发生的时刻。那一刻，个体所体验到的感受、情绪和想法就会冒出来，人也会用那个时刻的防御模式来应对当前的挑战。比如，有的人平常表现得挺温和，通情达理。但如果听到什么事或受到什么刺激，就会突然爆发，瞬间判若两人，情绪失控。这种现象一定是他们的情绪记忆被刺激到了，被唤醒了。我小时候被狗咬过多次，至今看到狗都有些害怕。这个害怕就是小时候留下的情绪记忆。

（2）情感记忆没有时间观念

就时间观念而言，可分为过去、现在和将来。过去发生的事现在不一定会发生，将来更不一定会发生。然而，情绪记忆是没有时间概念的。在情绪记忆里，过去发生的事现在一直在发生，将来也会一直发生。虽然这种逻辑思维是错的。但是，个体往往意识不到这个错误，还会自动地认同这种感觉。

来访者小慧，在国外取得硕士学位。她不敢让自己优秀，因为如果自己优秀了，就会觉得她的初中同学小 T 会知道，就会来打压她。小慧每天都很焦虑。但偏偏有一个学妹来自清华大学，而小 T 也是清华大学毕业的。她不敢接触这个学妹，而这个学妹却很喜欢她，天天缠着她。这让小慧非常痛苦。

小慧的恐惧源自初中时期，她和小T是同班同学，又是班级里学习最好的两个学生。每次考试，要么小慧第一，要么小T第一。小T的嫉妒心很强，联合同班同学小J一起打压她，公开骂她，说她的坏话，鼓动其他同学孤立小慧。高中期间，小T仍然和小慧在一个班级，但此时小慧成绩已经明显下滑，小T也不再打压她，但小慧仍然惧怕小T。小T之所以不打压她，小慧的理解是，因为自己不优秀了。如果自己优秀，小T还会打压她。高考时，小慧故意选择了一所二流大学，而小T考入了清华大学。小慧之所以选择这所二流大学，就是为了远离小T。

虽然小慧不敢让自己优秀，其实她骨子里非常要强，她不甘平庸、不愿落后，她很聪明，每年都被学校评为学校“十大优秀学生”，被学校公开表扬。这些成绩让小慧既高兴又恐惧。在一次咨询中，我用催眠的方式让小慧想象将来小T打压自己的场景，让她描述小T和自己的样子。结果，小T还是穿着初中期间的校服。这个催眠让小慧意识到，原来她一直活在初中时期。她的焦虑不是来自现在，更不是来自将来，而是来自过去。意识到这点之后，我继续帮助小慧做了一些认知调整，又引导她拥抱了她内在的小孩，就是那个初中时的自己。小慧就缓解多了，能继续她的学业，并顺利考入国外某所著名大学的研究院。

（3）情感记忆是有罪推定

情绪来自大脑海马体的判断，而这判断的标准很简单：对我有利还是有害。在前文中我们分析过情绪产生的过程：当个体看到某个事物时，丘脑会扫描相关信息来了解它，接着海马体要对此作出一个判断，对我有利还是有害，然后将相关信息传递给杏仁核，最后杏仁核向脑垂体发出指令，指挥全身。此刻，情绪就会产生。之后，我们的前脑才会接收到相关信息，然后对这信息作分析、推理和判断。从这一点来看，当我们有情绪的时候，我们已经有判断了。比如，当我们生气的时候，我们已经认定他人对不起自己了；当我们害怕的时候，我们已经认定我们有危险了；当我们抑郁的时候，已经认定自己没希望了。

情绪具有强迫性，它们会“强迫”个体相信他/她所感受到的都是千真万确的，即便意识中觉得不可能，仍然难以做到不相信。就如我们提到的小慧、王女士以及小丽等。理智告诉她们，其实没有什么可害怕的，但她们感觉上还是害怕。而且这感觉会迫使她们相信她们所感觉到的危险一定会发生，即使在别人看来是很荒唐的。此刻，人的情绪已经控制了人的思维。情绪会驱使人的思维去寻找证据来证明自己是有危险的、是会失败的、别人是会伤害自己的等等，即使这些事发生的概率只有万分之一，在潜意识里，这个“万一”实际上是“一万”，百分百会发生。

3. 改变情感记忆的方法

有的情绪记忆，可以通过认知调整来解决，比如对张女士的咨询。但有些咨询，比如对王女士和小慧的咨询，只用认知调整是不够的，还需要用其他的方法来调整。这是因为她们小时候受的伤太深，那种情绪体验太过强烈，她们的理性和认知无法战胜情绪。所以，虽然头脑里明白那些事情已经过去了，但是内心深处的那些体验仍然非常强烈。这些情绪体验仍然会影响她们的认知和判断，导致她们不能从过去的创伤中走出来。

对于这种情况，我会采用一些催眠的方式，来帮助来访者直接面对过去的创伤经验。通过一些治疗，这种情绪体验就会有所改变。

三、催眠

面对过去创伤比较严重的来访者，我常用的一个咨询方法是“拥抱内在的小孩”，就是通过浅度催眠，引导来访者去看当年那个受伤的自己。为更好地介绍这种疗法，我需要先给读者介绍什么是催眠治疗。

1. 催眠的概念

催眠源自古希腊神话，修普诺斯是古希腊神话中的睡神，他的孪生兄弟是死神塔纳托斯，他们的母亲是黑夜女神倪克斯。每当母亲令世界落入黑夜时，修普诺斯就会诱使人类入睡。修普诺斯有两个翅膀，身穿白色的衣服，手上拿着一朵罂粟花，凡是被罂粟花扫过的人，就可以一夜安眠到天亮。修普诺斯具有强大的使人入睡的能力。另外，修普诺斯也主管快乐和自在，但只有那些接受他的诱导而安稳入睡的人才能得到真正的快乐与自在。

1842 年，苏格兰外科医生詹姆斯·布瑞德使用睡神的名字来给一种特殊的治疗命名，这种治疗就是将人催眠至一种恍惚的状态，然后给人一些心理暗示，让人相信自己的疾病会好转。醒来后，病情真的减轻了。其他医生和心理学家也接受了这个疗法和命名，这种疗法在希腊文中叫“hypnos”，英文名为“hypnosis”，中文名为“催眠”。

2. 催眠的发展

1766 年，奥地利内科医生麦斯默首次将催眠用于医疗，他提出了“动物磁气”理论。他认为，大自然充斥着一种气体，若这种气体在人体内自然流动，人就能正常运作。如果这种气体在人体内受到阻碍，人就会生病。当人处于“迷离”的状态中(催眠)时，这些阻碍就会被消除，从而恢复磁气的自然属性，也就恢复了身体健康。为了恢复这种自然流动，麦斯默发明了很多技术，被统称为“催眠疗法”。

后来他到法国巴黎，用“催眠疗法”让很多神经症患者的症状得到缓解，因此名声大振。但当地其他医生却抵制他，控告他是骗人的。而麦斯默却无法拿出科学的解释，因而被驱逐出境。但他的“催眠治疗”却引起了全世界的注意。

弗洛伊德学医期间，在巴黎观察到老师以催眠治疗歇斯底里患者，受到启发，并因此发展出精神分析心理学。起初，弗洛伊德经常用催眠来治疗患者。弗洛伊德在维也纳开设了私人诊所以后，对催眠术的兴趣也愈发浓厚。他对一位意大利妇女进行了催眠治疗，颇见成效。在医疗实践中，面对许多疑难病例，手术和药物都无能为力。他发现，这些病的根本原因不是生理的，而是心理的。后来，当他读到贝恩海姆教授写的《催眠与暗示》一书，对其利用催眠与暗示手段治疗疾病极感兴趣，便开始产生利用催眠术治疗心理性疾病的想法。有位太太，不能给孩子喂奶，经人介绍，来到弗洛伊德的诊所就诊。弗洛伊德果断地对她实施了催眠术。这次，没有花费多长时间就使患者进入催眠状态。在催眠状态中，弗洛伊德反复向患者暗示："你的奶很好，喂奶过程也令人愉悦"。两次治疗以后，患者康复如初。他喜不自胜，因为一种新的疗法被证实了！此后，他在医疗实践中频频使用催眠术。

一些成功的案例使弗洛伊德相信催眠术是开启无意识门户的金钥匙。这个想法在对埃米夫人的治疗中得到了充分的证实。埃米夫人在丈夫死后的 14 年里，断断续续地患上好几种莫名其妙的病。最为典型的是她经常表现出紧张与痛苦的神色。特别害怕别人碰到她，时时出现可怕的幻觉。在催眠过程中，弗洛伊德暗示其症状已经消失，但并未奏效。弗洛伊德意识到，只有找到诱发埃米夫人恐惧发作的根本原因，才谈得上为她消灾祛病。然而，在清醒的意识状态中，表层的原因可能得以揭露，深层的、起主宰作用的原因却无法被察觉。鉴于此，弗洛伊德便借助于催眠术开启患者无意识的门户。

这一方法果然灵验。如同层层剥笋，埃米夫人将她童年历次受惊吓的经历毫无保留、流畅地吐露出来。弗洛伊德还观察到，每谈到一件往事，她都要打一个寒颤，面部和全身的肌肉也会抽搐几下。可见这些往事对她的影响之深。弗洛伊德以催眠抹去或改变这些痛苦记忆，埃米夫人的症状大为好转。

作为一位慧眼独具的科学家，弗洛伊德对人类心理有了进一步的认识。埃米夫人的案例表明，有两个自我存在于她的心灵世界，一个是反常的、次要的自我，另一个是正常的、主要的自我。埃米夫人自己描述说，当她发作时，她是“一个镇定自若、目光敏锐的观察家”。坐在大脑的角落里，冷眼旁观着次要自我的一切疯狂行为。当人处在疯狂状态时，其实那个主要的自我能意识到自己的疯狂行为，只是人控制不了这个疯狂的“我”。显而易见，埃米夫人有两种截然不同的意识状态，一种是公开的(即意识状态)，一种是隐藏的(即无意识状态)。

弗洛伊德自豪地声称：“我观察到了这两种意识状态的完整的活动过程，现在对这股‘第二势力’(即无意识)的工作方式已有了清楚的认识。我已经瞥见了一个还没有人知道、没有人勘探过的新大陆，一个具有极其重要的科学研究价值的领域。”大多数心理学家都承认，弗洛伊德对心理学乃至整个人类最大的贡献莫过于发现了无意识的存在，而在这个发现过程中，催眠术无疑给了他极大的帮助和启迪。

后来，弗洛伊德认识到催眠术对于治疗神经症有明显的局限性。一是有些病人不容易被催眠。二是通过催眠治疗病人，有时，一种症状消失了，却又出现了新的症状。弗洛伊德后来放弃了催眠术，因为不是所有的患者都能够被施予催眠术，也不是所有患者都能够被催眠，并且他认为，催眠术的应用应仅限于歇斯底里病症。

促使弗洛伊德放弃催眠术的直接原因是一次医疗事件。弗洛伊德使用催眠治疗某位女性患者时，她的眼睛似睁非睁，紧紧抱住弗洛伊德不放，且表现出强烈的性冲动，致使治疗不得不终止。究其原因，在催眠状态中，被催眠者对其治疗者产生了严重的依赖，并在没有任何防御的状态下完全释放出来，从而影响了治疗效果。鉴于以上种种原因，弗洛伊德停止使用催眠术。

但这并非意味着弗洛伊德对催眠的否定与抛弃。在他的“自由联想技术”中，仍然有催眠的影子。有人甚至认为，自由联想技术实际上就是一种催眠法，接受精神分析的人都处在轻度催眠状态之中。

3. 催眠原理

人的思维和意识需要借着人的身体，尤其是大脑来运作。科学家发现大脑有四种脑电波，分别是：α 波、β 波、θ 波、δ 波。大脑处在不同波段时，人的意识和思维会处在不同状态。

当人处在紧张兴奋状态时，大脑就处在 β 波状态。这种波段越强，人就越紧张或越兴奋，此刻人头脑、思维会运转得很快，身体同时也会处在一种紧绷状态。适度的 β 波会让我们集中精力完成紧急任务。但是，如果 β 波太多，人就会变得焦躁不安，情绪激动，难以平静；如果 β 波太少，人则会过度放松、懈怠，影响工作或学习效率。

当人处于 α 波时，人的意识清醒，但身体却是放松的，它提供了意识与潜意识之间的“桥梁”。在这种状态下，身心能量耗费最少，脑部获得能量较高，运作会更加顺畅、敏锐。如果 α 波过强，θ 波就会增强，人就容易陷入白日梦，无法专注，太过放松；如果 α 波太弱，β 波就会开始变强，人就会紧张、焦虑、失眠，产生强迫症。

随着 α 波逐渐变弱，θ 波逐渐增强，人就开始陷入白日梦和高度专注状态，使人体验到内心深处被压抑的感受和原始的情绪。催眠治疗主要是在这个波段进行。θ 波能提升人的直觉和创造力，它也参与恢复性睡眠。只要是在清醒时间，θ 波就不会过度产生，这是一个非常有用的脑波。如果 θ 波过强，人就会因进入 δ 波状态而进入睡眠，如果 θ 波太少，人则开始变得清醒，不利于催眠。

当人处在睡眠状态时，大脑就处于 δ 波状态，为深度睡眠和无意识状态。人的睡眠品质好坏与 δ 波有非常直接的关系。δ 波睡眠是一种很深沉的睡眠状态，如果人在辗转难眠时，召唤出 δ 波，人就能很快地摆脱失眠而进入深沉睡眠。

人类思维在意识和潜意识两个层面进行。在清醒状态下，意识占主导地位，人的思维则是通过自身的感知而进行分析、推理和评估的；人的情绪受人意识的控制。当人的大脑处在 θ 波状态时，意识就开始出现模糊，同时，潜意识开始打开。人会直接通过潜意识来接触外界，同时在潜意识里被压抑的冲动、情感、信念等内容也会呈现出来。人可以直接和潜意识沟通。

所谓催眠治疗，就是催眠师通过一系列科学的方法，引导被催眠者进入 α 波和 θ 波状态，对人潜意识里的一些创伤经验、偏离信念、认知偏差等加以纠正，并注入新的、积极的信念，从而达到催眠治疗的目的。

4. 催眠的种类

催眠可分为广义催眠和狭义催眠两种。广义的催眠是指人在接收到某些暗示后，认知、情绪、躯体和行为方面产生了相应的变化。暗示可以来自他人、环境、新闻、音乐、阅读、沉思、默想等等。狭义催眠是指催眠师让被催眠者处于意识恍惚状态后，给予他们一定的心理暗示，被催眠者会按照预设的目标产生相应的认知、记忆、情绪、躯体和行为方面的变化。

5. 催眠治疗

所谓催眠治疗，就是咨询师以催眠的方式来帮助来访者缓解某些负面情绪、消除某些躯体症状、改变某些不良习惯、疗愈某些过去的创伤经验等。同时，在催眠中，来访者会在情绪、认知和行为方面发生改变，感到轻松、冷静，处在良好的状态。与影视所描述的催眠不同，在催眠过程中，人的意识是清楚的，知道自己在做什么。没有人能够强迫被催眠者做他们自己不愿意做的事。

我发现，那些小时候受到的重大创伤经验很难通过认知行为疗法来治愈。对于那些受伤的经验，来访者会有很强的防御，非常敏感，会逃避面对过去的创伤经验。很多来访者还会以合理化的方式来为伤害自己的人开脱。比如，来访者小崔，小时候她妈妈经常无缘无故地打骂她，她自己对父母有很多怨恨，但不敢表达。在咨询过程中，当谈到小时候的经验，谈到妈妈时，她止不住地痛哭流泪。我引导她去表达情绪，但她不敢，还反复说："我现在也是妈妈了，我能理解妈妈为什么打我了，因为我也这样打孩子，因为我实在是控制不住自己。"

因为她一直不敢表达自己的情绪，所以她的心理问题也一直难以突破。后来，我采用了催眠治疗来帮助她面对小时候的创伤体验，去接纳这个经验。当她能够接纳之后，她的状态就开始好转了。

四、面对过去的创伤

痛苦是一把双刃剑，它能使人变得更加强大、更加成熟、更有智慧、更有毅力，它也能使人变得更脆弱、更胆怯、更萎靡不振，关键是我们能否战胜我们的痛苦。在咨询过程中，我经常把痛苦比喻成石头，它们可以成为我们的垫脚石，也能成为我们的绊脚石，关键是我们能否踏过或是跨越它。而要战胜痛苦，仅仅靠认知调整是不够的，还需要面对并治愈过去的创伤。否则，这些感觉就会一直影响着我们的思维、情绪和行为。

1. 逃避会更痛苦

过去的创伤经验之所以给人带来这么大的困扰，一个很重要的原因是人不愿意回顾过去的事，排斥、拒绝、否认或压抑那些回忆和感受。如果人采用这些策略来应对过去的创伤，那么个体内心就会体验到分裂，因为那些创伤不会总是安静地待在那里，它们会不时地跳出来“寻求正义和公道”。人之所以选择不去面对过去的创伤，有几个主要原因。其一，过去的创伤太痛了，自己不想再去经历那份痛，所以就把它们埋在心底，不去面对；其二，过去的伤痛会引发强烈的负面情绪，而自己又无法控制那些情绪；其三，以为时间会抚平一切，以为过一段时间，那些创伤就会缓解和消失。这些都是误解。

首先，如果人因为太痛而不去面对过去的创伤，那么这些创伤对他们就是一种潜在的威胁，就像一只沉睡的雄狮伏在身边，需要小心翼翼，一旦某事触发了自己小时候的某个受伤经验，就会很容易情绪失控。其次，过去的创伤所诱发的负面情绪，例如对父母的怨恨、羞愧、恐惧、担忧等一直在那里潜伏着，一不小心就会惊醒它们。除非经过处理，过去的创伤不会因为时间的推移而缓解。相反，这些创伤还会导致严重的心理问题。

2. 面对过去需要勇气

面对这些创伤，就像唤醒一只沉睡的雄狮，需要勇气。一旦能面对了，恐惧也就会随之缓解。真正让人害怕的往往不是自己正在面对的威胁，而是还没有发生的威胁，或是自己想象的威胁。

真正使人焦虑的不是已经发生的事，而是尚未发生的事。所以，面对威胁时，如果你去逃避，那么恐惧就会如影随形；如果去面对，恐惧就会像纸老虎一样，立刻失去了威力。对于过去的创伤，我会鼓励来访者去面对，面对就会发现，那些事情其实并没有那么可怕。

在咨询中，我会鼓励来访者去面对那些他们以前不想或是不敢面对的创伤经历。有时候，我还会采用催眠或意象对话等方式引导来访者去体验当时的感觉。在这体验中，我帮助他们去正视那些创伤经验，帮助他们对那些经历产生不同的体验。

3. 把潜意识内容提到意识层面

弗洛伊德认为，心理问题的产生都是因为人将自己成长过程中的创伤压抑到潜意识里，导致了人内心的冲突，内心冲突又导致了心理疾病。要治疗心理问题，这些被压抑的内容需要从潜意识中提到意识中来。弗洛伊德还认为，如果把潜意识内的创伤经验提到我们的意识层次，这些创伤经验就会得到治愈。为此，他发明了一系列精神分析的方法来挖掘人潜意识的创伤，包括催眠、自由联想、梦的解析、心理分析等方法。我自己的个人经验和临床经验，也证实了这种理论是对的。

在咨询过程中，我也会经常使用精神分析的相关技术来帮助来访者去面对过去的创伤，帮助他们重新解读那些创伤经验，引导他们从不同的角度来看。通过这些治疗，来访者对那些受伤经验的感觉会发生变化，不再回避，能面对了，也能从那些受伤的经验中有所收获。

4. 重新认识过去的经验

人对某件事的感受不是来自事件本身，而是来自我们对那些事情的解读。过去的创伤事件之所以会让我们受伤，主要是因为那些事情让我们产生了许多负面、消极的想法。现在回忆起来，之所以还是那么痛苦，是因为我们对那些事情有着同样的解读。在咨询过程中，我会通过一些方法把人潜意识里受伤的经验调出来，然后引导来访者重新认识它们。这个过程就如同一个外科医生给人做手术，切开身体以后，要对里面的病变部位做一些处理，然后再包扎起来。

对潜意识内容的处理过程有两种方法——共情和认知调整。首先是共情。个体在受伤的经验中，往往会体验到恐惧、不安、孤独和无依无靠。在催眠、意象对话或其他方法中，咨询师要帮助来访者重新回到当时的场景中，再次去体验当时的感觉。但与过去不同的是，那个时刻他们是真的孤独无依的，而现在却有咨询师在陪伴他们。这陪伴，会让来访者对那些体验产生不同的感觉。待来访者能够接纳这些体验后，咨询师可以适当地帮助来访者做一些认知调整，从一些新的角度来看待这些创伤事件，主要是从积极的角度，比如试着去理解父母，明白当时那些伤害自己的人本身也是受害者，通过那些经验，来访者变得更强大了。就像我对小慧做的意象对话那样，经过这样的咨询，来访者对过去的经验会产生完全不同的感觉。感觉改变了，创伤也就痊愈了。

5. 创伤记忆是可以改变的

人类的记忆会随着时间的推移而有所变化。对小时候的回忆，在不同的年龄阶段，认识和感触也不一样。小时候，一次母亲冤枉我并且打我，对此我一直耿耿于怀。每次想起那件事，就像是昨天才发生的一样，过程历历在目。直到后来去美国读书，咨询师帮我对这个经验做了一些处理。她引导我去面对那个经验，去看和安慰当初那个被母亲冤枉和打骂的小孩。起初我哭得很厉害，后来也就慢慢地平复了。现在已经很少想起那件事，即使想起来也不再难受了。

其实，当我们回忆过去的一件事时，往往不仅仅是回忆那件事的情节，还会回忆过去的情感和情绪。而如何看待过去情感的体验，很大程度上要取决于我们当下的心情。如果我们当下有着好心情，回想起过去的一件不愉快的事情，我们不会有太多的感觉；相反，如果我们当下心情不好，想起那件事我们会更不开心。为此，我们心境的改变能改变我们对过去的回忆的感觉。

每个人的生命里都有很多的记忆，有愉快的、伤心的、委屈的、幸福的、轻松的、沉重的等等。我们不可能同时想到所有的事。只能有选择地去回忆某些事。心态不好的人会总是关注那些伤心的回忆；而心态好的人则会关注那些愉快的回忆。如果人总是习惯性地回想那些伤心的往事，他们就容易变得悲观、抑郁、自卑；如果人习惯性地回想愉快的事，他们就会变得乐观、愉快、自信。这个习惯是可以改变的，对此，我自己和许多来访者的改变证实了这一点。

五、认识内在的小孩

1. 什么是内在小孩?

内在小孩这个概念是荣格首先提出的，他在 1940 年出版的《儿童原型心理学》中说，儿童原型为“内在小孩”，即人内心里有一个“我”，和我们意识中的“我”是不一样的，人内心里的“我”是从潜意识中诞生的。而我们的意识对其却一无所知。荣格认为，这个“内在小孩”充满着希望，有着无限的潜力，不断地成长。其本性是天真、快乐、顽皮、好奇。如果人能活出这“赤子之心”，会变得更自由、更有创造力、更有活力。

但这个“内在小孩”会变好或变坏，关键就在母亲原型。如果能够与其母亲原型建立正常、良好的关系，就会向正向经验发展。这个人就会变得有爱心、有活力，乐观、积极、负责任。如果不能与其母亲原型建立良好的关系，则可能导致不健康的防御，拒绝长大，逃避或排斥成人世界的现实与责任。其人格就会被扭曲，做出放荡不羁的行为。

2. 每人都有多个内在小孩

我们日常所体验到的犹豫不决、内心冲突、不由自主等经验，其实就是因为内心同时有多种声音，而且它们彼此冲突。自我不知该如何是好。仔细分析一下，每一种声音都像一个独立的人，有着自己独立的想法、情感、冲动，这种声音就是内在小孩。我们每人都有多个内在小孩。有的内在小孩是健康的、快乐的，而有的则是受伤的、不快乐的。心理健康、人格健全、心智成熟的人的内在小孩往往也是健康的，他们彼此之间是和谐的。心理有问题的人的内在小孩是受伤的，而且他们彼此之间会相互冲突，给人带来很多的心理困扰。

从另外一个角度说，内在小孩也是我们的情绪记忆，尤其是那些刻骨铭心的经验，它们对个体有着强大的影响力。在它们面前，个体很容易失去理性和独立性，完全被内在小孩所控制。要帮助来访者走出心理困扰，内在小孩需要得到治愈；要治愈他们，我们就需要了解他们。

3. 内在小孩的种类

不同的学者或理论对内在小孩的诠释并不一致，通过参阅多种理论和解释，以及综合分析了来访者的内在小孩之后，我认为，人的内在小孩大致有两种类型：快乐的内在小孩、受伤的内在小孩。

（1）快乐的小孩

这类内在小孩的童年没有受过重大创伤，有着健康的原生家庭，从父母那里能够获得足够的关爱和照顾，他们的童年是快乐的、健康的。这个内在小孩对未来充满希望，有生命的潜力以及自我的更新能力，但同时也有轻浮妄动、乐天顽皮以及不想长大的一面。换句话说，这份赤子之心可以使人变得更自由、有幽默感、有同情心，能够和别人建立连接，使人有开创精神、有活力；但也可能忽视他人，逃避责任。如果内在小孩与内在父母能够建立起比较健康的关系，比如内在父母能给予内在小孩一定的自由空间发展自我潜能，同时也能给予鼓励和肯定；如果内在小孩偏离正道，比如有冲动去做一些对自己的前途无益，甚至是有害的事情时，内在父母能有一定的能量给予管制和引导。换句话说，若他们之间的关系是健康的，那么这个人会具有活力，能积极、主动、有创造性，同时又能自律和执着。如果他们之间不能建立健康的关系，内在父母管得太紧，就会限制内在小孩的潜能的发挥；管得太松，就会使得内在小孩不能成熟，迷恋于吃喝玩乐，逃避责任，也难以有所成就。

（2）受伤的小孩

前来寻求帮助的来访者基本上都有一个“受伤的内在小孩”。顾名思义，这类来访者在成长过程中都受到过不同程度的创伤。所受的伤害不一样，表现也有区别。根据众多来访者的表现形式，我归纳了这么几种类型：

① 冷漠型

第一类叫冷漠型，这样的内在小孩的身心感受基本处于冰封的状态。这类内在小孩长时间忽略自己的内心感受，通常表现为拒绝沟通，拒绝交流，用冷漠的外壳来封闭自己，处于情感隔离状态。

这种状态其实是一种自我保护。这类人在幼小的时候，外在环境往往是不安全的、错综复杂的，自己很容易受伤而又无力保护自己，所能采取的方式就是隔离，让自己尽量少对外界的刺激产生反应，不让自己有强烈的情绪体验。成年后，这类人仍然用小时候的应对模式来应对当前的环境，不管当前的环境和童年时的环境有多大的差异。这种模式，必然使他们与他人之间的沟通不畅。

另外，冷漠型的人也会习惯性地压抑自己的感受，不允许自己有任何情绪体验，不管是正面情绪或是负面情绪。久而久之，这种压抑自己的行为就会成为习惯，人会在潜意识层面自动压抑自己的情绪，在还没有意识到自己的情绪之前，已经本能地把它们压抑下去了。所以在意识层面，这类人是真的体验不到什么情绪。如果咨询师问他们:“有什么感觉?”他们的回答往往是:“没有感觉。”这么说，他们不是在说谎，因为他们是真的体验不到自己有什么感觉。这样的人很容易患有情感障碍，甚至是抑郁症。

② 委屈型

第二类型是委屈型。这类来访者内心经常会体验到一种强烈的委屈感，总感觉别人对不起自己，自己付出太多而获得太少，因此内心还时常体验到怨恨和无助。我有个来访者，邵女士，因为情绪问题前来咨询。在咨询过程中，她总是抱怨，抱怨父母不爱自己，抱怨老公对她关心不够，抱怨公公婆婆打压她(十多年前，她想读在职研究生，因为要花费许多金钱和精力，公婆说了两句不赞成的话，她便心生不满)。在过去三年里，她换了四份工作，原因是感觉老板不重视她，对她不公，感觉自己为公司作出那么大的贡献，而获得的酬劳却低得要命，她又不提出自己的要求。感觉受不了了，就坚决地辞职。咨询中，邵女士也抱怨我对她不够重视。她向我提出的一些不合理的要求没有得到满足，因而感到非常委屈，说了很多难听的话，导致咨询中断了一段时间。

通过咨询，她也意识到了，其实她老公、她公婆、她以前的老板们，对她都是不错的，都是爱她的或是重视她的。她老公非常爱她，只是她自己一直在排斥她老公。一点小事就会让她感觉别人在欺负自己，那种委屈感突然就冒上来，致使她无法控制自己，甚至会歇斯底里，有一些极端的想法。

我们也探讨了原因。邵女士有哥哥、姐姐和妹妹。在她出生后，父母把她放在外婆家里，8岁时才接回身边。她总感觉父母不爱她，对她不公平，为什么她的哥哥、姐姐和妹妹可以在父母身边，而自己就要在外婆那里长大呢！所以她一直很叛逆，父母也很头疼，不断地责骂她，导致她更感觉父母不爱自己。直到现在，她和父母还有兄弟姐妹的关系都不亲近。每当过节，父母都希望她能回家过节，但她心里不舒服，就总找借口不回家。看到父母和兄弟姐妹的家人在一起过年，她又感到非常委屈，感觉自己被排挤了。

③ 愤怒型

第三类型是愤怒型。这类内在小孩脾气特别暴躁，一点小事就会让他们暴跳如雷，情绪失控。他们内心总是有愤怒，容易烦躁，没有耐心，很容易发脾气。有这类内在小孩的人中，男人比较多，他们的父母往往比较专制，有家暴倾向，他们对父母往往是敢怒而不敢言。

有位来访者，曹先生，36岁，前来咨询的原因是他3岁的儿子哭闹，不听话，曹先生一时冲动，抱起儿子就要往楼下扔，他们是住在六楼的，妻子扑过来才阻止了这场悲剧。妻子抱起儿子就回娘家了，坚持要和他离婚。他苦苦哀求，他妻子提出一个条件，就是曹先生必须要来接受心理治疗，否则离婚。无奈之下，曹先生才来咨询，是妻子陪着他来的。

在首次咨询中，曹先生的妻子承认老公是爱自己的，而自己也爱老公。但是，她就受不了曹先生的火暴脾气，一不高兴就会暴跳如雷，还会打人。结婚5年来，曹先生打过妻子多次，每次妻子都选择原谅他，因为她知道丈夫是个好人，是爱自己的，就是控制不住自己的脾气。但这一次，她真的害怕了，无法原谅他。

在后来的咨询中，我们谈到了曹先生为什么会这样。根源在他父亲身上。从小，他父亲经常为一点小事打他，他看到父亲就害怕。直到现在，看到父亲还是有点发抖。他一直压着，心中总是感觉有愤怒；在学校时常常和同学打架，老师会给家长打电话，回家后又被一顿暴揍。曹先生一直以为，自己脾气暴躁的性格改不了。现在他的脾气越来越难控制，很容易情绪失控，这让他心里很不安。他自己心里清楚，自己可能有心理疾病了，需要治疗。他还说，即使老婆不强迫他来咨询，他自己也会来的。

④ 依赖型

第四类是依赖型。这类的内在小孩感觉自己特别娇弱无力，感觉自己离开别人就什么也做不了。他们很容易哭，自己完全没有主见。即使他们已经是成年人甚至是中年人了，往往还是对父母或其他权威唯命是从，虽然心里有很强的委屈和怨恨，但却无力为自己争取正义，而希望他人，比如咨询师，能够为自己争取权益。

造成这类问题的主要原因是溺爱。从小父母就把他们照顾得无微不至，他们还没有想到的父母都替他们想到了，他们还没有做到的父母都替他们做到了。他们什么都不需要操心，什么都不需要做。很多来访者告诉我，小时候，父母经常对他们说："你什么都不要想，都不需要做，只需要努力学习就行了。"如果人什么都不做，那么他们也不会知道自己能做什么。人的能力都是在实践中锻炼出来的，而不是通过看书看来的，或是通过他人的教导听来的。如果人什么也不做，他们就不知道自己能做什么，就会缺乏自信，变得胆怯和懦弱。另外，人都有惰性，如果有人能替自己解决困难，人当然会选择依靠。而人一旦选择依靠别人，自然就不会依靠自己了。与此同时，人在内心还会给自己心理暗示——"我不会做"或"我不能做"。自己也就会真的相信自己不会或不能。面对困难而又无人相助时，这类人会很容易形成一种"习得性无助"。

⑤ 内疚型

第五类是内疚型。这类来访者做事总是小心翼翼，生怕犯错，也生怕别人不高兴。如果周围有什么问题，他们会很容易觉得可能都是因为自己才出了这些问题。如果有人抱怨他们，他们自动地就会认为这是自己的错，这会让他们体验到一种强烈的焦虑、不安、委屈和愤怒。但这些委屈和愤怒往往都会被压抑下来，不敢表达。实在忍无可忍了，就会爆发，造成一定的破坏，事后又会更内疚，更压抑自己。这类内在小孩的产生主要是因为小时候父母经常责怪他们，无论发生什么过失，父母都会认为是他们的错，并会因此而严厉惩罚他们。

我会经常和来访者探讨他们为什么总是这么内疚？很多事情明明不是他们的过错，为什么还是这么心虚？探讨下来，我发现他们内心深处有一种隐藏得很深的恐惧，就是怕别人说自己不好。如果不好，更深一层的恐惧就是害怕会被抛弃。来访者崔女士，因为老公有外遇而离婚，法院判崔女士有儿子的抚养权。前夫经常无故拒付孩子的抚养费，致使她和孩子生活非常艰辛。她又不敢给老公打电话要钱，原因是她内心就怕老公说自己的不是，并且总感觉是自己的错导致婚姻失败，给孩子带来这么大的创伤。

咨询过程中，她还谈到她哥哥家总是以各种借口来要钱。哥哥小时候因为调皮而伤害了一只眼睛，妈妈因此对哥哥特别溺爱，导致哥哥现在不务正业，虽然哥哥已经结婚而且有了两个孩子，崔女士的妈妈要求崔女士照顾哥哥一家。那段时间，哥哥又跟她要钱，而且很多，她实在拿不出，但如果不给，又担心哥哥因此有个三长两短，自己就罪孽深重了。

咨询中，我努力帮助崔女士明白，在婚姻方面，她问心无愧，不必在意老公说什么；对于哥哥，她没有责任抚养他的一家，如果哥哥真的有个三长两短，不是她的责任。理智上，崔女士也明白，但感觉就是过不来。为什么会这样？咨询中，我找到一个很可能的原因，小时候崔女士的妈妈经常对她说："如果你不听话，我就把你扔出去。"

⑥ 拯救型

第六类是拯救型的。这类内在小孩感觉自己有责任保护弱小，解决问题，消除痛苦。看到有人受苦，他们会很难受，甚至比自己受苦还难受。如果自己不为他们做点什么，他们会感觉很不安，好像自己犯了大错。如果那些人因此而受到伤害，他们会感觉都是自己的错使得他们受伤。我发现，有这类内在小孩的人往往都是长子或长女，而父母又不能负起照顾家庭的责任，不管是因为工作忙不在家，还是因为不成熟而无法承担起家庭的责任。这类人往往喜欢“多管闲事”，而又往往“出力不讨好”。

4. 受伤的小孩需要得到治疗

我认同艾利斯的理念，如果错误观念调整过来了，情绪问题自己也就解决了。因此，在从业的最初几年里，我主要是采用认知行为疗法来帮助来访者。对有些来访者，这方法非常有效，但对有些来访者则很难见效。我分析发现，对于那些心理困扰不甚严重，认知能力较强的来访者，认知行为疗法非常有效，而且很快；而对那些认知能力偏低，心理困扰较深的来访者，则很难见效，或者很容易复发。很多来访者抱怨说，在咨询过程中，感觉明白了，心情也舒畅了。但离开咨询室不久，那些感觉又上来了，自己又陷入焦虑、恐惧和不安之中。这些经验让我意识到，只是靠认知调整是远远不够的。对这些来访者，他们内心的感觉很强烈，他们的认知或理智几乎无力抵抗。所以，除非这些感觉得到缓解，否则很难好起来。

认知行为疗法还有另外一个观点，就是我们不需要过度追究过去的创伤，因为都过去了，只要关注现在，改变来访者的认知和行为，心理问题就能解决。从业之初，我也不是很关注来访者过去的创伤，只关注来访者当前的认知调整。但很多的经验表明，如果来访者过去的某种重大创伤不能得到治疗，心理问题也就很难得到彻底解决。小贾，27岁，因为抑郁症来咨询。在咨询开始的那段时间里，他也积极配合，我们也找到很多可能导致他抑郁的原因，包括对现实的不满，对前途的悲观，对情感生活的无助等，并就此也做了一些调整和治疗。经过约一个疗程的治疗，小贾感觉好了，心情也好起来了，也能积极参与一些社会活动了，也工作了，似乎一切都步入了正轨。

但是，某个周末，小贾和几个朋友出去玩，路过他的初中，心情突然变得特别难受，头都不抬，更不敢往里看，匆匆走过。之后几天，他的心情一直很低落。妈妈觉察到了他的变化，便联系我们，再带着小贾来咨询。问明缘由，我意识到，小贾路过学校时所表现出来的症状一定与他在初中期间的创伤经历有关，只是这些经历被压抑在心底了。这个偶然的机会诱发了他压抑在内心的创伤。

通过咨询，我们找到了原因。初二期间，他被初三的四个男学生堵在厕所里殴打。后来他才知道，他班里的一个女生喜欢他，而带头打他的男生又想和这个女生谈恋爱，被拒绝了。女生说自己有男朋友了，是小贾。那件事之后他一直做噩梦，成绩也急剧下滑。父母和老师都不知道原因，都一味地批评、训斥他，以各种方式表达对他的失望。他很难过，但还是忍住了，跟谁也没有说。后来考上一个很一般的高中，然后上了大专。但状态一直不好。

在接下来的几次咨询中，我以拥抱内在小孩的技术，帮助小贾去看这段被打的经历，引导他去拥抱那个受伤的自己。经过三次治疗，小贾明显好多了，持续多年的心理障碍有了明显的改善，工作的积极性也提高了，对将来也充满了信心。他妈妈报告说，这些年，小贾几乎不和他们说话，而现在，却能和他们有说有笑。他妈妈说，已经很多年没有听小贾这么笑了。

类似的案例还有很多，这些临床经验使我意识到，来访者的心理阴影若不消除，有些来访者很难彻底得到治愈。

造成孩子心理创伤的原因是体验到自己是不受欢迎的、是无用的、没有价值的。我们现在受伤，是因为内在小孩还在受伤。本书已介绍过多个案例。在帮助来访者的过程中，我往往也会采用催眠或意象对话的方式，带领他们再回到当时的场景，再去体验当时的感受。但此时来访者的体验和当年受伤时候的体验是不同的。以前的体验是无助、孤独、无依、恐惧或害怕，而此时，在咨询师的带领下，来访者会感到有人真正关心自己、在乎自己、安慰自己、能给自己温暖和安全，而这一切不是来自别人，而是来自自己。自己是最靠得住的。

这样的心理咨询能够改变来访者的情绪体验。经过这番心理治疗之后，来访者再想到以前那些伤心事，就不那么难受和孤独无依了。所以，对那些事的感觉也会发生一些变化。这个技术要求咨询师本人必须具有一定的想象力。在这个过程中，咨询师和来访者必须是同步的，只有如此，咨询师才能引导来访者看清他们的内在小孩，这个治疗才是有效的。

六、拥抱内在小孩的步骤

1. 第一步：描述受伤事件

在成长过程中，每个人或多或少都会经历一些创伤经验。有些经验会随着时间的推移而逐渐被忘却，有的则会给我们留下难以忘却的伤痛，但我们可以“带病生存”，而有的经验会被某些事情所激活，若不加以处理，会给人的心理造成一定的损伤。为此，要疗愈人过去的创伤，我们一般可以从一些事件开始。咨询师可以建议来访者选择一些他们最难以忘却的或最不愿意和别人谈的事件。我发现，越是不愿意或不敢向别人说的事，对人的影响越是深远。所以，在处理过去创伤的事件时，我会建议来访者特别选择一些这样的事来倾诉。当来访者描述这段经历时，咨询师需要全心地倾听。

来访者在描述这段经历时，很容易出现思维跳跃，不知不觉地会从一件事转到另外一件事上，也容易抱怨父母或其他人是多么不应该做那样的事等等。注意，让来访者只描述当时发生的事情，不要转移到其他事上，也不要转为抱怨。

2. 第二步：做自己的旁观者

当人倾诉的时候，往往又会回到当时的场景当中，又会以当时的状态去体验当时的伤害。在这种状态下，人往往看不清当时的自己和当时的场景，又会被情绪控制，又会陷入当初的那种无助状态。如果不能引导来访者跳出自我，那么这种倾诉往往会让来访者再一次体验当年的伤痛。这也是为什么很多人不愿意对人倾诉往事的原因。

所以，当来访者倾诉的时候，咨询师除了聆听、共情之外，还需要引导来访者跳出自我，从旁观者的角度去观察当时的自己。观察当时发生了什么，自己遇到了什么，是如何应对的。只有如此，来访者才能看清自己。如此，来访者的心理资源，包括力量、智慧、勇气、怜悯、理解、接纳等才能起作用。否则，来访者还是当年那个无助、受伤的小孩，也就无法帮助自己走出来。这也就是为什么，当我们面对他人痛苦的时候，我们会感觉能够帮助他人走出来。而自己遇到同样的痛苦，却无能为力，就是因为“当局者迷”。

跳出自我非常关键，也很不容易做到，因为来访者太习惯于从当局者的角度去体验当时的感受。咨询师需要帮助来访者做自己的旁观者，从客观的角度来看当年受伤的自己。我通常会用这样的话术来引导来访者：

“假如有人把当初发生的事情拍成了视频，我们现在一起来看这段视频，你看到什么了？”或者，“假如有一个时光隧道，沿着它，我们能够回到当时，你愿意回去看看吗？”

我发现，对大多数来访者来说，回到当初去观察当年的自己并不是什么难事，他们很容易就能看到当时的自己，甚至不需要什么特别的话术。

3. 第三步：描述看到什么

来访者是否能够回到当时的场景，咨询师是可以看出来的。为了确定这一点，咨询师可以问来访者：“你能看到当时的场景吗？”如果来访者能看到，会点点头。然后，请来访者描述周围的场景，比如在什么地方，周围有什么等等。

大部分来访者看到的场景往往是当初受伤的地方，此刻，我会引导他们去看这地方，描述他们看到了什么，具体一些，比如描述房间的样子、家具的颜色等。然后请他们描述他们看到什么人，那些人穿着什么样的衣服，在干什么。比如，他们会看到爸爸或妈妈在训斥一个小孩。然后，我会引导他们把注意力集中在这个孩子身上，问他们：“你能看到那个孩子吗？”

如果来访者表示能够看到，我会让他们描述那个孩子的样子，包括穿着什么衣服、衣服的颜色是什么、在做什么。大部分来访者也能描述出来，但有些来访者会觉得很模糊，看不清那个孩子。

我采用的策略是从外往内，我之所以用这个策略，因为来访者对当年受伤的经历通常是压抑或回避的。引导来访者从外围描述这件事，会让来访者感觉是在谈其他的事，不容易有防御，容易接近自己的内在小孩。如果直接去看当年的内在小孩，因为防御机制，个体会回避，导致来访者看不见或看不清那个小孩。此刻，咨询师需要把自己也带到这个场景中，让来访者有安全感或感到有依靠。这样，来访者容易放下防御，容易打开自己，也就容易看清自己。

然后，当来访者和他们内在的小孩相遇时，起初往往会相互排斥。很多来访者说，当他们看到那个孩子时，往往是蓬头垢面，衣衫破烂，身体蜷缩在某个角落，他们很不喜欢那个孩子；同时，那个孩子也不喜欢自己，也在排斥自己。他们之所以会彼此排斥，主要是因为来访者有自卑感，从内心觉得自己不好，会嫌弃自己，因此也拒绝接纳自己。长期以来，来访者一直是这样对待自己的。

而内在小孩，在一定程度上具有独立的人格，有自己的需求、感受和动机，并不总是顺从个体的自由意志。内在小孩能够觉察到个体嫌弃自己，排斥自己，会针锋相对。因此就出现个体和自己的内在小孩彼此拒绝、彼此排斥的现象，这也就造成了个体的内心冲突。此刻，一定不能允许来访者逃避，坚持让来访者留下来面对自己的内在小孩。起初，可以在稍微远一些的地方看着，慢慢地接近。如果孩子拒绝他们，也不要去勉强这个孩子，而是在一定的距离范围内看着，等着这个孩子接纳他们，允许他们靠近。

4. 第四步：看内在小孩的脸和眼

等来访者和他们的内在小孩能够彼此接纳了，咨询师就引导来访者慢慢地靠近自己的内在小孩。很多来访者起初都只能看到那个小孩的后背，或蹲在地上低着头哭泣，或蜷缩在某个角落里，看不清内在小孩的脸。此刻，我会再次引导来访者看看周围的情况，然后再来看这个孩子。如果发现来访者缺乏安全感或有顾虑，我会再次提醒来访者："不要怕，此刻，我就在你身边，我和你在一起。"只有当来访者有足够的安全感时，他们才更容易去面对并接纳自己的内在小孩。

等来访者能够接近自己的内在小孩了，我会引导他们看清自己的内在小孩的脸。这一步很重要，如果来访者能够看清自己内在小孩的脸，这就意味着他们能够去面对自己了。接着，我就请他们描述他看到的是什么样子，一方面是帮助来访者更看清自己，也容易引起来访者对自己内在小孩的怜悯之心；另一方面，这也能帮助咨询师更清楚当时的情况，能够和来访者同步。

看清内在小孩的脸之后，我还会引导来访者和自己的内在小孩对视。这对来访者是一个挑战，因为自卑的人一般都是在逃避自己，不敢面对自己。很多来访者都表示自己不敢看那个孩子的眼睛，孩子也会逃避自己的眼睛。在这一刻，我会坚持要求来访者和自己的内在小孩对视，因为这是他和自己内在小孩交流的重要途径。如果他们能够彼此对视，也就代表着他们能够彼此交流了。

5. 第五步：感受内在的小孩

在来访者看清内在小孩的脸和眼睛之后，我会问他们："你看着他/她，你心里是什么感觉？"来访者往往会感觉内在小孩可怜、无助、无辜、委屈。我会继续问："此刻，你想做什么？你想去抱抱他/她，安慰安慰他/她吗？"来访者往往会点点头。

看着自己的内在小孩，也有来访者不知道如何描述自己的感觉。如此，我会用一些引导语让来访者理解自己的内在小孩："你是无辜的，你没有做错什么，父母这样对待你是错的，你毕竟还是孩子啊！"待来访者对自己内在小孩产生情感了，我也会引导他们去拥抱自己内在的小孩。

有的来访者还会指责自己的内在小孩不该和爸爸顶嘴、不该逃学、不该偷吃东西等等。如果是指责，这意味着来访者内化了他人对自己的指责，对自己是否定的和拒绝的。我会为这个小孩辩护，他/她其实是无辜的，作为孩子，一直被大人打压，心中有气，他/她实在是受不了了才顶了两句嘴；或者，在学校里他/她实在是难受，他/她也不想逃学，但就是学不进去，老师和同学也都不理解，逃学也是没办法的办法等等。我为这个小孩辩护，其实就是为来访者辩护。换句话说，其实来访者内心有很多的委屈和受伤，但是因为他/她的超我过强，不敢替自己辩护，内心会压抑得很。我的这番辩护，往往会使得来访者痛哭流涕。稍停一会儿，我也会引导他们去拥抱饱受委屈的内在小孩。

咨询师需要有感同身受的能力，不但能够感受到来访者的感受，同时也能感受到这个受伤的小孩的感受。只有当咨询师感受到了，才能引导来访者去感受自己和感受内在小孩。此刻，我会用这样的话术来引导来访者："你能感受到他/她吗？他/她幼小的身躯，因为哭泣而身体在发抖，你能感受到吗？他/她的脸贴着你的脸，你能感受到他/她的呼吸、他/她的温度、他/她身体的扭动吗？"

如果来访者能够感受得到，我就让来访者在这种状态下停留一段时间，5分钟、10分钟或15分钟都可以。来访者能否感受到自己的内在小孩，咨询师可以通过他们的表情看出来。如果来访者沉浸在和自己内在小孩的拥抱之中，停留的时间就稍微延长一些；如果来访者不能沉浸其中，时间可以稍微缩短一些。

6. 第六步：和内在小孩交流

在来访者拥抱了自己的内在小孩之后，咨询师可以问来访者："此刻，你想对他/她说点什么？"有的来访者会对自己的内在小孩说一些安慰和鼓励的话；也有来访者不知道要对这个孩子说什么。如果来访者能对孩子说一些肯定和鼓励的话，就要鼓励他们继续说下去；如果来访者不知道该说什么，我就会如此引导来访者："你可以对他/她这么说：'我知道你受苦了，受委屈了，担惊受怕了，我都看到了；现在有我在，我会陪伴你，我会保护你，我向你保证，这辈子我永远不会离开你，会永远保护你，没有人再能伤害你。我发誓，我会永远保护你！’”

有时候，我会让来访者跟着我说，我说一句，他们说一句。然后，我会问来访者：“你说了这些，你再看看这个孩子。现在他/她怎么样了？他/她的表情和神态有没有发生变化？”绝大部分来访者会告诉我，当这个孩子听到这些以后，会非常开心，不再那么害怕、那么孤单、那么无助了。

我还会建议来访者与内在小孩互换角色，建议来访者去体验一下这个小孩的感觉。

过去的创伤会影响我们现在的心理健康，但真正影响我们的不是过去发生的事情，而是那些事给我们留下的“情绪记忆”，而它们往往只存在于人的潜意识里，人一般意识不到。

很多人对我说，他们不敢让自己静下来，因为一旦静下来就会感觉心烦意乱。他们每天都会让自己很忙，或是忙工作，或是忙家务。稍微空闲一些，要么看电视，要么玩手机，要么刷微博。他们之所以如此，就是因为内心深处有太多被压抑的不良情绪和记忆。

压抑只能让个体得到暂时的安静，结果却会让不良情绪更加严重。因为，当个体把某种情绪压抑下去的时候，这种情绪对个体而言就成了“看不见的敌人”，个体可以不去理会它，但内心深处总会感到不安。时间一久，这种不安会变质，会恶化，会转移，也会扩散。要彻底治愈恐惧症，消除个体内心的恐惧是必要的。而要消除个体内心的恐惧，关键是要改变个体的情绪记忆。

另外，我们不仅会记住那些过去发生过的事件，我们还会记住我们的理想、梦想、幻想，以及它们所带给我们的情感。人的记忆是通过大脑的某些部位，如杏仁核、海马和新皮层等将某些特定的信息提炼出来，进行加工。恐惧记忆也可以说是一种思维习惯，就是习惯性地把某些信息提炼出来“提醒”个体。而个体的反应却往往会强化这个习惯，或是随着这种感觉联想下去，个体越想越怕，越怕也越止不住地继续联想。如此行为会不断地强化这个思维习惯；大脑也会更频繁地把这些信息提炼出来“提醒”个体有危险。压抑其实也会强化这习惯。

人大部分的情绪，尤其是原始情绪来自大脑的杏仁核。如果不加干预，杏仁核会习惯性地产生同样的情绪，这些情绪会反过来强化这些负面情绪，如此不断循环，情绪也会随之越来越强。催眠就是对记忆的一个干预，会影响大脑提炼信息以及评估信息的习惯。如果这个练习(催眠)反复做，会让大脑形成新的思维习惯(会习惯性地提炼不同的信息，做出不同的评估)。这样一来，情绪记忆也就改变了，内心的恐惧、不安也会化解了。

七、总结

在这一章中，我们进一步探讨了如何帮助那些被各种心理问题困扰的人。我发现，困扰他们的心理问题大都与他们成长过程中受到的创伤有关。如果这些创伤经验不能得以疗愈，任何方法都很难解决这些心理问题。在本章中，我详细解释了过去的创伤为什么会影响人现在的情绪和行为；也详细介绍了如何帮助人疗愈过去的创伤，就是引导人去拥抱自己内在受伤的小孩。如果人能够做到这点，内心的冲突就会得以缓解，心理问题也能得以解决。

第十一章 重塑自我

想必很多读者看过一个非常流行的催眠秀——“人桥”，就是被催眠者在催眠师的引导下会觉得身体变得越来越僵硬，像钢板一样，全身可以横在两个椅子上悬空，像一座桥，即使有人站在被催眠者身体上面，被催眠者也能毫不费力地躺在两个椅子之间。这种“人桥”是一种催眠，将个体自身的某些潜能展示出来。整个过程中，被催眠者是清醒的，只觉得身体变得越来越僵硬，充满了力量。很多人对此感到很奇妙，一个看似很柔弱的被催眠者，怎么可能会用悬空的身体承受一个成年人的重量？如果读者能真正了解自己，就不会感到奇怪，因为每个人的潜能几乎是无限的。“人桥”只是小儿科，只是我们自身潜能的一点点展示而已。如果你能真正了解你自己，相信你自己，你能做更多、更伟大的事！

一、成为真正的自己

1. 我们认识自己吗?

在咨询过程中，我经常会和来访者发生“争辩”。争辩来访者到底是一个什么样的人，是聪明的还是笨的，是能干的还是无能的，是有价值的还是没有价值的。来访者往往会“坚定地”相信自己是笨的、无能的、没有价值的。我则站在来访者的对立面，反对这些观点，而肯定他们是好的、能干的、聪明的、有价值的。为了证明我们各自的观点，我们各自都会找出很多证据。

有时候来访者会说:“我知道你是在安慰我，我知道我是一个什么样的人。”我会回答他们说下列类似的话:“是的，我是要安慰你、鼓励你，但是，我的安慰和鼓励必须基于事实，当然，我所基于的事实都是你亲口告诉我的。你对我说的那些事情，比如你小时候很乖巧、懂事，学习成绩好等等，如果这些都是事实，那么这些事实就能说明你的智商、情商、道德品质、能力都不差，否则你不可能做出那些事情，也不可能取得那些成就……”

大多数时候，我的这番推理会让来访者不得不承认自己是好的。我的目的就是让他们承认，他们其实是聪明的、有能力的、好的，他们以前那种对自我的消极认识是错的。基于这么多的成功案例，我得出一个结论，那就是，如果一个人对自己有消极的评价，比如认为自己不行、不好、笨、傻，一定是由于认知偏差，是错的。合理的自我认识是:“我是好的、聪明的、有能力的，虽然我仍然有缺点、有不足、有短板，但我会越来越好。”

根据这些争论，我得出一个结论，那就是，自卑的和缺乏自信的人其实不了解自己，而自信的、有自我价值感的人才更了解自己。那些盲目自信、狂妄自大、刚愎自用的人也不能真正了解自己，这不是真正的自信，而是因为自卑所产生的防御。他们表现出来的强势和傲慢是一种面具，是为了不让别人看清真正的自己。因为他们知道，他们的内心其实是脆弱的。

2. 我们本来是谁?

因为人性的软弱，人会受到遗传和原生家庭的影响，而从内心就认为自己是坏的、无能的、没价值的。这些因素就像是附在人性本质上的尘土，导致我们无法认识真正的自己。我们意识中的自己，尤其是自卑和不安的自己，是被遗传因素和原生家庭的环境所扭曲的，不是真正的自己。为了认识真正的自己，这些“尘土”需要被清洗掉。接下来，我们就要谈谈如何认识真正的自己。

3. 信念的力量

(1) 人的潜能

人的潜能到底有多大? 有关的科学研究表明:

- 人脑由约 1 000 亿个神经元组成，每个神经元可生长出 2 万个树枝状的树突，用来计算信息。其中 98.5%~99%的神经元处于休眠状态，大约有 1%~1.5%的神经元参加脑的神经功能活动。
- 人脑可储存 50 亿本书的信息，相当于世界上藏书最多的美国国会图书馆藏书量(1 000 万册)的 500 倍。
- 人脑神经细胞功能间每秒可完成信息传递和交换 1 000 亿次。
- 处于激活状态下的人脑，每天可以记住 4 本书的全部内容。
- 人类对自身大脑的开发和利用程度仅有 3%~5%。

从这组数据来看，即使是世界上最聪明的人，或智商最高的人，仍然有着很大的开发空间。对我们这些智力一般的人来说，可以开发的空间更大。其实，人与人之间的区别不是智商本身，而是对智力的开发和利用。那些所谓高智商的人，他们对大脑智力的开发和利用比较多；智商较低的人，对大脑的开发和利用比较少。

（2）潜能的开发

正是因为人的绝大部分潜能尚未得到开发，还处在休眠状态。所以，很多心理学家研究如何帮助人开发脑力、提升潜能。我认为，开发潜能需要三大要素，即学习、训练、信心。运动员、演员、艺术家、科学家、军事家、政治家等，都必须要有大量的学习、长期的实践、必要的信心，他们的潜能才能得到发挥，才有可能在某个领域取得成绩。这三者中，信心最为重要。有了必要的信心，人才能用心去学习、训练和实践，也只有有了足够的信心，人的潜能才能得到最大限度的发挥。

何谓信心，信心就是内心真的相信自己能行、相信自己可以、相信自己就是有价值的。真正的信心，不是口头上的一些口号，而是发自内心的相信。如果内心真的相信了，我们能做出许多平常都想象不到的事。催眠秀“人桥”就是一个很好的证据。在表演时，被催眠者完全相信了催眠师的指令——你的身体真的像钢板一样坚硬。这个信念使被催眠者的身体坚硬了，这个信念就能使他们的身体发挥出那样的潜能。

（3）消除阻碍

要激发人的潜能，首先要消除影响人潜能发挥的阻碍，最主要的就是要消除我们消极的思维模式。消极思维主要体现在两方面：自卑和缺乏安全感。自卑，就是内心相信自己是没有价值、没有能力、没用的；缺乏安全感则使人处在一种自我封闭的防御状态。这两者联合起来，就像一个厚重的枷锁，把人的潜能死死地压在内心深处。

自卑感会使人相信自己没有能力、没有价值。如果这样的信念不改变，人是不可能奋发图强的；如果缺乏安全感，人就自然想着要逃避和防御。如果把潜能比喻成一粒种子，那么自卑的人就会缺乏必要的培育潜能的养料，潜能无法发芽生长；而恐惧和焦虑则如同坚硬的土壤或是压在种子上面的石头，使种子无法突破自己。所以，如果想要这粒种子发芽、茁壮生长，必须浇水、施肥和松土。也就是说，需要增强人的自信，破除消极思维模式。

4. 自信是成功的关键

这些年来，我接触过许多类似的案例，也通过认知调整的咨询技术，成功地帮助来访者摆脱了困扰他们的焦虑、恐惧、无助和绝望。他们之所以能有这些变化，是因为他们对自己的认识改变了。以前认为自己是不行的，现在开始相信自己了；以前以为自己是没有价值的，现在开始相信自己是有价值的了。

当然，这些认知调整，绝不能只停留在头脑层面，必须是内心深处信念的改变。如果内心真的认为自己能行，就能行；反之，如果内心怀疑自己，那么人的潜能就不能发挥出来。比如在军事方面，战前动员是必要的。所谓动员，就是激发士气；而士气，就是必胜的信心！如果有这个信心，士气就会高涨，士兵作战就会勇敢，胜利的概率就会增加；如果士气低落，那么即使人数再多、装备再精良，也有可能输掉战役。在战争史上，以少胜多的战役数不胜数。要以少胜多，那么处在劣势的军队就必须具备一个要素，那就是士气。

每个人的潜力几乎是无限的，人的潜力到底能发挥多少，关键就在于人有多相信自己。

二、培养积极的思维模式

1. 思维模式是习惯

人们一直以为“江山易改，本性难移”。其实不然，人的本性是可以改变的。本性的形成，有先天的因素，也有后天的因素。先天因素只是倾向，后天的培养则是塑造和定型。面对外界刺激，个体都会采取相应的应对措施，如果这样的刺激经常出现，个体就会形成习惯性的应对模式。在今后的生活中，一旦类似的刺激出现，这个应对模式就会自动启动，对这个刺激的解读、分析、推理、情绪反应、躯体反应等都会自动运作，无需大脑有意识地指挥。这套应对模式，就形成了人的性格、秉性或品德。

这套应对模式相对比较稳定，不会轻易改变。但既然是后天培养的，后天自然也能改变，只是需要个体有足够强的意愿和恰当的方法。

2. 培养新的解读风格

人的性格主要由思维、情绪和行为三大要素组成。人的思维决定情绪，而思维和情绪又共同决定行为。比如，脾气暴躁的人在听到不同意见时，会自动认为别人在与他们作对。这个解读使他们产生愤怒情绪，这想法和情绪会驱使他们发脾气、反驳、责骂或动手伤人。性格温和的人则会做这样的解读：“或许我有不对的地方才让别人如此生气。”这个解读会使他们产生歉疚，然后虚心受教。

人的思维又可分为解读、逻辑思维和结论三部分。所谓解读，就是人看事物时，对这个事物的最初判断：“这是什么，对我意味着什么。”这个最初判断完全基于个体过去的经验，是自动完成的，不是人的理性思维和自由意志能够控制的。

作出这个最初判断后，我们人类的理智脑才能觉察到，然后就会以这个判断为前提，进行逻辑分析。正确的逻辑分析过程是依据前提进行推理、综合、总结。如果前提错了，那么后面的一切都是错的；前提对了，思维过程也必须是正确的，否则也会得出错误结论。消极悲观的人，他们的前提通常是错的，思维过程也是错的。比如，前文中提到的来访者小丽，她依据童年的经验而假设别人要害自己。所以，她的最初判断就错了。接下来，小丽没有经过恰当的分析、推理和归纳等思维程序，而直接跳到了结论——别人要害我。这个结论导致她产生一系列的负面情绪和行为。要疗愈小丽的焦虑症，需要帮她养成新的思维习惯。

要培养新的、积极的思维习惯，关键是要改变人的解读习惯。要把消极的解读习惯改为积极的解读习惯。而要改变这个习惯，个体内心需要有安全感，个体必须是积极的、乐观的。个体内心也必须是自信的，只有这样，个体在遇到事情时，才不会自动作消极解读。

3. 培养自信

人都希望自己是自信的，但不知道如何才能让自己自信起来。很多来访者在咨询时问我："我怎样才能自信起来？"我也曾尝试用成功学的方法给他们一些建议，但结果并不理想。来访者秦女士，是一位央企的高管，非常优秀，但很自卑，也缺乏自信。我尝试教了她一些方法来提升自信，但效果不佳。每次咨询时，她都会问我："陈老师，还有没有其他方法让我自信起来？"我对她说："所谓自信，就是相信自己。你本来就很优秀，相信自己就行了。"她说："你越说我优秀，我越怀疑，我现在甚至怀疑你是否只是在安慰我，让我高兴，这样我就能继续心理咨询。"我感到沮丧，同时也意识到，她的核心信念就是："我是不行的。"如果这个信念不能被打破，那么我很难帮助她建立自信。

其实我们本来就是自信的、有安全感的、有自尊的，这都是我们的人性本质。只是，我们在成长过程中，因为原生家庭和其他的原因，我们的自我认识受到了扭曲，形成了一些错误的信念和感觉，以为自己不好、无能、不安全。这些不是来自我们生命的本质，是外来的，是可以消除掉的。如果这些消除掉了，那么我们自然也就有自信了、有自尊了、有安全感了。我会给来访者总结一句话，就是："否定你的自我否定，你就自信了。"

有时候，我还会从另外一个角度来给来访者解释自信或不自信。其实，根本不存在所谓的"不自信"。每个人都是自信的，都会相信一些事，关键是你相信什么。如果你相信你是好的、有价值的，你就是一个有高自尊的人；如果你相信你是坏的、没有价值的，那么你就是一个低自尊或自卑的人；如果你相信你有能力，你就是一个自信的人；如果你相信你没有能力，你就是一个不自信的人。如此，我把问题又引到我们刚刚探讨的那个问题："哪种信念更接近现实？"用这个问题引导来访者去相信事实。

建立自信心就像人建一座大厦，需要两种材料：堆积材料和黏合材料。堆积材料是石头、木头、砖、瓦等；黏合材料是钢筋、水泥等，这两者缺一不可。在这个例子中，成功的事件和经历是堆积材料，而积极的思维模式则是黏合材料。每个人的生命中都会有着丰富的堆积材料，就是成功经验，但缺乏黏合材料，即积极思维。所以，虽然很多来访者在大多数人的眼里是成功人士，但他们仍然非常自卑。他们会过度缩小，甚至会过滤掉那些积极的经验和取得的成绩，过度夸大那些消极的经验，以偏概全，全盘否定自己。

几乎没有人是那么的倒霉，以至于在他们的生命里没有好事只有坏事，如果是这样，人绝不可能活下来。我还相信，任何人，只要能健康长大，那么在他们生命里发生的好事一定多过坏事；他们成功的经验一定比他们失败的经验要多；他们的优点也一定比他们的缺点要多，否则，人也活不到现在。

4. 相信客观事实

当我引导来访者往积极的方面去思考时，来访者往往会担心这是不是在自我欺骗。他们这么担心的理由是，如果他们本来没有这么好，而现在却以为自己这么好，这是一种自我欺骗；或者，事情本来没有这么乐观，而他们却天真地以为有这么乐观，反而会误事；或者他们本来没有这么安全，而却误以为有这么安全，会导致自己陷入危险境地。对此，我会问他们："难道你的负面解读、悲观想法就不是自我欺骗吗？人不可能百分百地把握将来是好或是坏、有危险或没危险，只是哪个可能性更大，哪种想法更接近事实？"大部分的来访者都会承认，乐观的和积极的想法更接近事实。他们只是不能允许有"万一"存在，因而总是想着这些"万一"会发生的事情。

在这一刻，我会以一个统计学上惯用的"是否显著性标准"来给他们解释这个问题。在现实生活中，任何事，都是概率事件。在统计学上，如果一件事的发生概率低于 5%，就不需要去顾虑，就当它不存在。比如说，人出门旅行、上班或上学，都有可能遇到事故，这个概率很低，我们不能因为有这个微小概率就不出门了，所以我们照样出门。同样的，我们吃饭，都有噎着的可能，但我们不会因为有这个可能就不吃饭了；喝水也有被呛着的可能，但不能因此就不喝水了。当我们吃饭或喝水时，我们根本不会想如果噎着或呛着怎么办，因为这些事情发生的概率太低，我们都不会考虑。所以，我会告诉来访者，如果一个人总是想着"万一"，那么什么也不能做了。

接下来，我会给来访者继续解释，消极和悲观的思维才更像是自我欺骗，而积极思维和乐观的思维更贴近真实。

5. 客观公正地比较

人对自己的评价往往都是通过比较。如果我们比别人好，比别人长得高、成绩好、有钱、开的车更高级、住的房子更大、地位更高、权力更大，我们就会自我感觉良好；如果我们感觉自己在某些方面不如别人，我们就会感觉自己是不好的。我认为，学校将学生的成绩排名次是一个非常糟糕的做法。老师和家长都在意结果，如果孩子排名靠前，老师和家长都会表扬这个孩子；如果孩子排名靠后，就会批评这个孩子。我认为，这个方法会产生非常不良的影响。如果排名靠前，学生就会很容易产生骄傲自满的情绪，认为自己比别人好，这种感觉会让他们自我感觉良好，但这些感觉却非常脆弱。只要一次考不好，排名稍微靠后几名，这种自信和价值感就会崩塌。对于那些排名靠后的学生，则会很容易产生自卑感和无助感，最后的结果就是自暴自弃，放弃努力学习，也放弃了拼搏的精神。

当我们和周围人进行比较的时候，往往都是和比自己好的比，忽视那些不如自己的。这样的比较结果会认为自己是最差的！久而久之，人就会产生自卑感和无助感，会失去自信。其实，这种比较是对自己很不公正的。因为这种比较只能显示自己不如那些比自己更聪明、更有成就或更漂亮的人，而不能显示自己的真正水平。

我发现，现在很多的家长都因为孩子而承受了巨大的压力。而造成家长压力的一个原因往往不是孩子本身有什么问题，而是因为比较。其他的孩子比我家的孩子成绩好、别人家的孩子考上了重点初中、重点高中、重点大学，而我们家的孩子却没有，我的孩子已经输在起跑线上了，我的孩子这一生没机会了……父母这么想，也会很自然地把压力传递给孩子们。

孩子从父母这里不但感受到了这些压力，也作出了自我判断：“我是一个失败者，我没有机会了，也没有希望了。”在成长过程中，孩子内心会有这种不公正的比较方式和对自我的判断，会感觉自己是最差的、不好的，是失败者。

6. 公平地对待自己

我发现，很多人很容易自责。无论自己做了什么，很快就会后悔，感觉自己做错了，抱怨自己当初如果不这样，或做另外一个选择该有多好。当来访者这样对待自己时，我会开玩笑地对他们说，“你这是对自己的马后炮”或“你这是事后诸葛亮”。当人做选择的时候，人并没有足够的信息，而在那一刻又必须做出选择。人只能够依据有限的信息做出自己所能做出的最好选择。所以，人犯错在所难免。“人非圣贤，孰能无过！”但是，当很多人事后发现自己当初的选择是错的，或者做出选择之后，只看这个选择的副作用和另外一个选择的有利一面，而认为自己做出了错误的选择，因此而懊悔、内疚、自责，甚至不惜惩罚自己，比如打自己耳光，不吃饭等等，这对自己是很不公平的。

其实，每人都在那一刻做出了自己所能做出的最好选择。我相信，没有人会选择伤害自己。想必读者都有过犹豫不决、陷入两难的经验：自己必须要做出抉择，而任何一个选择都有难以接受的后果。

有许多来访者在过去做过伤害自己或伤害他人的事情。谈到那些事，他们非常心痛，虽然已经过去许多年，他们仍然无法原谅自己。在分析当初他们为什么那么做时，我发现他们都经历过内心的纠结和挣扎，他们不得已做出了那样的决定。虽然知道这决定会给自己或他人带来伤害，但在那一刻，他们感觉自己没有其他更好的选择，或是其他的选择后果更严重。事后，他们会意识到自己当初其实没有必要那么纠结，其实还有其他更好的选择，但这也是他们事后才知道的。

从这一点来看，每个人的选择，包括那些伤害他人的选择，都是可以理解的。面对那些错误的选择，最好的态度不是谴责、惩罚或批评，而是理解，我们要探讨当初自己为什么会做出那些选择，以及以后如何能避免类似的错误。如果我们能以这样的态度来对待自己过去的错误或过失，我们的自信心、自我价值感和自尊就会很自然地得到提升。我们会对自己和别人更宽容，也就会变得更随和，人格也会更有魅力。

7. 回顾自己的成功经验

人的自我评估一般是基于自己过去的经验。如果回顾过去时，想到的大多是自己所取得的成就、他人对自己的认可和肯定等，他们的自我价值感和成就感就会得到提升。反之，如果想到的都是挫折、失败、被否定和被贬低，那么他们就会产生挫折感、无能感、无用感和自卑感。人会依据这些感觉来做出自我评估。

当人在回顾过去的时候，不可能完全客观全面地回顾，只能有选择地回顾某些内容，积极的或是消极的。如果他们回顾的是积极的经验，那么就会想起一系列积极的事件；如果他们回顾的是消极的经验，那么想起来的也都是消极的经验。对过去的回顾会影响人对将来的预测。如果人能意识到过去有很多的成功经验，那么预测将来时往往也会是积极的；反之，如果人总是回顾失败的经验，那么预测将来时也会是消极的。

乐观者和悲观者的区别就在于对过去的回顾和对将来的预测上。乐观者回顾的更多是成功的、美好的经验，对将来的预测也是乐观的；而悲观者则更多回顾消极的经验，对将来做消极的预测。

为了培养积极的思维模式，回顾往昔的模式需要改变。人不能任由自己陷入那种沮丧的情绪，而是要刻意地回想自己的一些成功经验。只要坚持，就能养成一个新的习惯。

有研究说，人需要 21 天养成一个新的习惯。我发现，21 天其实是不够的，但如果每天坚持新的行为，两三个月还是可以养成新习惯的。但要稳定下来，得需要一两年的时间才可以。

8. 积极解读自己的经验

任何事情或任何人都有两面，有阴也有阳，有好也有坏，有优势也有劣势，有优点也有缺点。任何一件事，都不可能是完美的，也不可能一无是处。来访者小昭被强迫症所困扰已经将近 10 年了。咨询了两次之后，症状仍然很严重，小昭有些沮丧。我意识到，这是因为小昭太想让自己尽快好起来，因而她不接纳自己的强迫症状，努力压制自己，反而导致症状更加严重。要摆脱强迫症，小昭必须首先接纳强迫症，然后才能放下它。我对小昭说："其实，你应该感谢你的强迫症。因为这些年来，它帮助你释放了许多的压力，使你能忽略内心的那些压力。如果没有强迫症，你每天都要去面对你害怕和恐惧的内容，那样会给你造成更大的压力。说不定，如果没有强迫症，你早就崩溃了，不可能取得今天的成就。"听我这么说，小昭笑了，对我说："你这么说，我突然感觉到轻松多了。看来我的强迫症也不完全是坏事。""是的。"我肯定道。小昭释然了。从此之后，她开始好转。不到一个疗程(10 个小时)，小昭认为自己好了，所以我们就没有继续咨询。一个月后，小昭报告说，自己的状态很好，不需要继续咨询，并向我们表达了感谢。

9. 祸兮，福之所倚

我们生活中的每件事都是"塞翁失马，焉知非福"。这些年来，我接触过许多成功人士，在和他们交谈时，他们都提到自己有过一段不堪的经历。在那段时间里，他们被各种强烈的负面情绪困扰，但他们都走过来了。回想起来，那些"祸"使得他们变得更明智、更强大、更坚韧，正是这些变化才使得他们取得成功。也有来访者说，也正是那些"祸"，使得他们遇到了贵人或机遇。我自己也是如此。十几岁时，因为家庭的变故，我不得不辍学，辍学期间，我遇到了韩伯伯，他无私地帮助我去上海读书，然后我在朋友的帮助下去美国读书，一路下来，我才有今天的成就。现在回想起来，如果当初家庭没有发生那场变故，我会一直上学，成绩一般，估计最多能考上某个大专，很难取得我今天所取得的成就。其实，现在想想，心中感叹："幸亏有当年那场家庭变故。"

现在我们生活中发生的事，都不是绝对的好，也不是绝对的坏。一切都在变化之中。将来如何，很大程度上要取决于我们现在如何选择、如何做。

10. 命运在自己手里

面对自己的不幸，很多人会认为是自己的命运不好。这个归因有利有弊。利，能使人更容易接纳不完美；而弊，则会使人放弃努力拼搏，听天由命。

在我看来，"命"，指的是特定对象的某些人生定数，比如你生在那个时代、那个家庭，你的父母是什么样的人，你有多少兄弟姐妹，你的家庭背景如何，会遇到什么事和什么人，这些都不是你主动选择的。对于这些，你没有其他选择，只能接受。而"运"则指的是我们人自己的运作或选择。如果人生在贫困家庭，他们可以选择艰苦朴素，刻苦努力地学习或工作，有信心自己会慢慢好起来；他们也可以选择怨天尤人，自怨自艾，畏惧退缩，不去行动。这个选择就是"运"。显然，这两种不同的选择会让这人在将来有完全不同的命运。如果没有意外发生，前者可能在几年后就能发家致富，而后者还在贫困中怨天尤人。

咨询中，当很多来访者说自己“倒霉”或“命不好”时，我会及时纠正这些观念。且不谈是否真的有“命中注定”这一说，这些想法本身就会给人造成影响深远的心理暗示，会导致人失败。当人认为自己“倒霉”或“命不好”时，潜意识里会产生一种信念：“我倒霉是命中注定的，无论我做什么都摆脱不了这个命运。”这个心理暗示会让人放弃一切努力，被动地听天由命，不去做任何有意义的尝试，或是做了而不能坚持。如果一个人怀着这种心态去应对生活中的挑战，结果可想而知。当自己真的倒霉了，又会暗示自己：“我就说我的命不好，果不其然。”反之，如果人相信命运在自己手里，那么他们就会尽最大努力去争取，这也自然会增加成功的概率。很多人之所以会失败，主要是因为自己没有坚持下去。

有时，我还会用吸引力法则来鼓励来访者调整自己的思维。当你坚定地相信某事时，跟这个领域相关的人、事、物就会被你吸引而来。如果你内心坚信你能成功，那么在你的生命里就会出现贵人或机遇来帮助你成功；如果你认为自己会失败，那么导致你失败的事情也会发生。

三、接纳自己的弱点

1. 接纳弱点是自信的基础

很多来访者问我：“老师，我如何能提升自己的自信呢？”其实，答案很简单，就是肯定自己的优势和接纳自己的劣势，很多人只重视优势，而忽略了劣势，不接纳自己的弱点，所以，人的自信心到底有多强，关键在于他们能否接纳自己的失败，是否敢为自己的决定和行为负责。如果能，才敢去尝试；如果不能，就不敢尝试。

缺乏自信的人容易犹豫不决。而导致犹豫不决的主要原因是害怕犯错、害怕失败。如果人能够接纳自己的失败，能够允许自己犯错，那么做选择时就会容易得多。在遇到挑战和困难的时候，他们不会太担心万一失败会怎么样，会更容易集中精力来克服困难。

2. 人非圣贤，孰能无过

“人非圣贤，孰能无过”，人都会犯错。如果有人认为自己一定不会犯错，就是在逃避客观事实。我们在生活、工作中会遇到这样的人，他们认为自己一切都是对的，不会犯错，实际上，这是一种自我欺骗，也是一种自我防御。这样的人不敢面对自己的错误和失败。在他们内心，错误或失败意味着灾难。因此，他们绝对不会允许这样的事发生。如果发生了，他们也会掩耳盗铃。这种防御是无效的，因为这样，人反而会失去他人的尊重。

反之，如果有人能够虚心地承认自己的错误，及时改正，反而更容易赢得别人的尊重和信任。中国有一句古话：“知错能改，善莫大焉。”意思是，人最大的善就是意识到自己的错误并能及时改正。这之所以是最大的善，主要是因为这会使人成长。

但是，真正能认识到自己的错又谈何容易！很多人口头上承认自己是有缺点的，但一旦被指出来，他们立刻就会否认或为自己辩护；有的人虽然会承认自己有缺点，但是那些缺点在他们看来其实都是一些无关痛痒的小毛病，但对关键问题或缺点，却不敢提及或面对。能看到并承认缺点和错误，不仅需要智慧，还需要勇气。

3. 允许自己犯错会更自信

好领导的一个重要特质就是有担当，敢于负责。所谓有担当，就是出了事，我担着；有问题，我来负责。跟着这样的领导，相信下属一定会很开心、很有干劲，能力能够得到发挥，也会有创造力。有位领导曾对我说过："你大胆去做吧，出了事我担着。"有他的这句话，我就能放开手脚工作了，也取得了许多成绩。虽然领导说出了事他担着，但我自己还是会倍加小心。既然领导这么信任我，我不能辜负领导的信任。虽然如此，有一次我还是因为自己的疏忽而造成了一些麻烦。有许多人来投诉我们机构，也有政府官员来询问此事。这位领导则把所有责任都揽了过去。这让我非常感动。在接下来的工作中，我更加卖力了！

如果领导遇事总是推脱责任，属下就不会尽心尽力做事。有一次，有位领导安排我做某件事，我告诉他那事不可行，会出问题。他口气却非常强硬，命令我去做。结果真的出了问题。当上级领导问及此事时，这位领导却说："这事我不知道，你问陈天智去，是他办的。"听了这话后，我非常心寒，也很愤怒。一怒之下，我辞职了！

反思这段经历时，我发现自己在前一位领导手下工作时，状态非常好，信心十足。而在第二位领导手下，却什么都不敢干，那段时间里，我的业绩很糟糕，甚至怀疑自己是否有能力胜任这份工作，每天都"压力山大"。其中关键的原因是，在第一位领导手下，我不怕犯错，因为有他为我担着；而在第二位领导手下，我不敢犯错，因为我自己要承担所有的责任和后果。所以，除非我有十足的把握，否则我不敢做事。因此，这限制了我能力的发挥，导致我在那段时间里几乎一事无成。

很多来访者都抱怨自己缺乏自信，即使他们已经有过许多成功的经验，或者他们本身就是成功人士了。他们缺乏自信的真正原因是不敢让自己犯错。一想到自己会犯错，心里就会恐慌。当他们面临选择时，往往会压力巨大，这些犹豫、纠结和担忧会耗费他们很多的精力。很多时候，他们心里知道做这事问题不大，或者即使有什么差错也不会有问题，但他们心里还是不安，还会纠结。根本原因还是，在内心深处，他们不允许自己犯错。后果自然就是他们不敢做事了，也就缺乏自信了。相反，如果允许自己犯错，那么，他们就可以没有后顾之忧，可以放心大胆地运用能力去工作、去尝试新的方法、去创新。在这种状态下，人的自信心自然会增强，也就更容易取得成就。

四、总结

本章所谈的内容是我在咨询过程中常用的方法，以帮助来访者建立自信。这些方法都是有效的，使来访者的自信心、自我价值感和自我效能感得到了有效的提升。作为咨询师，我们必须要记住的是，当我们这样鼓励来访者相信自己时，我们不是在“哄”他们，更不是在骗他们，而是在引导他们看清事实真相——他们本来就是优秀的人，我们只是在引导并鼓励他们相信这个事实真相。如果来访者真的相信了，自卑感、不安全感和无能感自然就缓解了，随之而来的就是自信心和自我价值感的提升。

第十二章 自我实现——成为你自己

我现在越来越忙，每天不是备课就是讲课、做咨询、做督导、写书。有位朋友很想和我一起坐下来聚聚，我自己也很想，但因为忙而多次往后拖延。朋友生气了，问我:“你还这么忙，你到底想要什么？”这个问题也让我陷入思考，我现在每天都很忙，我到底想要什么？钱财吗？我现在已经有房、有车、有存款，足够用的了。名吗？说实话，我真的不希望自己太有名。那么，我到底想要什么？

反思自己，我总感觉自己还能做得更多，我的潜能还没有完全发挥出来，我的存在价值也还没有完全体现出来。我突然明白了，我要自我实现！

一、了解自我实现

1. 概念解释

“自我实现”的概念源自美国心理学家马斯洛的需

求层次理论，是指个体的各种才能和潜能得以充分发挥，实现个人理想和抱负的过程，亦指个体身心潜能得到充分发挥的境界。马斯洛认为，自我实现是个体的最高层次的需求。这种需求得到满足后，人就不易受到焦虑与恐惧的影响，对自己及他人都能抱着欣赏和接纳的态度。这样的人虽然也有缺点，但因为能够接受自己的缺点，所以他们较一般人更真诚，对自己更满意。

按照马斯洛的理论，自我实现包含以下四个方面内容。其一，自我实现是人的一种基本需要，但这需要有赖于生理、安全、爱以及尊重等需求的满足。在其他需求未得到满足之前，自我实现的需要通常处在潜伏状态。其二，自我实现是人的终极目标，即“希望自己越来越成为所期望的人物，完成与自己的能力相称的一切事情”。与其他一经满足就自行消失的基本需要不同，我实现则永远不会消失，它是“一种单纯的、终极的价值，或者说是人生的目的”。其三，自我实现是一个连续不断的发展过程。自我实现不是单纯的观念运动，而是随时随地、点点滴滴地实现个人潜能的过程。自我实现就是指努力做好自己想做的事情。其四，自我实现是一种高峰体验。“自我实现意味着充分地、活跃地、无我地体验生活，全神贯注，忘怀一切”，这是一种真善美高度统一时的体验，是对人生中最美好的时刻、生活中最幸福的时刻、对自己处于发挥潜能的最佳状态的体验。

总之，自我实现就是能通过发挥自己的潜能，实现自己的价值，活出真实的自己。为了满足这个需求，达到这个目标，每人都竭尽所能，使自己尽量完美。只不过，很多人却走在了南辕北辙的路上，越努力，离自我实现的目标越远。

2. 对自我实现的误解

自我实现虽是人心理的一种基本需求，但很容易被忽视。“天下熙熙，皆为利来；天下攘攘，皆为利往”，人往往只想着如何挣钱，而忽略了为什么要挣钱。很多人想着怎么能出名，但忽略了为什么要出名。我们很在乎自己能挣多少钱、别人是否看得起我，但忽略了为什么要这么在乎这些事。如果静下心来分析，我们为什么要这么忙碌，无非就是为了能自我实现。

从业 15 年来，我为许多人做过心理咨询，其中不乏大公司的老总、大学的教授等。在他人的眼里，他们算是“成功人士”，也可以说是自我实现了的人。而实际上，他们并不幸福，也不满足，还有很多的烦恼。

二、如何实现自我？

衡量人的自我实现需求是否得到满足，标准不是事业方面的成就，也不是社会地位的高低、财富的多寡，而是他们的潜能是否得到发挥，他们的自我价值是否得到充分体现，他们能否活出真正的自己。

1. 潜能得到充分发挥

（1）必须自力更生

很多人羡慕那些富二代，认为这些人不需要自己拼搏，生来就要什么有什么。有的富二代，不依靠父亲的财产或势力，仍然靠自己打拼，他们的状态则完全不一样。来访者小李，33 岁，是一位年轻的企业家，拥有一家有 200 多名工人的工厂和一家有 30 多名员工的饭店。这几年，市场竞争很激烈，小李压力很大，开始焦虑、失眠，前来寻求心理帮助。咨询中我发现，小李是一个典型的富二代。父亲是一家大公司的董事长，拥有资产近亿元，小李还是独生子。虽然有这么有钱的父亲，但小李依然白手起家。他办工厂和饭店，都是靠银行贷款。

我问小李，为什么不靠父亲，而非要自己白手起家呢？他表示，其一，他想向他父亲证明自己，没有父亲，他也能行；其二，他不想“拼爹”，他认为靠父亲的财产过奢靡的生活没有意义。他表示他最看不起那些纨绔子弟；其三，靠自己打拼，不管挣多挣少，都是自己挣的，才有价值。小李还表示，虽然现在压力很大，但活得很充实，他觉得生命很有意义。

小李的经验说明了一个道理，要满足自我实现的需求，个人的潜能必须得到充分发挥；如果不是这样，无论人获得多少财富或多高的地位，自我价值感都不会高。

（2）发现自己的潜能

李白有句名诗，“天生我材必有用”，我深以为然。每人都有天赋，有的人数学特别好，有的人很有语言天赋，有的人画画特别好，有的人唱歌特别好，有的人心灵手巧。每个人都有不止一种天赋，关键是你有没有发现、有没有刻意培养。心理学界有很多不同的智力测量方法，不仅能测量人的智商，也能发现人的天赋。

虽然很多人很想知道自己有什么天赋，但不太可能去专业的心理机构做这样的智商测量。其实，要了解自己或孩子的天赋很简单。从两方面来看。其一，自己喜欢做什么。在没有外力的干扰下，自己最喜欢做的事，往往是你的天赋所在。其二，自己做什么事最拿手。这个标准和前一个标准是相关的。我们喜欢做的事，往往也是做得最好的。

在此，我们需要清楚，我们的天赋不会只有一种，而是多种。我小时候特别喜欢画画，上小学的时候就能够画谁像谁。所以我相信我有画画的天赋。但是，老师和父母都认为这是不务正业，不许我画画。后来我也就不画了，这种天赋就这么浪费了。后来，我对历史和地理都特别感兴趣。成年后，我发现自己对心理学感兴趣，就在朋友的帮助下去美国深造，并一直从事心理咨询工作，至今已经 15 年了，做心理咨询也越来越得心应手。这也让我确信，我有这方面的天赋。

作为父母，能够给予孩子的一个重要礼物就是帮助孩子去发现他们的天赋，并给孩子创造机会去学习和成长。我发现，很多家长只是人云亦云，模仿别人强迫自己孩子学习，下血本给孩子报各种各样的补习班、兴趣班，不管孩子是否喜欢，是否有这方面的天赋。虽然他们全心全意地爱着他们的孩子，希望能给孩子创造一个美好的未来。但是，他们却忽略了孩子的天赋、兴趣爱好和需求。他们只是按照自己的意愿去培养孩子，强迫孩子按照自己的想法去学习和生活。尤其可悲的是，父母看别人的孩子在学什么，就要求自己的孩子学什么；别人是如何规划孩子的未来，自己也如此规划孩子的未来。结果，孩子的天赋就这样被扼杀了。

好在，人的潜力是巨大的，如果人小时候的某些天赋被扼杀了，他们还会发展出新的天赋。所以，如果我们自己的天赋被父母扼杀了，我们也没有必要怨他们，因为我们还会发展出新的天赋。以自己的潜能，选择某种技能或能力，用心学习或练习，依然能有所成就。

我们要善于发现自己的天赋，更要相信自己的天赋，还要施展我们的天赋。

2. 自我价值得以体现

(1) 自我价值是什么？

在许多人眼里，只有成为有钱、有权、有势、有学问、受人尊敬的人才是有价值的，那些无权无势的平民百姓，算不上有价值。因此，这些人拼命地施展自己的潜能，拼命地工作，甚至争权夺利，目的是有钱、有权、有名，以为有了这些，自己的价值也就提升上去了。而实际上，我已经分析过，钱财、名利和地位并不等于自我实现，也不等于自我价值。

自我价值是一种主观感觉，就是个体是否认为自己有价值。这种自我评估与个体外在所拥有的财富、地位、声誉是有关联的，但不存在必然的联系。毫无疑问，很多人会因为自己没钱、没权、没名、不受重视，而认为自己没有价值；随着自己的财富、地位和名声的提升，自我价值感也会提升。这种自我价值感不会长久，也不稳定。

真正的自我价值感必须是绝对的，不依赖任何外在的物质、地位、名誉，而就是单纯的对自己的认可，无论如何，无论发生什么，都认为自己是有价值的。

（2）我们需要相对自我价值感

虽然每人都有着绝对的价值，每人也都渴望自己是绝对有价值的，但是因为人性的限度，我们无法感受到自身的价值。我们都需要一些外在的证据来证明我们是有价值的，比如，我们所取得的成绩、他人对我们的认可和肯定、我们所拥有的财富、地位和声誉等。

为此，我们需要很努力地发挥自己的潜能，努力学习提升自己，努力工作，为社会和家庭作出贡献。这些会让我们体验到我们是有用的，因此也是有价值的。我们要记住，这些相对价值只是我们绝对价值的证据，而非基础。即使我们没有这些证据，我们仍然是有价值的。

（3）助人才能体现自我的价值

虽然很多人把工作的目标定为赚钱，赚到钱后会感到兴奋，也能体验到一些成就感和自我价值感。但是，我通过咨询发现，财富并不能真正给人带来价值感和幸福感，而助人却能。我几乎每天都会有来访者前来求助，会有收入。但真正让我感到有成就、有价值的不是收入，而是帮助来访者摆脱了心理困扰，缓解了他们的心理痛苦。

许多来访者来咨询的原因是厌倦了自己的工作，又找不到其他感兴趣的工作，就在家闲着。他们自己很迷茫，父母很着急。要评估一个工作是否有意义和有价值，关键是看这个工作能否为国家、为社会、为家庭作出贡献。如果没有什么贡献，即使能挣很多钱，人也感觉不到意义和价值。

工薪阶层、平民百姓的工资虽然不高，但他们的工资都是他们辛苦挣来的，他们的工作，比如理发、美容、送快递、做保洁等，都能给人带来贡献。我有一个习惯，就是看到服务员、保洁员，我都会向他们表示感谢。听到我的感谢，他们都会露出灿烂的笑容。我知道，我的感谢让他们体验到了自我价值感。

这些经验让我确信，帮助别人，不管是直接的还是间接的，都有意义和价值。任何企业，如果把赚钱当成最终目标，那么这家企业一定做不大，也做不长久。如果企业能把为国家、社会、民众作贡献作为最终目标，赚钱只是附带的目标，企业就能做大做久。

三、实现自我的步骤

1. 第一步：找寻初心

“天生我材必有用”，每个人都是带着使命来到这个世上的，为此，每个人都有天赋。父母的责任不只是给儿女吃的、穿的，更是要帮助他们发现自己的天赋，完成自己生命中的使命；每个人需要为自己的生命负责，而其中最主要的任务是发现自己的使命，并竭尽全力去完成。只有如此，才算是对得起自己。

所以，要实现自我的第一步，就是要找寻初心。在成长过程中，每个人都会对将来有一些憧憬，想象自己长大了以后能做什么。这些憧憬里包含着他们的使命。同时，每个人小时候都会有一些特殊的兴趣爱好，从这些爱好当中，可以看出一个人的潜能或天赋。如果家长忽略孩子的天赋，或是强迫孩子按照自己的想法和要求去发展，很有可能会扼杀孩子的天赋，就如我画画的天赋被扼杀了一样。

从小在功利主义的文化氛围内长大，人会变得很“现实”，失去了小时候的幻想和对将来的憧憬，而只追求眼前的利益。一个最明显的例子就是上大学选专业时，很多人首先考量的因素不是自己的兴趣、爱好或天赋，而是将来的就业。这些“现实的”选择恰恰是不现实的，因为它们否认了人本有的天赋，而使人去追求一些不是人真正需要的东西，这样人自然也就不会太出色。

人的潜能几乎是无限的，人的使命也一直在，每人都有责任去成就自己。如果人一旦放弃了理想，也就失去了活力、创造力和进取之心，也就很难取得什么成就。所以，心理咨询的一个重要任务，就是要帮助来访者找寻初心、挖掘潜力，帮他们重拾信心，实现理想。

我们每人都需要有梦想、有理想、有人生目标。如果没有目标，我们就是流浪者，就会感到迷茫，就会出现各种问题。相反，如果人有理想、有方向、有目标、有信心，人的潜能就能得到激发，人也能发奋图强，能努力学习、认真工作、贡献自己，人的自我价值才能得到充分的实现。

2. 第二步：激发潜能

我发现，培养兴趣爱好的一个方法就是多练习，从不喜欢到习惯，到慢慢地喜欢。当你做某事能够做得很好，你能从中得到一些成就感，你会慢慢地喜欢上这件事。我对心理咨询的兴趣就是如此慢慢培养起来的。从抗拒、排斥到习惯，再到喜欢。初中语文课本里有篇文言文课文《卖油翁》，想必读者都读过。在这篇文章里，那个卖油翁的一句话指出了天赋的精髓：“无他，但手熟尔。”

我帮助过一个 28 岁的农村青年。他来咨询是因为患有严重的强迫症。强迫症状消失以后，他想换工作。他曾在家附近的一个村镇企业工作了近 10 年时间。他不甘心自己这一辈子就这样，想外出打拼，但又不知道能做什么，也缺乏自信。我们在探讨这个问题时，他表示想学心理学，将来也做心理咨询。当我告诉他如何才能成为一名专业的心理咨询师后，他就沮丧了，因为他的学历太低。在接下来的咨询中，我们探讨他喜欢什么，做什么做得最好。我发现，他的动手能力特别强，从 15 岁开始，他就能修理自行车，后来能修理家里的拖拉机；在工厂里，如果机器坏了，他也能修好。对此，老板也很看重他。看到这个特点后，我建议他花一些时间和钱去学习修理高档汽车。听了我的建议，他在北京某汽修学校学习两年，获得中级职业资格证书。目前，在北京的某宝马 4S 店工作，月薪近 1.5 万元，而且以后还会涨。

前段时间，他因为情感上的一些问题来咨询。谈到工作时，他很满意。他很自豪地说，工作一年多以来，他已经维修过一百多辆宝马车。现在，无论什么型号的宝马车，只要让他听听发动机的声音，他基本上就能知道是什么问题了。问他的职业规划，他说先这么干着，积累人脉和经验，将来自己也要开店。对此，他信心十足。看着他，我感觉他也会是一个自我实现了的人。

3. 第三步：确立人生方向和目标

我有时会问来访者这个问题："如果老天对你说：'我会满足你的一切愿望，十年(或五年)后，你想让自己成为一个什么样的人？'"我问来访者这个问题，目的是想引导他们去思索他们想成为什么样的人，要活出他们自己，而不是别人。

面对这个问题，大部分来访者都感到很难回答。很多来访者告诉我，他们从来没有自己想要做什么，或将来想做什么，或要成为什么样的人。他们之所以没有这么想，主要是因为对自己没有信心，不相信自己将来能取得什么成就。而导致这种心态的一个重要原因是，在其成长过程中，受到的打击、贬低或否定太多了。我问来访者这个问题的主要用意还是帮助来访者重新找到目标和方向，重新燃起对将来美好生活的渴望和希望。借此，再把来访者的主观能动性调动起来，然后再鼓励来访者去追寻自己的生活。

我通常会引导来访者把人生的焦点从“取得什么成就”转移到“成为一个什么样的人”上。我通常问的问题是：“你希望当你 50 岁或 60 岁时会成为一个什么样的人物？”这个问法有多个用意，其一，引导来访者关注自身的成长，他们的自我实现不是由外在的成就所决定，而是由内在的成长所决定。其二，如果没有外在的标准来衡量自己是否成功，人就不会去和别人比较，也就不会有挫折感。如果有外在的标准，比如能够赚多少钱、取得什么学历，或是社会地位有多高，如果达不到，人就会有挫折感。而如果以自我成长为目标，人就不会产生这种挫折感。

我会向来访者再三强调，那些负面的、自我否定的感觉冒出来时，或是有人贬低你或否定你时，你一定要牢牢记住自己的人生目标，而且要紧紧抓住，不能放手。

4. 第四步：规划人生

目标确定以后，接下来就要制定计划，逐步实现自己的理想。在这里，很多人会被卡住，目标有了，也知道如果自己努力就能达成目标，但迟迟不能行动起来。时间就这样一点点地流失，致使他们错过一个又一个机遇，导致他们的理想和目标都成了空想。我和很多来访者探讨过他们为什么不能立刻行动起来，我发现一个普遍存在的问题，当他们确定目标后，会不由自主地和自己现在的状态进行比较，显然，差距太远。接着就会产生一种无助感，容易灰心丧气。他们完全忽略了时间的因素。

当他们要开始行动时，又会不由自主地再次衡量自己的水平。衡量的方法就是和别人比较，结果自然是比别人还差一大截(事实上未必如此，但在那一刻，他们的感觉就是这样)，内心会感觉失落、沮丧，失去了斗志，抑郁了。最后，连开始行动都不想了，会不由自主地做些无用的事，如，漫无目的地浏览网页、玩游戏、睡觉等等。

面对这些问题，我会首先用认知疗法，帮助来访者看清并控制他们的思维模式。他们之所以会有这种感觉，是因为他们在内心更深处已经得出一个结论："我一无是处！"在那一刻，他们内心的逻辑是："因为有人比我好，所以我什么都不是；因为我在这方面不如别人，所以我是彻底的失败者。"因为这些逻辑和信念在人的潜意识里，人不能觉察到它们，但它们却是实实在在地影响了这个人。

我会给来访者指出这个逻辑的错误，然后引导他们重新评估自己。我会先做一个假设："如果从现在开始，你能够静下心来，努力学习或工作，一年或两年后，你能否达到你的目标(比如考上大学、考研成功、找到工作、升职加薪)？"如果他们的回答是"不能"，我就和他们探讨为什么不能；如果来访者回答"能"，那么接下来我就和来访者一起探讨如何能一步一步达到目标。

这个计划可以分为这么几个步骤：

步骤一，先让自己静下来，使自己能够安心学习或全力以赴做某事。

步骤二，制定计划，这个计划需要包括远期目标、中期目标和近期目标。关于远期目标，时间不能太久，也不能太近。如果时间太久，会让来访者感觉太过遥远而失去吸引力；如果时间太近，发生的变化或取得的进步不够大，对来访者也没有吸引力。我一般会建议3到5年，在这个时间段内，人一般能够取得一个比较重大的成果，比如考研成功或硕士毕业，或是能够熟练掌握一门技能以保证自己今后有“铁饭碗”[①]，或者和某些重要他人的关系能够恢复和谐等等。对于这些远期目标，焦点也是自身的成长，而不是一些外在的收获。很多来访者会把能赚多少钱，或是能升到什么职位作为目标，我会引导他们作出调整，不要把外在的成就作为目标，而是要把自身的建设作为目标。

关于中期目标，往往是一些比较具体的，而且在相对短的时间里能够达到的目标，比如这个学期的科目全过，或能够开始学习某项技能，或是主动联系某人等等。中期目标的达成一般是在半年到1年以后。此时，咨询师需要和来访者一起探讨可行性，咨询师一定要确定这个目标来访者只要稍加努力就能做到。

关于短期目标，一般是在1周内能够完成的目标，比如这周能够坚持去上课、完成作业，或是找到培训学校的联系方式并开始联系。我一般建议来访者在每周日下午或晚上，花10分钟的时间想一想这周要做什么，制定一个简单的计划，周一做什么，周二做什么…… 最好写下来，或是写在日历上，提醒自己。每天早上醒来第一件事，就是想一想今天要做什么，然后就做什么。按照这个计划，很多来访者向我反映，每天早上醒来，知道今天有事做，那种感觉挺好的，感觉很充实。

步骤三，坚决执行。鼓励来访者坚持严格按照计划执行，除非有重大理由，不能中断。在这过程中，咨询师和其家人的陪伴是必需的，否则，他们很难坚持下来。如果不能坚持，来访者很难实现自己的理想。在陪伴过程中，咨询师和来访者的家人还要帮助来访者培养毅力，如果毅力不够强，他们也很难坚持下来。

① 关于“铁饭碗”，一个来访者的解释我感觉很有意义：“不是在一个地方吃一辈子的饭，而是到哪里都有饭吃。”

当人在遇到困难的时候，内心会有强烈的想要放弃的冲动，此刻，如果没有强大的意志力和毅力，是很难坚持下来的。而意志力的强或弱，关键是看有没有信心。如果人内心真的相信再坚持一下就会成功，那么就容易坚持；如果没有信心，心中就会嘀咕："我行吗？我会不会失败？我可能完不成了。"这些自我怀疑必定会导致他们放弃努力。

所以，制定了计划，能执行下来的一个关键是有自信，要真的相信自己能够达到目标。

5. 第五步：葆有工作自信

很多来访者，受一些传统思想的影响，排斥那些他们能做而且也能做好的行业，导致自己高不成低不就。对于这些来访者，我会花些时间帮助他们消除对行业的偏见。有时候，我会引用《卖油翁》来暗示来访者，"三百六十行，行行出状元"，不管哪个行业，只要能让他们施展天赋、发展潜能，就能实现自我价值。我还会特别强调，来访者的价值不是来自别人的肯定，而是来自自己的肯定。我很欣赏和敬佩的是那些生活在社会基层的小商贩、工人、农民等等，虽然他们工作很辛苦、收入也不多，但他们大多都很乐观。

我经常早上去楼下的小餐馆吃早点，经营餐馆的那对年轻夫妻很励志。他们 10 年前从农村来到这个城市，开了一家小吃店，每天早上 5 点左右就要开始准备，一直忙到下午。他们有两个孩子，都在本市上学，他们很乐观，每当有客人来时，他们都会笑脸相迎，让人感觉很温暖。我每次来吃饭，都要和他们聊几句。目前，他们已经在本市买房了，他们很满足，两个孩子也很可爱。看着他们俩在小餐馆里风风火火地忙碌着，频繁地和客人打招呼、聊天，脸上总是挂着笑容。我相信，他们俩的幸福指数一定比许多所谓的"成功人士"要高出许多。

我坚信，一个自我实现了的人不一定是所谓的“成功人士”，而是认为自己是成功的，尽己所能做了自己力所能及的事，照顾好了亲人，也为社会作出了贡献。

6. 第六步：永不放弃希望

意大利诗人但丁的《神曲·地狱篇》中有句话：“凡进入这里的，请把希望放在外面。”乍听起来，这句话似乎没有什么，但仔细品味，却非常可怕。希望，是我们人类存活的最大力量，如果没有希望，人就会绝望。对人类来说，最悲惨的事可能就是绝望了。

那么，希望是什么？所谓希望，一定是盼着自己以后会越来越好。所谓越来越好，一定是越来越安全、越来越幸福、自我价值越来越高。按照马斯洛的需求层次理论，那是自我实现和自我超越。

真正自我实现的人是不会失望的，因为他们的自我价值感是稳定的，不是基于外在无常的事物，而是基于他自己。他们通过激发自己的潜能，通过努力的工作，取得了一定的成就，他们的自我价值感得到实现。怀着这种感觉去面对他人对自己的否定、贬低，或自己事业的挫折和失败，他们都不会失去自我价值。他们都会相信，他们会越来越好，因为他们本来就是有价值的。

四、高峰体验

1. 高峰体验的概念

马斯洛认为，自我实现了的人会有一种“高峰体验”。他认为这种体验是短暂的、豁达的、极乐的体验，是一种趋于顶峰、超越时空、超越自我的满足与完美体验。在高峰体验时，人仿佛与宇宙融合了，处于超越自我的、忘我的、无我的状态。高峰体验不仅是个人的最高、最幸福的时刻，还能带来个人对存在价值的领悟和对自我认同感的发现。这些观点在心理学发展历史上是具有革命性的，因为之前的心理学，如精神分析、行为主义或认知疗法等都只关注人的过去和问题，而马斯洛却提醒人：我们的生活中还有幸福。他鼓励人去追求幸福，幸福不仅能给人带来情感上的欢愉，而且还能使人发现人生的意义，使人获得新生。

2. 高峰体验的特点

马斯洛是在助人的过程中发现这种体验的。他注意到，很多达到自我实现程度的人都描绘过一种经验，“这种体验可能是瞬间产生的，压倒一切的敬畏情绪，也可能是转瞬即逝，却有极度强烈的幸福感，甚至是欣喜若狂、如醉如痴、欢乐至极的感觉”。[①]经过长时间的观察，马斯洛总结了高峰体验的特点。

在马斯洛看来，高峰体验是个人生命中最快乐、最心醉神迷的时刻。它本质上是一种爱的体验。高峰体验也是一种有目的的体验、终极体验或存在体验。在这一体验中，个人的认知能力和认知特性发生了根本的变化，人不再纠缠于功利得失，或是非对错，能领悟到“存在性价值”，有着高度的自我认同感，最接近真正的自我，因此能更真正地成为自己，成为更完善的人。从这一点来说，高峰体验也是一种高度的自我认同体验。

从持续时间来看，高峰体验往往是短暂存在的，而不是一种长久存在的经验。马斯洛认为，这是因为人身上存在着趋向安全、停滞或后退的理论。这种高峰体验会损耗大量的精力，人的机体太弱，承受不住那么大的消耗。

---

① 马斯洛：《马斯洛人本哲学》，成明编译，北京：九州出版社，第 356 页。

起初，马斯洛认为，只有自我实现了的人才会有高峰体验。后来他发现，高峰体验是一种普遍存在的经验，大多数人都有过这样的体验，比如恋爱时，和亲人、朋友一起聊天或游戏时，会有这种体验；此外，当人冥想或练瑜伽时，也会有这些体验，它是人类的共同体验。

3. 高峰体验中的“自我”

马斯洛花了很多时间和精力专门研究高峰体验。他发现，有高峰体验时，人的“自我”是这样的：

- 处于高峰体验中的人是整合的，他们的知、情、意是合一的，为了达到目标，自身各部分能有效地相互协调、共同努力。

- 处于高峰体验中的人能完全自由地做自己，同时也能够更融洽地与外部世界融合，无论做什么，似乎全是凭本能去做，不用思考，不会犹豫，也没有顾虑。所以能最充分地发挥自己的潜能。此刻的人会比其他时候更聪明、更敏捷、更机智，也更有智慧。在工作、学习、写作、科研、创造过程中，能达到忘我的境界。

- 此刻的人无论做什么，无论是多么累、多么辛苦，都会轻车熟路，得心应手，而且效率极高。人还会更加富有责任心、更加积极主动，且富有创造精神。人能感觉到自己就是自己生命的主人，能决定自己的命运。人的行动是自然的、自由的、放松的、简单的、诚恳的、果断的。

- 在高峰体验中，人获得了最大程度的唯一性、个体性和独特性，意识到自己是独特的、唯一的、无可替代的。人获得了最高的、最可信赖的认同感。

- 在高峰体验时，人能够摆脱来自过去和未来的所有羁绊，能够全神贯注地活在当下，体验当下所有的经验，对外界能更开放、更无条件接纳，更能聆听、更能理解，内心没有任何畏惧、顾虑、不满等情绪。人会变得更纯粹、更少世故，不干预自我和非我，顺其自然，让自己和他人完全按其本性而生活。

- 高峰体验时，人能体验到自己的本质、圆满和完美。能意识到自己本来就是完善的和有价值的，能达到完全的自我认同感。

- 在高峰体验后，马斯洛认为，人会感觉自己特别幸运、充满恩宠，会产生感恩之心，在行为上会出现感谢和赞美。内心会感觉每一个人都是可爱的和亲切的，每件事都是可以包容的。此刻，人既能体验到自己的伟大，又能感受到自己的微小。

4. 高原体验

马斯洛的高峰体验概念引发了众人的关注、解读和追求。有的人为了追求那种高峰体验的感觉而不惜使用毒品，如海洛因或LSD，因为这些毒品能够使人产生幻觉。马斯洛晚年对人类滥用高峰体验概念和因不择手段地寻求高峰体验带来的危害非常苦恼，他觉得自己的观念遭到了严重误解。于是，他修正了对高峰体验的描述："不再是一种突发的、刹那间、感性、高潮式的体验，而是一种通过时间、努力、修炼、奉献达到的一种心灵境界，能从现实或永恒两种角度看待生命，从平凡中体会超越。"他称这种体验叫"高原体验"。

高原体验是宁静的、平和的，不带有强烈的情绪的体验，而带有沉思、冥想的特质，它的感受是喜悦、幸福，就像一个母亲看着自己的孩子开心地玩耍，自己则静静地坐在一边看着、欣赏着、感恩着、赞美着和享受着，是一种非常愉快的、连续的、静默的感受。马斯洛认为，高峰体验是突然产生的感觉，而高原体验则是需要人的修行、追寻和不断地自我调整才能达到的。

5. 通过自我实现获得高峰体验

所谓高峰体验，简单地说，就是一种成就感、满足感和喜悦感。人的需要有很多不同的层次，有很肤浅的，比如饿了或渴了。这些浅层次需求的满足所产生的快乐也是浅的，很容易得到，也很容易消失。有些需求是比较深，比如挣到钱了，被人表扬了，这样的满足感会持续更久一些。再深一层的需求，比如爱情、家庭、事业等，这些需求满足了，人会产生更深远的正面情绪，比如幸福感、成就感、满足感等。

自我实现，和以上那些需求比较起来，更深远，因为它意味着个体内心深处的那种自我价值感得到了满足。这种满足感会使人产生更深远的成就感、喜悦感，从而获得高峰体验。

五、总结

自我实现是每个人内心很深的需求和渴求。但这种需求的达成必须要通过施展自己的才能，发挥自己的潜能，为社会、为他人、为社会作出贡献。在这过程中，自我价值得到了充分体现，当自我实现的需求得到满足时，人就会体验到高峰体验和高原体验。

第十三章 自我超越：去成就他人

一、真正的幸福

1. 自我实现后怎么办？

我有一位忘年交，是某大学医学院的院长，也是国内知名心理学专家。他虽然退休了，但仍然很忙。我们时常见面，每次见面，除了探讨心理专业之外，我们还谈生活。

有次我请他吃饭，见他吃得很少，也很简单。我问他："你就吃这么点？"他笑着说："够了，我的医生要求我一定要少吃点；要早睡早起，床不能太软；要多走路，不能到哪里都坐车。所以，我今天过来，没有开车，特意走过来的。"我感叹道："这样的生活也太简单了！"他也很感慨："年轻的时候，经常幻想以后升官发财了，就可以吃香的喝辣的，就可以尽情享受生活了。现在呢，对年轻时所向往的所谓美好生活却不'感冒'

了。”教授笑了笑。

“您现在才 65 岁，目前我国人均寿命为 77 岁，我想你怎么也得活到 90 岁吧。那剩下的这 25 年，您准备怎么过？”我问道。

“我还没想太多，就想做点事，不让自己闲着，否则会出问题的。”

“您现在最渴望的是什么？”我问。

“很简单，身体健康些，能培养几个好徒弟，能写一两本好书。就这些。”教授轻轻地回答道。

2. 什么才是真正的幸福？

这个话题引起了我们的兴趣，我们进一步探讨了幸福。我们发现，幸福可以分多层次。从生理的快乐到心理的快乐，再到幸福感、满足感、自豪感、意义感和价值感。教授说，这些正面情绪他都体验到了，但他还想做点什么。但这种感觉和以前完全不同，不是为了得到点什么。不是为了挣钱，不是为了争权，也不是为了出名，因为这些他都有了。他说：“我就是想为别人做点什么，如果我的付出真的能够给别人带来一些益处，我会很喜悦。”

我问他：“这种喜悦和以前那种幸福比有何区别？”他思索了一会儿，说：“以前的那些感觉，比如说职位得到晋升了，工资待遇提高了，或是书出版了等等，当然高兴。但那种高兴往往持续不了很久，会很快被其他的期待所掩盖。现在的这种幸福或喜悦，是发自内心深处的一种喜悦，平静、稳定，没有什么能够撼动。而这种状态不是只持续一段时间，而是一直这样的。”

经过讨论，我们发现，最高境界的幸福不是靠“得”来获得，而是靠“舍”来获得。我们马上就想到许多的明星，按照马斯洛需求理论，他们是自我实现了，但后来却开始堕落，最后失去一切。为什么会如此？

我和教授经过分析，一致认为，这是因为他们不懂得“舍”。换句话说，他们靠“得”获得成功。但成功之后呢？如果还想“得”，就开始去寻求比较低级的快乐，比如美色、吸毒、酗酒，这就开始堕落了，以前所得到的可能要失去。如果他们懂得“舍”，就可以在功成名就之后，去做一些公益事业，他们只有往这个方向走，才能感受到长久的幸福，否则，又会陷入堕落。

从这一点来看，马斯洛的自我实现不是人最高的需求，自我超越才是!

二、什么是自我超越?

1. 概念起源

“自我超越”的概念是由奥地利心理医生维克多·弗兰克提出的。他认为，人真正追求的不是自我实现，而是超越自我的生活意义。这种追求的目的是为了更好地把握人生，更有意义地去生活。对人生意义的追求，不是为了自我的实现，而是为了自我的超越。他认为，“自我超越”是指一个人能认清自己真正的愿望，并为了实现愿望而全力以赴。一个能够自我超越的人，一生都在追求卓越的境界。当然，弗兰克也承认，自我超越并非易事，但能够自我超越的人，能重新认识自己、认识人生，能挖掘出内心向上的欲望和潜能，能以一种积极的、创造性的态度对待生活。

马斯洛晚年也修改了他的需求层次理论，也加上了自我超越。但他对自我超越的理解和弗兰克的理解还是有些不同。马斯洛认为，心理学不应只注意人性的需求或兴趣，而应有更高的追求，因为个人的自我实现远远不能使人有真正的满足，只有自我超越的人才会有真正的幸福。如果人只注意自身的自我实现，人就会堕落。因此，人需要不断地超越自己，让自己一天比一天更好。只有如此，人才能保持活力。

2. 人的意识层次

弗洛伊德对人类心理研究的一大贡献就是发现了潜意识。他把人的意识层次分为三层，意识、前意识和潜意识。美国心理学家萨提亚进一步细化了人的意识层次，她用冰山隐喻将人的意识层次分为七层，从上到下依次是：行为、应对方式、感受、观点、期待、渴望和自己。后现代心理学家肯·威尔伯更进一步发展了人的意识层次，如下图所示。

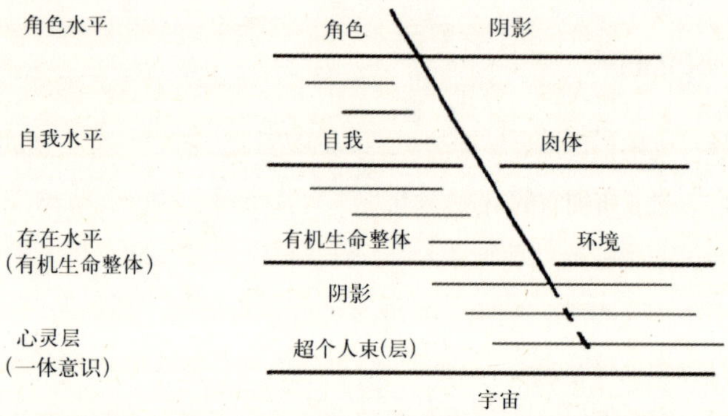

首先，图中的横线代表着人的意识层次。最上面那道横线，代表最浅的意识层次；越往下，代表意识层次越深。最下面那道横线，代表最深的意识层次。另外，图中斜线的左边代表“我”，斜线的右边代表“非我”。“我”是指那些我喜欢、我认同、我接纳的部分；“非我”则是指那些我不喜欢、不认同、不能接纳的部分。斜线越往上，“我”的范围越小，“非我”的范围越大；越往下，“我”的范围越大，“非我”的范围越小。这意味着，意识层次越浅的人，“我”越小，“非我”越大；反之，意识层次越深的人，“我”越大，“非我”越小。意识层次浅的人只能看到表面；意识层次越深的人越能看清内在本质。威尔伯认为，最顶端的层次是角色层次，“我”的范围最小，大部分都是非我。

（1）角色层次

活在这个层面的人有一定的自知力，与客观世界有连接，能够理解人的正常思维和情感，也能和他人正常交流。但他们只能看到事物的表象，无法看到表象背后的内容。生活在这一层次，会将自己等同于他们的身份和角色，比如，我是×××的儿子，我是×××局长、我是教师、我是军人。一旦他们失去了所依赖的身份和角色，他们也就失去了自我。

生活在这个层次的人往往会认同自己所拥有的物质财富，如出门开着豪车，感觉自己身价倍增；穿着名牌，手臂上挎着名牌手提包，感觉自己很高贵；请人吃顿大餐，感觉自己倍有面子。如果没有这些东西，他们就感觉自己一文不值。所以，生活在这个层次的人，他们的自我是基于他们的身份、角色或所拥有的财产。

（2）自我层次

随着人的身心层次逐渐提高，人的意识层次也会逐渐提高。逐渐能意识到，自己的身份、地位、角色不等于自己，自己所拥有的财物更不能代表自己。能够脱离开这些外在的东西而看到一个独立的“我”。这个层次，也就是“自我层次”。在这个层次的人只认同心理上的“我”，其他的都不是我。处在这个层次的人有着明确的界限和原则，爱憎分明。

处在这个层次的人应该是社会上的大多数，他们都有着明确的是非对错观念，能够让自己尽量按照正确的、对的和好的方式来生活。为了促使人如此生活，人发展了伦理、道德、法律，如果遵守了就会得到奖赏，如果不遵守就会受罚。这些观念深入人心，会驱使人自动地去遵守，否则内心就会不安，这也就是“良知”的作用。

（3） 存在层次/整体层次

如果再高一个境界，人就能做到“一分为二”地看待事物，不只看到事物的表象，也能看到事物的本质；不仅知道发生了什么，还知道为什么这事会发生，以及会引发的后果，能够从整体看待自己、他人或环境。就如同下棋，越是高明的棋手看得越远。如果人能够看得更深一点、更远一点，那么他们就会发现，人生中很多的痛苦其实都是没有必要的，甚至都是自讨苦吃。

当来访者痛苦地抱怨配偶、父母、子女、朋友或同事对自己不好，或是要伤害自己时，我会尝试着引导来访者学会换位思考，从对方的角度来看问题，以对方的心来体验，这样就很容易理解对方为什么会这样了。与此同时，他们自己内心也就不再那么纠结了，也能够体谅对方了。

生活在这个层次的人，其身心是很健康的，内心是整合的，也就是说，他们会认同自己内在的一切。他们之所以会感到痛苦，对别人不满，感到愤怒、怨恨、焦虑，是因为他们在别人身上看到了自己不能接纳的内容。如果他们能允许自己接纳一切，就没有什么外物能够引起他们的不满了，他们的内心也就整合了。

（4） 后人本层次

威尔伯认为，意识层次若再进一步深入，人就可以到达后人本层次，或超个人层次。在这个层次的人能意识到自己的存在，自己不仅有身体、心理，还有一个超越的自我。换句话说，他们能意识到，他们比自己所拥有的一切的总和更大。他们能很肯定自己生命的意义和价值，即使财产、地位、健康等都完全失去了，他们仍然不会怀疑自己的存在价值。他们能感受到人的两极性，人既是微不足道的尘埃，又有着高贵的精神和人格尊严。

人到达这个层次，在“我”和“非我”之间的那道线就开始变成虚线了，这意味着“我”和“非我”之间的界限就不那么明显了。人会逐渐意识到，“我”、他人和大自然没有明显的区别，其实都是一个“大我”。我是组成大自然不可或缺的一部分；我的环境塑造了我，我也影响了我的环境；我和他人其实是一个不可分割的整体。

到达这个境界的人，可以想象，他们的烦恼就会少很多，基本没有什么能够困扰他们，他们也能从容淡定地面对生命中发生的一切，没有什么是不能接纳的。

（5）一体意识

按照威尔伯的意识层次理论，这一层次是最深的。达到这个层次，“我”和“非我”之间的线没有了，个体能够完全认同环境或宇宙，感觉自己与整个世界融为一体，没有什么好或坏、高或低，也没有所谓的生与死、建设或毁灭。这种境界也可能就是中国文化里的“天人合一”。这个层次的人会以如此的“大我”来看待世界万物，会完全认同这个世界。

这种意识绝不是幻觉，相反，却是最真实的感觉。我们现在所意识到的和感受到的一切大多都是由偏离的信念所导致的，而一体意识却是“明心见性”，看到了最真实的自己，看到自己本就是整个世界的一部分。

3. 提升人的境界

人都希望自己的境界能更高一些。所谓的“境界”，其实就是一个人的意识层次。意识层次越深，其境界也就越高。那些很低俗的人，他们只能够看到眼前的利益，只能体验到当下的快乐。至于长远的利益，或当下快乐的后果则在其意识能力之外，因而他们会贪图当前的财物或享受，而不管其日后的痛苦或灾难。那些拥有更高境界的人，能看到更长远的利益和更久远的幸福，他们会为了将来的幸福而牺牲眼前的快乐和享受。

从另外一个角度来说，人心理上的痛苦是因为人的意识层次不够高，认知偏差使他们不能看到事实真相。如果哪天他们突然明白了，痛苦也就没了。有位来访者抱怨自己跟随了六年的老板卸磨杀驴，非常痛苦。我引导她看到，其实，是到了她该转型的时候了。如果老板继续一如既往地对待她，她会一直在这公司，做着同样的事，不会提升。再过三年，她想提升都晚了。而现在，老板如此待她，却促使她开始自己的事业。意识到这一点之后，来访者瞬间就感到特别兴奋，她现在已经具备了创业的所有条件，有经验、有能力、有人脉、有资源、有资金，也有些同事明确表示要和她一起干。这位来访者的心态之所以会转变，就是因为她意识到了之前没有意识到的内容，她的意识层次比之前又深了一层。

三、人的存在层次

人是由物质和精神组合而成的整体，很多心理学家，包括马斯洛和肯·威尔伯都认为，人的存在层次可分为三层：身体、心理和精神，但这三个层次是一个不可分割的整体，它们彼此之间相互影响。身体的健康状况必然会影响人的心理，而人的心理又会影响人的精神。反之，精神状态也会影响人的心理状态，心理状态也会影响人的身体状态。

1. 身体层次

身体是我们生命的载体，我们的一切都要依靠身体来完成。如果没有身体，人什么也做不了。人的思想和创作都需要健康的大脑来完成。如果大脑出了问题，人将无法思考，思想也就无从谈起。人的情感、情绪、感受等也都需要人的身体才能存在，人的神经的活动使人有了感觉。而这些感觉使人产生了感受、情绪和想法。如果没有身体，这一切也都无从谈起。人无论做什么事业，都需要身体的支持。如果没有身体，什么也不会发生。如果人的身体失去了健康，人的心理必然会受到影响，会给人造成痛苦。所以，如果我们想活得幸福、快乐，想感觉生命有意义，健康的身体是必需的。

此外，如果我要向人展示我的存在、我的价值，我需要有身体。否则，我无法向人显示我的存在。如果我的身体不在了，我只能活在别人的心中(如果别人还记着我的话)。如果我的身体不在了，至少在一般人看来，我什么都没了。

2. 心理层次

人的心理包括人的自我意识、需求、信念、期待、动机、情感、态度、情绪、思维、意志等内容，决定人之为人的主要因素也是人的心理。人类现在造就的一切，包括文化、科技、艺术等等，都要归功于人的心理。

另外，决定人是否幸福的关键要素也是心理。这些年来，我帮助过许多来访者，他们活得很不幸福，不是因为他们的身体出了问题，而是他们的心理出现了问题。总被各种强烈的负面情绪和执念所困扰，内心总是很焦虑、很紧张，担心别人要伤害自己，担心有灾难会发生；有人内心充满怨恨和愤怒，总感觉自己受到了不公平的待遇，被人欺负了，而自己又无可奈何；有人感觉自己活得没意义、没价值，感觉自己什么也做不了，做什么都没用，因而常年把自己关在家里，长时间地躺在床上。显然，这些人的身体虽然是健康的，但心理上却“病”了，这些“病”导致他们什么也做不了。

反之，我们也见过很多身体残疾的人，心理却非常强大。他们以其残缺的身体，做出了伟大的事业。比如，霍金、贝多芬、海伦·凯勒、张海迪、阿炳等，虽然他们的身体有严重残疾，但内心却非常强大，为人类科学和艺术的发展作出了突出的贡献。从这一点来看，健康的心理比健康的身体更重要。

作为普通人，我们的幸福指数、各种压力都是心理层面的事。所以，我们的心理是否健康，会直接决定我们的生活质量。甚至，我们的心理是否健康，还会影响我们的身体是否健康。

3. 精神层面

人除了身体和心理之外，还有精神。在我们国家的历史上，无论是在艰苦卓绝的战争年代，还是在改革开放的发展年代，有许多人，为了革命的成功、国家的发展、社会的稳定，心甘情愿地奉献了自己的一切，包括自己的生命。他们这么做，也是在满足自己的需求，不是生理需求，不是心理需求，也不是自我实现的需求，而是自我超越的需求。他们的精神"超凡脱俗"，只追求更高境界的事物，所谓"更高境界的事物"，就是超越自身的事业。

精神层次越高的人越不会为俗事斤斤计较，也不会为自己的利益得失而耿耿于怀，他们不会在意物质上是否吃亏、生活上是否顺利、身体是否健康。面对这一切，他们会宠辱不惊，因为他们很清楚自己生命的意义和价值。这样的人有理想、有方向、有目标，活得洒脱、自由，对生活积极、对人生乐观、对事业有热情、对他人有爱心。所以他们都有着超人的魅力，能吸引很多人追随。他们的生活质量和幸福指数也会很高，虽说他们不一定会大富大贵，也不一定会心想事成，身体也未必会健康，但人生中的挫折、失败、病痛或贫穷，都不会影响他们追求更高的精神境界。

四、自我超越的现实意义

1. 案例介绍

刘先生，50岁左右，是一家知名企业的老总，被焦虑和抑郁情绪困扰近一年了，在医院被诊断为重度抑郁症，吃了药，但始终不见好转。在朋友的推荐下，刘先生和妻子一起来我这里寻求帮助。咨询中，刘先生抱怨说："我这么多年打拼，遇到过许多的大风大浪，我都能克服，取得一个又一个的胜利。而现在，我成功了，公司也上市了，而我却病了。我不懂，为什么我心里很焦虑，做什么事都打不起精神来？"接着，他简要介绍了自己的成长经历和发病过程。

刘先生高中没有毕业，就来到城里打拼，至今已经三十多年了，颇有成就。他先是在一家工厂打工，然后辞职来到一家合资企业做业务员，积累了许多人脉。大约 20 年前，他和几个伙伴合伙开了一家公司。公司越做越大，他和伙伴也有了矛盾。后来他们就分道扬镳了，他自己开了自己的公司直到现在。两年前，公司上市了，他很有成就感。但过了不久，他就"得病"了，开始莫名地焦虑，总担心自己会出事，失去了以前的那股闯劲。

刘先生还告诉我，他的很多朋友，都是有钱人，都抑郁了。他很困惑，感到害怕。他问我："陈老师，这个社会是怎么了？按说大家都有钱了，我们国家也富裕了，为什么反而出了这么多的心理问题？"

针对刘先生的这个困扰，我说："有个很有名的心理学家，维克多·E.弗兰克尔说过一句名言：'一个人若知道自己为什么而活，他就能忍受几乎任何一种生活状态。'这句话的意思是，如果人的生活有目标，那么任何困难他们都能克服。这意味着如果失去目标，或失去信心，人也就失去了动力，失去希望，就会焦虑、抑郁，甚至会自杀。"

刘先生承认，自己是失去目标了。他说，虽然他现在拥有的财产、社会地位是他年轻时不敢想象的，但这些财产并没有给他带来快乐，相反还带来了很多的压力。所以他也不想进取了，但不进则退，这让他很困扰，也很焦虑，不知所措。"接下来，我该怎么生活？"刘先生问我。

下面是我和刘先生的一段对话：

刘先生：接下来，我该怎么生活？

咨询师：重新确定新的目标。

刘先生：怎么确定目标，我不想再赚钱了，也不需要更多的钱了。我现在有的钱，几辈子都花不完。

咨询师：人生的目标可不只是赚钱，还有许多其他的。

刘先生：除了挣钱外，还有什么？

咨询师：在回答你这个问题前，我先问你另外一个问题："你挣钱又为了什么？"

刘先生：为了养家啊，为了能够生存，能活得好一些，也让孩子活得好一些。

咨询师：就这个目标而言，你十年前就达到了，但你还是拼命挣钱，这又是为什么？

刘先生：这个问题，我还真没有认真想过……可能就是为了让自己活得有面子，能够出人头地吧。

咨询师：嗯，是的。现在很多人赚钱已经不是为了生存，不是为了温饱，而是为了让自己活得有尊严，有价值。

刘先生：就是这么回事。赚钱的目的，是提高生活质量、出人头地，还有可能就是为了提升自己的尊严和价值吧。

咨询师：是的。所以，赚钱只是一个手段，并不是最终目的。最终目的是提升自我的价值感和尊严。

刘先生：是的。

咨询师：现在，你不想赚钱了，难道就没有其他方法帮助你提升自我的价值感了吗？

刘先生：应该有吧。

咨询师：不是应该有，而是肯定有。你知道，最能够提升自己价值的方法是什么吗？

刘先生：不知道。是什么？

咨询师：不知你是否了解，欧美国家的一些富豪在功成名就之后，一般都会做什么？

刘先生：我不太清楚。

咨询师：他们一般都会去做慈善，比如比尔·盖茨、沃伦·巴菲特等，他们都捐出数百亿美元做慈善。在中国，也有很多企业家热心公益慈善事业。因为助人，是最能提升自己的生命价值的。

刘先生：你的意思是，我不能只想着赚钱，也得想着怎么花钱？

咨询师：是的，挣钱需要聪明才智，花钱需要智慧。如果你能通过“花钱”来提升你的生命价值和意义，那么，你的焦虑和抑郁就会好很多。

刘先生：是吗？让我想想……

过了约一个月，刘先生再次来咨询。这次是他一个人来的，状态比上次好了很多。他说，上次听了我的建议，他给他们镇的中学捐了 30 万元用来修缮教室。当地的镇长和校长特地到市里来表达感谢，还给他送了一面锦旗。他感到特别高兴，很有成就感。同时他还对我说：“我现在赚钱的动力又有了。我要赚钱，但现在不是为我自己，而是为了能用来做更多的慈善。”

我也很高兴，也祝贺了他。

2. 案例分析

导致刘先生抑郁的原因是生活失去了目标，找不到继续奋斗的理由，感觉不到生命的意义和价值。通过咨询，我帮助刘先生找到了新的方向和奋斗目标，让他开启了新的征程。这新的征程和原来的有很大的不同，原来的目标是成就自己，也就是自我实现；而现在，他所追求的不是为了自己，而是为了别人，这就是自我超越。这个自我超越，让刘先生感到了生命的意义和价值。与此同时，他的抑郁和焦虑也就不治而愈了。

五、总结

在本章中，我介绍了人更深一层的需求——自我超越。换句话说，个人的自我实现并不能使人真正地心满意足。无论人拥有多少财产，拥有多高的社会地位，只要个人不能继续自我超越了，人很快就会感觉不到自己生命的意义和价值了。所以，为了让人保持活力，人需要不断地自我超越。

自我超越的核心内容就是为他人、为社会、为国家作出贡献。这也是我自己的体验，当我在帮助别人时，我体验到了自己的价值；当我在成就他人时，我也成就了我自己。